气 象 灾 害 丛

干旱

张 强 潘学标 马柱国 等 编著

气象出版社
China Meteorological Press

内容提要

本书主要介绍了干旱的定义、分类和国内外研究概况；分析了干旱的时空分布与变化特征，干旱形成机理，干旱对国民经济的影响。另外，还介绍了干旱应急管理和防御，历史重大干旱事件，以及当前干旱监测指标、方法和干旱监测、评估和预警业务系统等内容。

本书比较全面地介绍了有关干旱的最新研究和业务成果，是气象、农业、水利、环境等领域科研、教学人员的重要参考用书，也可供防灾减灾、防御规划部门决策参阅。

图书在版编目(CIP)数据

干旱/张强，潘学标，马柱国等编著. —北京：气象出版社，2009.3
(气象灾害丛书)
ISBN 978-7-5029-4704-0

Ⅰ.干… Ⅱ.①张… ②潘… ③马… Ⅲ.干旱—研究
Ⅳ.P426.616

中国版本图书馆 CIP 数据核字(2009)第 025693 号

Gan Han
干旱
张 强 潘学标 马柱国 等编著

出版发行：气象出版社
地　　址：北京市海淀区中关村南大街 46 号　　**邮政编码**：100081
总 编 室：010-68407112　　**发 行 部**：010-68409198
网　　址：http://www.cmp.cma.gov.cn　　**E-mail**：qxcbs@263.net
总 策 划：陈云峰 成秀虎
责任编辑：俞卫平　　**终　　审**：纪乃晋
封面设计：燕彤　　**责任技编**：吴庭芳
印　　刷：北京中新伟业印刷有限公司
开　　本：700 mm×1000 mm 1/16　　**印　　张**：13.25
字　　数：252.3 千字
版　　次：2009 年 5 月第 1 版　　**印　　次**：2009 年 5 月第 1 次印刷
印　　数：1～6000　　**定　　价**：31.00 元

丛书编辑委员会成员（按姓氏笔画排列）

主　　任：秦大河
副 主 任：许小峰　丁一汇
成　　员：马克平　马宗晋　王昂生　王绍武　卢乃锰　卢耀如
　　　　　刘燕辉　陈联寿　宋连春　林而达　张人禾　李文华
　　　　　陈志恺　黄荣辉　董文杰　端义宏
编写组长：丁一汇
副 组 长：宋连春　矫梅燕

评审专家组成员（按姓氏笔画排列）

丁一汇　马宗晋　毛节泰　王昂生　王春乙　王绍武　王根绪
王锦贵　王馥棠　卢乃锰　任阵海　任国玉　伍光和　刘燕辉
吴　兑　宋连春　张小曳　张庆红　张纪淮　张建云　张　强
李吉顺　李维京　杜榕桓　杨修群　言穆弘　陆均天　陈志恺
林而达　周广胜　周自江　徐文耀　陶诗言　梁建茵　黄荣辉
琚建华　廉　毅　端义宏

丛书编委会办公室成员

主　　任：董文杰
副 主 任：翟盘茂　陈云峰
成　　员：周朝东　张淑月　成秀虎　顾万龙　张　锦
　　　　　王遵娅　宋亚芳

《干旱》分册编写人员

主　编　张　强　潘学标　马柱国

撰稿人（按姓氏拼音字母为序）

陈　超　陈　峪　符　瑜　高　浩　郭维栋
华丽娟　姜允迪　龙步菊　曲辉辉　宋艳玲
王永光　魏玉蓉　杨小光　赵海燕　朱小祥
邹旭恺

序

据世界气象组织统计，全球气象灾害占自然灾害的86%。我国幅员辽阔，东部位于东亚季风区，西部地处内陆，地形地貌多样，加之青藏高原大地形作用，影响我国的天气和气候系统复杂，我国成为世界上受气象灾害影响最为严重的国家之一。我国气象灾害具有灾害种类多，影响范围广，发生频率高，持续时间长，且时空分布不均匀等特点，平均每年造成的经济损失占全部自然灾害损失的70%以上。随着全球气候变暖，一些极端天气气候事件发生的频率越来越高，强度越来越大，对经济社会发展和人民福祉安康的威胁也日益加剧。近十几年来，我国每年受台风、暴雨、冰雹、寒潮、大风、暴风雪、沙尘暴、雷暴、浓雾、干旱、洪涝、高温等气象灾害和森林草原火灾、山体滑坡、泥石流、山洪、病虫害等气象次生和衍生灾害影响的人口达4亿人次，造成的经济损失平均达2000多亿元。2008年，我国南方出现的历史罕见低温雨雪冰冻灾害，以及“5·12”汶川大地震发生后气象衍生灾害给地震灾区造成的严重人员伤亡和财产损失，都说明进一步加强气象防灾减灾工作的极端重要性和紧迫性。

党中央国务院和地方各级党委政府对气象防灾减灾工作高度重视。“强化防灾减灾”和“加强应对气候变化能力建设”首次写入党的十七大报告。胡锦涛总书记在2008年“两院”院士大会上强调，“我们必须把自然灾害预报、防灾减灾工作作为事关经济社会发展全局的一项重大工作进一步抓紧抓好”。在中央政治局第六次集体学习时，胡锦涛总书记再次强调，“要提高应对极端气象灾害综合监测预警能力、抵御能力和减灾能力”。国务院已经分别就加强气象灾害防御、应对气候变化工作做出重大部署。在2008年全国重大气象服务总结表彰大会上，回良玉副总理指出，“强化防灾减灾工作，是党的十七大的战略部署。气象防灾减灾，关系千家万户安康，关系社会和谐稳定，关系经济发展全局。气象工作从来没有像今天这样受到各级党政领导的高度重视，从来没有像今天这样受到社会各界的高度关切，从来没有像今天这样受到广大人民群众的高度关心，从来没有像今天这样受到国际社会的高度关注。这既给气象工作带来很大的机遇，也带来很大的挑战；既面临很大压力，也赋予很大动力，应该说为提高气象工作水平创造了良好条件”。

我们一定要十分珍惜当前气象事业发展的好环境，紧紧抓住气象事业发展的难得机遇，深入贯彻落实科学发展观，牢固树立“公共气象、安全气象、资源气象”的发展理念，始终把防御和减轻气象灾害、切实提高灾害性天气预报预测准确率作为提升气象服务水平的首要任务。面对国家和经济社会发展对加强气象防灾减灾工作的迫切需求，推进防灾减灾工作快速发展，做到“预防为主，防治结合”，很有必要编写一套《气象灾害丛书》，从不同视角吸收科学、社会以及管理各方面的研究成果，就气象灾害的发生、发展、监测、预报和预防措施，普及防灾减灾知识，提高防灾减灾的效益，为我国防灾减灾事业、构建社会主义和谐社会做出贡献。

2003 年中国气象局组织编写出版了《全球变化热门话题丛书》，主要立足宣传和普及天气、气候与气候变化所带来的各方面影响以及适应、减缓和应对的措施。这套书的出版引起了很大反响，拥有广大的读者群。《气象灾害丛书》是继《全球变化热门话题丛书》之后，中国气象局组织了有关部委、中科院和高校的气象业务科研人员及相关行业领域的灾害研究专家，编写的又一套全面阐述当今国内外气象灾害监测、预警与防御方面最新技术成果、最新发展动态的科学普及读物。《气象灾害丛书》分 21 分册，在内容上开放地吸收了不同部门、不同地区和不同行业在气象灾害和防御方面的研究成果，体现了丛书的系统性、多学科交叉性和新颖性。这对于进一步提高社会公众对气象灾害的科学认识，进一步强化减灾防灾意识，指导各级部门和人民群众提高防灾减灾能力、有效地为各行业从业人员和防灾减灾决策者提供参考和建议都具有重要意义。同时，根据我国和全球安全减灾应急体系建设这一大学科的要求，“安全减灾应急体系”共有 100 多部应写作的书籍，《气象灾害丛书》的出版为逐步完善这一科学体系做出了贡献。

在本套丛书即将出版之际，谨向来自气象、农业、生态、水文、地质、城乡建设、交通、空间物理等多方面的作者、专家以及工作人员表示诚挚的感谢！感谢他们参与科学普及工作的高度热忱以及辛勤工作。

郑国光

编著者的话

通过两年的努力，《气象灾害丛书》终于编写完毕。丛书由 21 册组成，每一册主要介绍一个重要的灾种，整个丛书基本上将绝大部分气象以及相关的衍生灾害都作了介绍，因而是一套关于气象灾害的系统性丛书。参加此丛书编写的专家有 200 位左右，他们来自中国气象局、中国科学院、林业部和有关高等院校等部门。他们在所编写的领域中不但具有丰硕的研究成果，而且也具有丰富的实践经验，因而，丛书无论是从内容的选材，还是从描述和写作方式等方面都能保证其准确性和适用性。编写组在编写过程中先后召开了六次编写工作会议，各分册主编和撰稿人以高度负责的态度和使命感热烈研讨，认真听取意见和修改，使各册编写水平不断提高，从而保证了丛书的质量。另外，值得提及的是，丛书交稿之前，又请了 46 位国内著名的院士、专家和学者进行了评审。专家们一致认为，《气象灾害丛书》是一套十分有用、有益和十分必要的防灾减灾丛书。它的出版有助于政府、社会各部门和人民群众对气象灾害有一个全面、深入的了解与认识，必将大大提高全民的防灾减灾意识。丛书的内容丰富、全面、系统、新颖，基本上反映了国内外气象灾害的监测、预警和防御方面的最新研究成果和发展动态，可以作为各有关部门指导防灾减灾工作的科学依据。

在丛书包括的 21 个灾种中，除干旱、暴雨洪涝、台风、寒潮、低温冷害、冰雪等过去常见的气象灾害外，丛书还包括了近一二十年新出现的或日益受到重视的新灾种，如霾、生态气象灾害、城市气象灾害、交通气象灾害、大气成分灾害、山地灾害、空间气象灾害等。这些灾害对于我国迅速发展的国民经济已越来越显示出它的重大影响。把这些灾害包括在丛书中不但是必要的，而且也是迫切的。另外，通过编写这些书，对这些灾种作系统性总结，对今后的研究进展也有推动作用。

为了让读者对每一种灾害都获得系统而正确的科学知识以及了解目前最

新的防灾减灾技术、能力和水平，编写组要求每一册书都要做到：(1) 对灾害的观测事实要做全面、正确和实事求是的介绍，主要依据近50年的观测结果。在此基础上概括出该灾种的主要特征和演变过程；(2) 对灾害的成因，要根据大多数研究成果做科学的说明和解释，在表达上要深入浅出，文字浅显易懂，避免太过专业化的用语和用词；(3) 对于灾害影响的评估要客观，尽可能有代表性与定量化；(4) 灾害的监测和预警部分在内容上要反映目前的水平和能力，以及新的成就。同时要加强实用性，使防灾减灾部门和人员读后真正有所受益和启发；(5) 对每一灾种，都编写出近50年（有些近百年）国内重大灾害事件的年表，简略描述出所选重大灾害事件发生的时间、地点、影响程度和可能原因。这个重大灾害年表对实际工作会有重要参考价值。

在丛书编写过程中，所有编写者亲历了1月发生在我国南方罕见的低温雨雪冰冻灾害和“5·12”汶川大地震。在全国可歌可泣的抗灾救灾精神的感召下，全体编写人员激发了更高的热情，从防大灾、防巨灾的观念重新审视了原来的编写内容，充分认识到防灾减灾任务的重要性、迫切性和复杂性。并谨以此丛书作为对我国防灾减灾事业的微薄贡献。

丛书编写办公室与编写组专家密切配合，从多方面保证了编写组工作的顺利完成，在此也表示衷心感谢。另外，由于这是一套科普丛书，受篇幅所限，各册文中所引文献未全部列入主要参考文献表中，敬请相关作者谅解。

编写组长　丁一汇

2008年10月21日于北京

前言

我国是世界上气象灾害最严重的国家之一，每年各种气象灾害给国家和社会都造成了大量的人员伤亡和难以估量的经济损失。干旱灾害作为最重要的气象灾害，它的频繁发生对我国的工农业生产已经造成了严重的危害，1949—2006年平均每年受旱面积2122万hm^2，约占各种气象灾害受灾面积的60%。近几十年我国干旱事件频繁发生，再加上经济迅速发展、人口增长等原因，干旱给社会造成的不利影响和对人类生存环境的危害日趋严重。我国北方地区继1997年发生了大范围的干旱后，1999—2002年又连续4年少雨干旱。2000年全国受旱面积高达4054万hm^2，为建国以来之最，其中北方15省（市、区）受旱面积占全国的70%。2006年夏季，重庆发生百年一遇特大伏旱，四川遭遇近50年最重干旱。这些严重频繁的干旱事件及其引发的对社会和环境的不利影响引起了政府决策部门和公众的广泛关注。《干旱》作为《气象灾害丛书》之一与读者见面，对于大家了解、普及和宣传干旱气象灾害知识、干旱的发生规律及其影响都是非常有益的参考，本书也可作为教育、科研和业务人员的重要文献参考书。

《干旱》分为7章。第1章绪论，概述干旱的定义、分类和国内外研究概括；由张强、赵海燕、邹旭恺编写。第2章干旱的时空分布与变化特征，分析了全球和中国的时间变化特征、空间分布特征及演变的趋势，由邹旭恺、宋艳玲、马柱国、赵海燕、张强、姜允迪编写；第3章干旱形成机理，主要阐述了我国典型干旱区和季节性干旱形成的原因以及20世纪50年代以来气候变化与干旱化趋势，由马柱国、郭维栋、华丽娟编写；第4章干旱监测、评价和预测，主要介绍了当前干旱监测指标、方法和几个国家的干旱业务系统，还介绍了干旱的卫星遥感监测与评估以及干旱预测、预警方法和业务系统，由张强、赵海燕、王永光、朱小祥编写；第5章干旱对国民经济的影响，论述了干旱对水资源、农业、城市发展、生态环境和经济可持续发展的影响，由潘学标、杨晓光、龙步菊、魏玉蓉、曲辉辉、符瑜、高浩编写；第 6 章干旱应急管理与防御，概述了干旱灾害应急、防御和救济，由潘学标、龙步菊、陈超、符瑜、张强编写；第 7 章历史重大干旱事件，分为 1470—1948 年与 1949—2006 年两个时期分别列举了历史上重大干旱事件，由陈峪、张强编写。全书由张强、潘学标、马柱国统稿编审，另外，本书编著过程中，还得到了中国科学院大气所黄荣辉院士、水利部陈志恺院士、瑞典哥德堡大学陈德亮教授、南京信息工程大学江志红教授、美国 Iowa 州立大学陆尔博士和国家气候中心王锦贵研究员、陆均天高工等专家的指导和审稿，在此表示衷心的感谢！

由于笔者水平有限，书中难免谬误之处，敬请有关专家和广大读者批评指正。

作者

2008 年 8 月 8 日

目　录

第1章 绪论

1.1 干旱的定义和分类

1.1.1 干旱的定义

直观的理解，干旱就是一种水的短缺，也就是一种以长期雨量很小或无雨为特征的气候现象，其程度取决于水分短缺的历时和数量。最初的干旱定义就是以降雨为标志，如美国天气局（1954）定义干旱为：严重和长时间的缺雨。类似地，世界气象组织（WMO，1986）定义：干旱是一种持续的、异常的降雨短缺。

随着对水的理解的加深，逐渐认识到降雨不能反映干旱的全部特征，开始用水资源供需平衡的角度来认识干旱，认为干旱是供水不能满足正常需水的一种不平衡缺水状态，不同的供需关系会产生不同的干旱。在供需关系中，影响供水、需水的自然因子包括降水、蒸发、气温和下垫面径流，影响供水、需水的人为活动因子包括土地利用、种植制度，人口、产业布局和水利设施等。

用供需关系使人们更深入地去认识干旱问题，但由于干旱成因及影响涉及到气象、水文、农业和社会经济等学科，不同学科从不同角度对干旱的理解和认识不尽相同，因此对干旱进行科学的、确切的定义非常困难，至今尚无完全统一定义。本文主要从气象学和气候学角度定义和分析干旱的发生及影响。

目前社会上比较公认的干旱定义是指因水分的收与支或供与求不平衡而形成的持续的水分短缺现象。这种水分的短缺可以表现为：由于自然蒸发大于自然降水量，引起的水分的不足现象为气象干旱，由于土壤水分的缺乏影响农作物正常生长的现象为农业干旱，由于江河湖泊水位偏低，径流异常偏小的现象为水文干旱等。在自然界，气象干旱一般有两种类型，一类是由气候、海陆分布、地形等相对稳定的因素在某一相对固定的地区常年形成的水分短缺现象，这类气象干旱也可称之为干燥或气候干旱。另一类是由各种气象因子（如：降水、气温等）的年际或季节变化形成的随机性异常水分短缺现象，称为大气干旱，在多数情况下所说的干旱通常指这类干旱，也称气象干旱。它与干燥有一定联系，但也不能等同于干燥，一般干燥、湿润是指一个地区或地方常年的气候状况、水分条件。譬如我国气候区划中，一般按水分状况把气候分为湿润、半湿润、半干燥、干燥等气候类型或气候区；干旱、雨涝一般则指短时期内暂时的反常天气气候状况。干旱与干燥都与降水少有关，但是干旱的发生不在于平均降水量的多少，主要决定于降水量的稳定程度及强度。所以，干旱现象不仅经常在干燥气候区发生，在湿润气候区也可能由于持久的缺雨引起干旱（盛承禹等，1986）。

干旱灾害，是指某一具体的年、季和月的降水量比常年平均降水量显著偏少，导致经济活动（尤其是农业生产）和人类生活受到较大危害的现象。干旱灾害在干旱、半干旱气候区和在湿润、半湿润气候区都有可能发生，尤其是在干旱、半干旱气候区，由于降水量的年际变化特别大，降水显著偏少的年份较多，干旱灾害发生的频率高。

1.1.2 干旱的分类

干旱的分类有很强的学科性质，根据不同学科对干旱的理解，干旱可分为四类：气象干旱、农业干旱、水文干旱和社会经济干旱。

（1）气象干旱

气象干旱指某时段由于蒸发量和降水量的收支不平衡，水分支出大于水分收入而造成的水分短缺现象（张强等，2006）。气象干旱最直观的表现在降水量的减少。降水量的减少不仅是气象干旱发生的根本原因，而且它是引发其他类型干旱发生的重要的自然因子。农业干旱的发生与前期降水量息息相关，这是因为前期降水量和土壤保墒性能决定自然供给作物水分的能力；降水量的多少直接影响河流的径流量和河流、湖泊、水库、水塘的水位高度，从而影响到水文干旱的发生；因降水量的减少不仅会影响到人们的生活用水，而且还使工业、航运、旅游、发电等行业遭受不同程度的经济损失。

（2）农业干旱

农业干旱以土壤含水量和植物生长状态为特征，是指农业生长季节内因长期无雨，造成大气干旱、土壤缺水，农作物生长发育受抑，导致明显减产，甚至无收的一种农业气象灾害（孙荣强，1994）。它的发生有着极其复杂的机理，在受到各种自然因素如降水、温度、地形等影响的同时也受到人为因素的影响，如农作物布局、作物品种及生长状况等。

气象干旱是农业干旱的先兆，降水与蒸散不平衡使土壤含水量下降、供给作物水分不足，最终影响到农作物正常的生长发育。所以，在灌溉设施不完备的地区，气象干旱是引发农业干旱的最重要因素。以长江流域为例，流域内的代表作物夏粮——小麦的主要生育期在3至5月，秋粮——水稻（两季）在5至10月。长江上游地区的雨季一般年份5月前后进入雨季，6月降雨增多，因此上游地区主要干旱为春夏旱，其次为夏伏旱。长江中下游地区，4月先后进入雨季，初夏形成降雨最集中的梅雨季节，梅雨后进入晴热少雨的伏旱季节。因此长江中下游地区伏秋旱较严重。

总之，由于农作物需水过程与降水过程不同步就引发了农业干旱的发生。

（3）水文干旱

水文干旱通常是用河道径流量、水库蓄水量和地下水位值等来定义，是指河川径流低于其正常值或含水层水位降低的现象，其主要特征是在特定面积、特定时段内可利用水量的短缺。水文干旱主要讨论水资源的丰枯状况，但水文干旱不同于枯季径流。

水文干旱是与大量水供给（包括河流、湖泊、水库和水塘的水位高度短缺）相联系的。与气象干旱和农业干旱相比，水文干旱的出现较慢，如降水的减少有可能在半年内并不会反映在径流的减少上。这种惰性也意味水文干旱比其他形式的干旱持续时间更长。水文干旱发生将导致城市、农村供水紧张，人畜饮水困难，也会加重农业干旱，导致社会经济干旱。水文干旱评估一般采用总水量短缺、累计流量距平、地表水供给指数等指标。

（4）社会经济干旱

社会经济干旱是指由自然降水系统、地表和地下水量分配系统及人类社会需水排水系统这三大系统不平衡造成的异常水分短缺现象。其指标常与一些经济商品的供需联系在一起，如粮食生产、发电量、航运、旅游效益以及生命财产损失等。社会经济干旱指标主要评估由于干旱所造成的经济损失。通常拟用损失系数法，即认为航运、旅游、发电等损失系数与受旱时间、受旱天数、受旱强度等诸因素存在一种函数关系。虽然各类干旱指标可以相互借鉴引用，但其结果并非能全面反映各学科干旱问题，要根据研究的对象选择适当的指标。

虽然，我国供水量从1949年的1031亿m^3提高到1997年的5600亿m^3，但随着人口增长和经济发展，用水量显著增加：全国农田灌溉面积从1949年的1 600万hm^2增加到1997年的5066.7万hm^2；农业用水量从1 022亿m^3增加到4055亿m^3，增加了4倍；工业用水量从8.8亿m^3增加到1143亿m^3，增加了132倍（袁嘉祖等，2003）。社会发展的速度远远超过了降水量变化趋势，到目前为止，我国仍然面临着严峻的水资源供需矛盾的难题。其中，华北和黄淮海平原是中国社会经济干旱最严重的地区，也是旱灾多发区。除社会需水量增加外，人类对土地不合理的开发和利用使地表植被及土壤上层结构不断遭到破坏，减弱了地表地下系统在水平衡中的功能，使得更多的天然降水无效流失，可用水量减少。因此，社会经济干旱呈现日益加剧的倾向性。

综上所述，尽管存在许多代表不同学科或应用领域的干旱定义，但四类干旱之间存在有相互联系和影响的关系（图1.1）。由于农业、水文和社会经济干旱发生受到地表水和地下水供应的影响，其频率小于气象干旱，并滞后于气象干旱发生。经常是在降水不足几周后，土壤水分不足导致农作物、草原和牧场受影响才表现出来，发生农业干旱。几个月的持续干旱条件导致径流、水库水位、湖泊水位、潜在的地下水位下降，发生水文干旱。如果水分短缺持续发展，由于供水系统不能满足人们生产、生活的需要，即发生社会经济干旱。同样在出现降水后干旱解除，其他干旱也滞后于气象干旱。

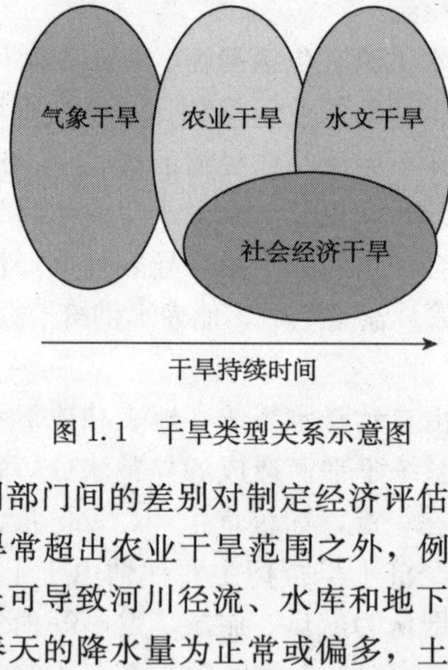

图1.1　干旱类型关系示意图

干旱在农业和水利部门间的差别对制定经济评估和反应战略，具有特别重要的意义。水文干旱常超出农业干旱范围之外，例如，夏、秋和冬季低于正常降水量时间的延长可导致河川径流、水库和地下水位比正常偏小，出现水文干旱。但如果在春天的降水量为正常或偏多，土壤含水量偏高，则有可能农业干旱比水文干旱的强度要低。此外干旱的发生可能是自然和社会因素两者的共同结果，例如，当降水不足时则出现干旱，导致可供水量和需水量之间的不平衡，造成水分短缺，而水分短缺既可能由降水不足引起，也可能由人口增长、经济的发展等使人均耗水量增加造成。

1.2 干旱的危害

干旱是我国乃至全球最重要的自然灾害之一，它的影响范围最广，涉及时间跨度长，我国各省（市、区）（因缺失资料未对香港、澳门、台湾2区1省进行统计）除上海、浙江、福建、广东3省1市外，其他省（市）1951—2006年的平均旱灾受灾率都高于洪涝、风雹和低温灾害的受灾率；干旱有可能发生在春、夏、秋、冬各季节，与其他自然灾害相比有发生频繁、持续时间长的特点。1951—2006年间（1967—1969年数据缺失），除1954年、1956年、1964年、1998年外，全国旱灾受灾率都高于洪涝、风雹和低温灾害的受灾率。此外，全世界受干旱危害的人数最多，干旱对生态环境和社会经济的负面影响也最为深远。

1.2.1 干旱对生态环境的危害

生态环境是关系到人类生存发展的基本自然条件。干旱对生态环境的影响主要有地表水量减少、水质变差，地下水位降低，草场退化、沙漠化等。

1.2.1.1 干旱对水生态环境的危害

1. 干旱对地表水的危害

（1）20世纪80年代中后期以来，黄河上游径流量开始出现逐年减少的趋势，减少速率高达每10年9.8 m^3/s，进入90年代后尤为明显。其中，兰州以上径流量比多年均值偏少24%左右，而兰州以上降雨量比多年均值偏少12%左右。研究表明，黄河流域20世纪90年代以来气温明显升高、降水量（尤其是汛期降水量）显著减少是造成黄河上游流量减少的最直接原因。

（2）干旱不仅影响地表水的水量，而且还会影响地表水（河流、湖泊）的水质。因为干旱发生期间地表径流量减少使河流、湖泊自净能力下降，水质恶化。长江流域内四川省自贡市越溪河、沱江干流、成都市的府河，湖南香江干流中下游，湖北省钟祥市的竹皮河，江西省景德镇市昌河上游，安徽省皖北的南淝河等在干旱少雨季节，工矿企业将工业废水不经处理直接排放河流导致河流水环境极端恶化。

（3）干旱造成河流径流量减少，水位下降。如果是外流河，那么在河流入海口有可能引发海水倒灌，使河水咸化，破坏河流原有的生态平衡。如2004年9月—2005年4月，广东省发生了全省性较严重干旱，直至5月汛期来临干旱才逐步缓减或解除，西南部6月旱情才解除。严重的旱情使2005年

4月珠江口沿海地区发生了近20年来最严重的咸潮，从贵州调水压咸补淡，年底的咸潮还迫使部分水厂间歇性停产。

2. 干旱导致地下水位下降

世界陆地面积的1/3被归为干旱或半干旱土地，近一半的国家直接以某些方式受到干旱问题影响，如地下含水层衰竭，水质恶化，沙漠化和土地盐碱化等，容易开发的土地大多已被利用殆尽，因此人们为了生存，正在将更多的注意力放在比较干旱的地区。但是，干旱和半干旱地区的资源是有限的，尤其是水资源，过度开采终将导致地下水资源的枯竭、水质恶化等问题，其中最直接最严重的是地下水位的下降。

2001—2006年，我国北方平原区部分地区的地下水位存在不同程度的下降（表1.1）。其中，2001年北方平原区降水量427.9 mm，比上一年减少155.7 mm，与多年平均降水量相比，减少近三成。受降水影响，北方平原大部分地区地下水补给量减少，地表水源不足，地下水开采量增加，超采严重。2002年初地下水水位与上年同期比较，总体上呈下降态势，下降区面积66.82万km^2，占北方平原区地下水监控区面积（约74万km^2）的90.2%，地下水储存量比上一年同期减少207亿m^3，其中，安徽、河南两省地下水位下降最为严重，平均下降1.80 m和1.33 m（中国水利部，2002）。

表1.1　2001—2006年北方平原区地下水动态监控区水位变化情况

年份	监控面积（万km^2）	下降面积（万km^2）	上升面积（万km^2）	下降面积所占比例（%）	上升面积所占比例（%）
2001	74.0	66.8	7.2	90.2	9.8
2002	75.2	51.8	23.4	69.0	31.0
2003	74.1	18.4	55.7	24.8	75.2
2004	74.0	54.4	19.6	73.5	26.5
2005	73.9	43.9	30.0	59.0	41.0
2006	74.0	46.0	28.0	63.0	37.0

说明：数据来自《我国北方平原区地下水通报》第2期—第20期。

1.2.1.2　干旱对湿地及生物多样性的危害

湿地是指天然或人工、长久或暂时的沼泽地、泥炭地或水域地带，带有或静止或流动、或为淡水、半咸水或咸水水体者，包括低潮时水深不超过6 m的水域。我国湿地面积6590多万hm^2，约占世界湿地面积的10%，据亚洲第一位。我国湿地主要分布在8个区域，即东北湿地，长江中下游湿地，杭州湾北滨海湿地，杭州湾以南沿海湿地，云贵高原湿地，蒙新干旱、半干旱湿地和青藏高原高寒湿地（刘颖秋，2005）。

湿地生态系统的形成一般应该具有两个条件：地势低洼和水源补给。干旱发生时因很难满足水源补给使得湿地面积减小、生态系统功能退化。我国西北地区频繁发生干旱，造成湿地严重退化，表现在：河流断流，湖泊萎缩，湿地面积减小；湿地水质咸化；旱化的湿地向沙漠化发展。青海湖附近的沙漠面积以每年平均 10.12 km^2 的速度增长，尤其是湖西岸沙丘是近十多年来才形成的风沙堆积，并成为该区域沙漠化最快的地区；湿地生态系统受到损害，生物多样性降低。

生物多样性包括遗传多样性、物种多样性、生态系统多样性和景观多样性。生物多样性在食品、工业原料、药物，旅游和科学文化，保护人类生存环境等方面都具有不可估量的价值。但是，许多生物物种濒临灭绝危险。据联合国环境规划署报告，目前世界上每分钟有 1 种植物灭绝，每天有一种动物灭绝，远远高于自然界的本底灭绝速率。目前，全球气候正经历干暖化为主的变化，干旱发生时蒸发量加大，土壤含水量下降，森林、草原大幅度减少，湿地生态系统受到严重破坏，许多生物失去了适宜的栖息地和稳定的食物来源，所以，干旱加剧了生物物种的灭绝。

1.2.1.3 干旱与沙漠化的发展

沙漠化是干旱、半干旱及部分半湿润地区由于人类不合理经济活动和脆弱环境相互作用而造成土地生产力下降，土地资源丧失，地表呈现类似荒漠景观的土地退化。干旱是土地沙漠化形成的一个重要的自然条件。干旱在沙漠化过程中起了推波助澜的作用。干旱发生时，由于土壤含水量下降，植被的地下部分生物量减少，地上部分停止生长或枯死。植被退化后裸露的土地使沙漠化加速发展。

我国是世界上沙漠和沙漠化土地较多的国家之一。沙漠和沙漠化土地分布范围很大，从西到东绵延 5500 km 以上，在行政区划上包括新疆、青海、甘肃、宁夏、内蒙古、陕西等 11 个省区，涉及 212 个县（旗、市）。全国沙漠和沙漠化土地总面积约为 153 万 km^2，占国土总面积的 16 %左右，超过了全国耕地面积的总和；其中已经沙漠化的土地面积为 17.6 万 km^2，潜在沙漠化土地面积为 15.8 万 km^2。沙漠化土地面积仍在不断扩大。

如甘肃民勤地区年降水量约为 110 mm，蒸发量高达 2644 mm，干旱严重，石羊河流域水资源超载开发，水资源供需矛盾突出，生态平衡严重失调，特别是下游民勤环境的变化更是明显。从 20 世纪 60 年代以来，已有面积为 2.52 万 hm^2 耕地因缺水弃耕，其中有 24.3 %的面积是近 10 余年来撂荒沙化的，并出现 0.5～1.3 m 高的低矮新型沙丘。原来为护田林屏障的绿洲也因水分条件缺乏造成防护体系的衰败，而使固定半固定沙丘活化，造成流沙再度危害绿洲。目前已经荒漠化的耕地面积达 6000 hm^2 以上，沙埋农田面积达 5200 hm^2 以上。

1.2.1.4 干旱与次生灾害

（1）干旱与病虫害关系

旱灾的伴生灾害主要是病虫害，尤其是蝗虫。这是因为蝗虫喜欢温暖干燥，干旱的环境有益于它们的存活、繁殖和生长发育。据《历代自然灾害资料汇编》记载，清代的 193 次旱灾中有蝗灾 109 次；民国（1912—1948 年）的 35 次蝗灾中有蝗灾 29 次。蝗灾对农业的影响往往是毁灭性的，受灾地区通常是颗粒无收。20 世纪 80 年代以来，由于干旱、土壤沙化、盐碱化的影响，农业生态环境发生了很大变化致使新蝗区不断发生，老蝗区蝗灾反复出现，蝗虫的发生频率上升，危害加重。1998—2001 年连续 4 年蝗灾大发生，对我国农业生产构成严重威胁，其中 2001 年发生蝗灾的一个重要原因是当年的干旱严重。

（2）草场虫鼠害

根据历史记载，干旱年牧区常常发生严重的病虫鼠害，致使牧草大幅度减产，使原本受旱灾的草场损失更加严重。1999 年是大旱年，也是我国牧区虫鼠害发生最严重的一年，虫鼠害发生面积合计 4330 万 hm^2。其中内蒙古自治区发生面积达到 1200 万 hm^2，比 1998 年增加 178 万 hm^2（中国农业年鉴，1999，2000）。

（3）林区、草场火灾

干旱发生时，土壤含水量降低，林区树木和草场的草含水量也随着下降，而且，干旱一般与高温相伴发生，高温干燥的环境条件使林区、草场发生火灾的危险性大大增加。1999—2001 年牧区连续干旱，1999 年、2001 年分别发生火灾 432 次、547 次，分别比 1998 年多 49 次、164 次。2007 年 4 月下旬—5 月中旬，山西省降水量 13.1 mm，是 1971 年来降水第 6 少年份。由于高温少雨，仅 5 月 1 日到 5 月 10 日，山西省卫星遥感监测中心监测到各类热点 114 个，是 2002 年以来山西省同期火灾发生最为严重的一年。

（4）地质灾害

干旱发生期间，由于地表水不足，只能依靠大量超采地下水维持居民生活和工农业发展，超采地下水，形成地下漏斗，产生地面沉降、地缝隙等问题，给城市基础设施构成很大的威胁。我国 40 多个城市由于过度开发地下水诱发地面沉降，其中累计沉降量超过 2 m 的有上海、天津、太原等。海河平原累计地面沉降量大于 5 m 的面积达 1.37 万 km^2。最严重的是天津，沉降区面积达 7300 km^2，占全市面积 61.2%，地面沉降速度平均每年达 20～42 mm（刘颖秋，2005）。

1.2.2 干旱对社会经济的危害

历史上已发生的干旱有深远的社会经济影响。干旱造成粮食减产，森林和草原的生产力下降，热电站和核电站的正常运行受到限制。干旱影响到农业、工业、旅游业、航海等行业的正常生产，某些行业一些部门甚至因干旱被迫停产。随着旱灾频率、强度和范围的增加或变化，国家粮食安全、产业布局、城市发展模式、居民生活质量与水平、社会稳定等方面都面临越来越严峻的挑战。

1.2.2.1 干旱对第一产业的危害

干旱是对我国农业影响最重要的自然灾害，这里的农业是指大农业，包括农业（粮食生产）、林业、牧业、副业和渔业。

(1) 我国农作物受旱面积有增长的趋势。1951—2006年全国农作物旱灾受灾、成灾面积分别累计超过11亿hm^2和5亿hm^2，占全国受灾、成灾总面积的57%和54%（表1.2）。每个年代受（成）灾面积平均值变化说明，全国旱灾受灾、成灾面积有增加趋势（图1.2）。

表1.2 不同年代（1951—2006年）全国干旱受（成）灾面积占农作物自然灾害受（成）灾总面积比例

年份	播种面积	总受灾面积（亿hm^2）	总成灾面积（亿hm^2）	旱灾受灾面积（亿hm^2）	旱灾成灾面积(亿hm^2)	旱灾受灾面积占总受灾面积的比例（%）	旱灾成灾面积占总成灾面积的比例（%）
1951—1960	14.79	2.78	1.12	1.52	0.52	55	46
1961—1970	14.28	2.08	1.03	1.23	0.56	58	55
1971—1980	14.84	4.11	1.35	2.82	0.86	68	63
1981—1990	14.71	4.09	1.99	2.38	1.13	58	57
1991—2000	15.19	5.11	2.68	2.71	1.39	53	52
2001—2006	9.29	2.69	1.53	1.40	0.82	52	53
合计	79.97	20.08	9.25	11.69	5.06	57	54

（来源：灾情数据库，由农业部种植业管理司和农业部信息中心合作开发，数据库来源于《中国统计年鉴》及《中国农业统计资料》。）

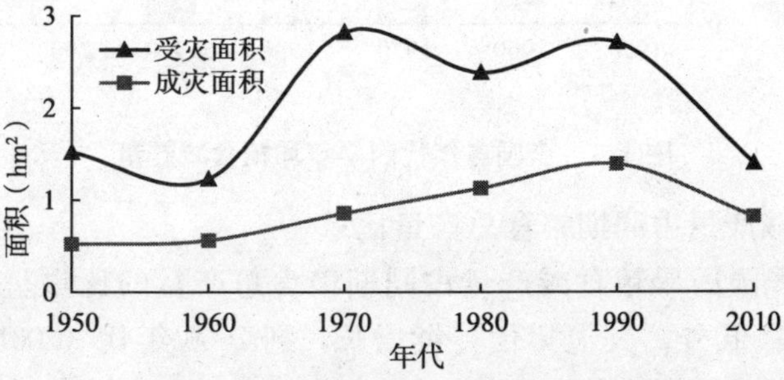

图1.2 全国干旱受灾、成灾面积变化

（2）我国因旱粮食减产量呈增长趋势。据有关部门统计，1949—2006 年因旱减产粮食量总计为 85797.2 万 t，占同期全国粮食总产量 4.73%。自 1949 年以来，我国因旱粮食减产量呈增长趋势。当发生极端干旱或连续干旱时，粮食产量会出现大幅度下降。如 2000 年，我国大部地区降水偏少，属于极端干旱年份，大范围干旱导致粮食减产 5996 万 t，占当年粮食总产量的 13.0%，2001 年长江流域及其以北地区受旱范围广、持续时间长、旱情严重，因旱减产 5482 万 t，占当年粮食总产量的 12.1%（图 1.3）。

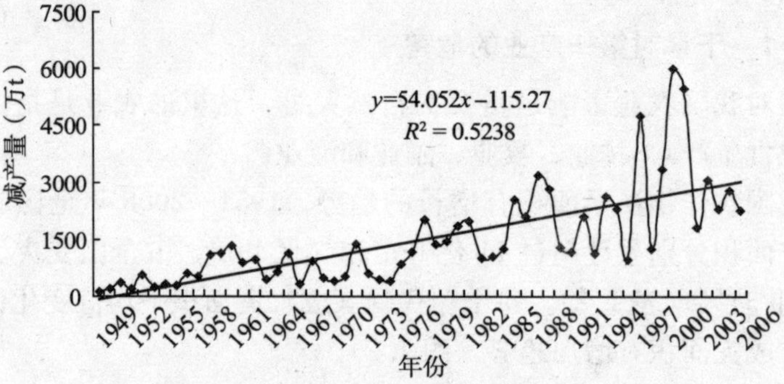

图 1.3　1949—2006 年因旱粮食减产量变化趋势

我国因旱粮食减产量随年代呈大幅度增长。1970 年代年均因旱减产 1022.5 万 t，是 1950 年代的 1.93 倍，1990 年代年均因旱减产 2565.1 万 t，是 1950 年代的 4.85 倍，2000 年代的年均（2001—2006）因旱减产 2947.5 万 t，是 1950 年代的 5.57 倍（图 1.4）。

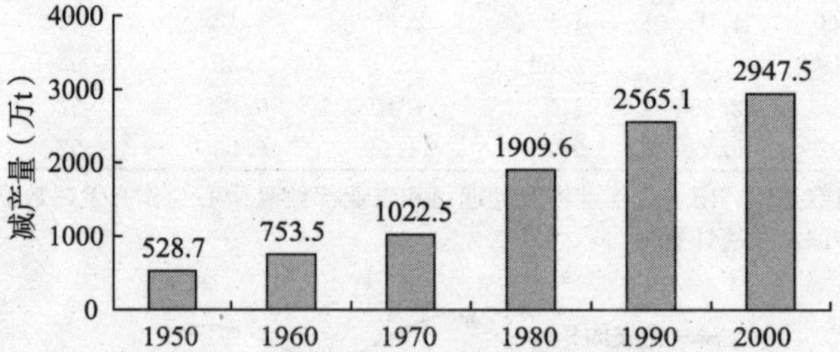

图 1.4　全国各年代因旱年均粮食减产量

（3）因旱减产量占同期粮食总产量比重

据统计，我国因旱粮食减产量占同期粮食总产量的比重呈增长趋势，除 1970 年代略有降低外，其他年代持续增长，到 2000 年代（2001—2006 年，下同），因旱减产量占同期粮食总产量比重 5.92%，为 1950 年代的 1.87 倍(图 1.5)。

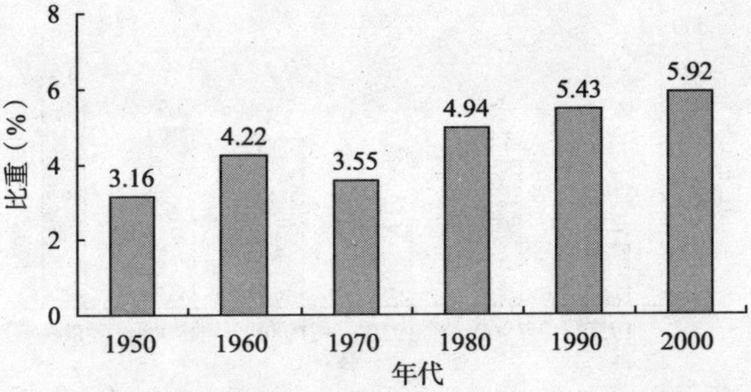

图1.5 全国各年代因旱减产量占同期粮食总产量比重

（4）全国单位面积因旱粮食减产量

1951—2006年，全国单位面积因旱粮食减产量大幅度增长（图1.6）。2000年代的单位面积因旱粮食减产量为0.85 kg/hm²，为1970年代的2.77倍，为1950年代的5.31倍。严重干旱年的2000年和2001年单位面积因旱粮食减产量分别高达1.71 kg/hm²和1.57 kg/hm²。单位面积因旱粮食减产量一方面反映干旱灾害发生频率和强度随年代增长，另一方面，由于科技投入增多，单位面积的粮食产量随着年代增长而增加。由图1.7可知，全国各年代单位面积因旱粮食减产量占同期粮食单位面积产量比重也呈上升趋势，除1960年代外，随年代增加。2000年代该比重是4.3%，与1950年代相比增加60%。虽然上升幅度不大，但趋势足以说明干旱灾害对农业粮食产量的影响有增无减。

干旱除了影响粮食生产，还会对林业、牧业、副业、渔业产生影响：①干旱增加火灾发生，降低土壤湿度，导致森林的生产力下降；②与林业相比，干旱对牧业的影响还会增加病虫害的发生；③干旱通过降低农作物的产量影响到农产品加工产业；④干旱发生期间，江河、湖泊的水位下降，有些河道甚至干涸，严重的影响捕鱼、虾及其加工产业的正常生产。

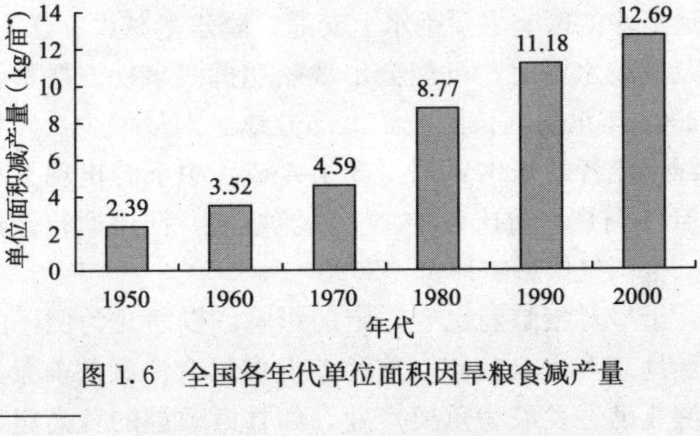

图1.6 全国各年代单位面积因旱粮食减产量

* 1亩=666.$\dot{6}$ m²

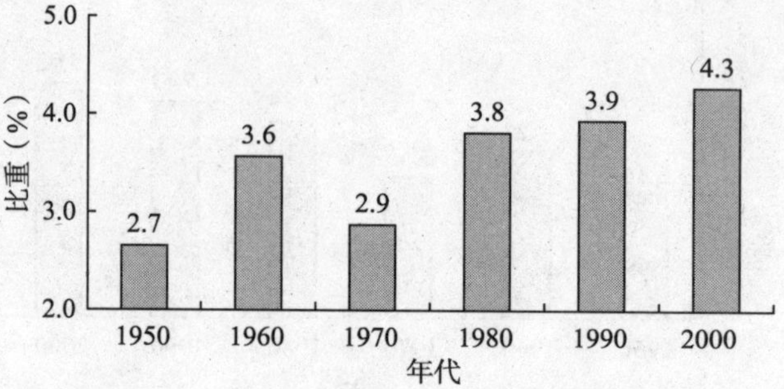

图 1.7　全国各年代单位面积因旱粮食减产量占同期粮食单位面积产量比重

1.2.2.2　干旱对第二产业的危害

干旱发生期间，由于江河来水量的减少，水力发电下降，引发工业生产用电紧缺。2006 年夏季（6—8 月）川、渝持续高温少雨，两省（市）夏季平均降水量为 345.9 mm，为 1951 年以来同期最低值。江河水位持续走低，对水运、水力发电等造成一定影响。由于干旱等因素的影响，重庆市水力发电比 2005 年同期减少 21.2%（http：//www.sp.com.cn/zgdl/dltj/2006a.htm）。

水资源是煤炭生产和深加工的重要基础，所以干旱对煤炭产业影响很大。据调查，全国平均吨煤综合耗水量约 1.6 m^3，2004 年全国产煤 19.56 亿 t，用水总量约 31.3 亿 m^3。降水量不足是制约煤炭产业发展的重要因素。我国煤炭资源大部分分布在缺水的干旱和半干旱地区，全国有 70%的矿区缺水，其中 40%严重缺水。水资源不足成为制约煤矿、洗选厂和电厂等发展的重要因素（《中国资源综合利用协会通讯》，2005）。

此外，干旱发生时由于电力供求关系紧张及生产用水短缺，食品加工、建筑业、制造业等产业都将会受到不同程度的影响。

1.2.2.3　干旱对第三产业的危害

干旱对交通运输的影响主要是水上交通。降水量减少，江河来水量偏低。当河道水位不及通航水深时，可能会出现船舶搁浅事件，严重影响正常的水上交通运输。2006 年汛期，长江上游大部分地区雨量偏少，发生百年罕见的严重干旱，长江干流各站来水量偏少 3 至 4 成，中下游出现了百年罕见的汛期枯水。2006 年 8 月底，重庆市的 2/3 溪流断流，河道通行条件恶化，严重影响航运通行（全国气候影响评价，2006）。

另一方面，干旱对旅游业也有一定的影响。以西北为例，由于我国西北地区独特的自然地理和人文特点，旅游业发展具有广阔的前景。目前，西北一些省份的旅游业已经发展为重要产业，如甘肃敦煌的莫高窟，西安的兵马俑，近几年陕西省“红色旅游”也成为旅游业新的增长点。但是西北地区干旱频繁发生，给西北旅游业带来严重的问题：一方面，干旱发生破坏草地、湿地等自然景观，如我国最大的咸水湖——青海湖面积不断缩小导致鸟岛周围满目黄沙，若尔盖草地也有很大面积沙化；另一方面，由于干旱能促进沙漠化进程，一些人文景观遭到了前所未有的威胁，如风沙已成为石窟难以长久保存的最大威胁之一，沙尘暴造成的积沙、风蚀、粉尘等，极易引起壁画脱落、彩塑受损、崖体坍塌等危害。因此，干旱对某些旅游城市的影响非常之大，旅游景点的破坏带来的不仅是旅游收入的减少，更是对生态环境和人类文化的破坏。

第2章 干旱的时空分布与变化特征

2.1 全球

2.1.1 全球干旱概况

2.1.1.1 非洲

非洲大陆东濒印度洋，西临大西洋，北隔地中海与欧洲相对，东北部隔苏伊士运河和红海与亚洲相望。其范围北起阿比亚德角（37°20′N），南止厄加勒斯角（34°51′N），南北最长约 8000 km；东端为哈丰角（51°24′E），西端为佛得角（17°33′W），东西最宽约 7500 km。总面积达 3022 万 km^2，仅次于亚洲，是世界第二大洲。

非洲大陆南北跨 72 个纬度，赤道横贯中部，四分之三的土地可以受到太阳的垂直照射，热带和亚热带地区约占全洲面积的 95%，有一半以上地区的气候终年炎热，有将近一半的地区是炎热的暖季和温暖的凉季。非洲的地理纬度南北对称分布，致使非洲的气候类型也南北大致对称，而且呈明显的带状分布。赤道地区是热带雨林气候，向南、北两方依次过渡为热带草原气候、热带沙漠气候和地中海式气候。只有东部高原地区，因地势高、气温低，才打破了这种对称分布的特征。

（1）撒哈拉沙漠

撒哈拉地区，终年受到副热带高压控制，气候干热。东边与亚洲大陆相连，受到亚洲副热带高压西缘干热气流的影响，气候更加干燥；西边有加那利冷流经过，盛行东北信风，使得沿岸凉爽而干燥，流沙一直逼近到西部海岸。于是，西起大西洋沿岸，东至红海，在宽约 4800 km，南北纵深 1200～1600 km 的 770 万 km^2 面积（约占全洲面积的四分之一）上，发育成了世界上最大的热带沙漠。撒哈拉沙漠的气候十分炎热，约有一半地区的极端最高气温曾超过50℃，其中利比亚西北部的阿西夕亚极端最高温度曾达到过57.8℃，为世界正式最高纪录。撒哈拉沙漠的气候极端干燥，年降水量大多不到50 mm，有些地方常常万里晴空，不见滴雨。如埃及的阿斯旺和阿尔及利亚的英沙拉，多年平均的年降水量都是零。撒哈拉地区常年烈日炎炎，高温干燥，致使蒸发强烈，为全球蒸发量之冠。例如苏丹瓦迪哈勒法的年蒸发量达7327 mm，比中国最多的新疆哈密七角井（4086 mm）几乎多了1倍。在撒哈拉最干燥的地区和干燥季节，平均相对湿度小于3%，并且经常出现0%。从撒哈拉沙漠经常有干热的风吹向沙漠区域以北和以南的地区，流沙每年向南伸展150万 hm^2，向北吞没农田10万 hm^2。灼热的南风（称为西洛可风、坎辛风、吉布利风、西蒙风）夹带着沙粒，能够吹到阿尔及利亚和突尼斯内陆地区，使那里的气温有时升高到50℃以上，相对湿度下降到5%，几小时之内就可以使作物枯干而死。往南吹向西非的干热东北风（哈马丹风），也夹带着大量沙尘，可使相对湿度下降到1%，长时间的哈马丹风可伤害人体健康，使植物枯萎。蝗虫也经常伴随哈马丹风而来，对作物的危害更大。

（2）东非

东非所处纬度甚低，绝大部分地方在南北纬10°以内，沿海又无冷流，降水较同纬度地区显著偏少，这在世界各大洲的低纬度东岸中是极少见到的。造成东非干燥少雨的主要原因是盛行气流大致与海岸线走向平行所致。非洲之角索马里，海岸线呈东北－西南走向，北印度洋的东北和西南季风都难以登陆并深入内地，加上岸外有上升冷水，气层趋于稳定，使得这里降水很少，年雨量不足500 mm，沿海平原地区还不到250 mm，气候十分干燥，是干旱的荒漠地区。但不少地方都有日雨量大于100 mm的“沙漠暴雨”。形成东非高原雨量和雨季分布的原因是，东北季风和东南信风抵达东非高原海岸时，风向已逐渐偏转为北风和南风，恰好与其海岸走向平行，这就不利于将水汽由海上输送到内陆上空，加之这些气流的厚度不大，其上又有干燥而稳定的东风气流，因而降水不是很多，年雨量多在1000 mm左右。而且多雨季节为3—5月和4—10月，出现在过渡季节。

（3）南非

南非的西海岸，终年受南大西洋副热带高压东翼下沉气流的控制和本格拉冷流的影响，气流稳定而少雨，年雨量都在250 mm以下，有些地方还不到100 mm，瓦尔维湾的年雨量更少到只有7.5 mm，气候非常干燥。从这沿海沙漠低地进入内陆高原，其间有高大的陡崖相间隔，往往在很短的水平距离内，高度可相差1700 m，这对于海洋气流进入内陆高原有很大的阻碍，在迎风坡，降水量由沿海向内陆随着地势的陡升而大幅度增加。南非高原的东南部，有高耸的德拉肯斯堡山脉，阻碍了印度洋湿润气流进入内陆，因此，四周为高原和山地包围的卡拉哈里盆地气候十分干燥，年雨量不足 250 mm，呈现荒漠景观。

非洲的主要干旱事件有：

1901—1910 年：非洲历史上最严重的干旱，影响了非洲的东部和西部。整个非洲大陆受到干旱影响，马里和尼日尔受灾最重。

1984—1985 年：非洲西部受到干旱影响，从毛里塔尼亚到埃塞俄比亚，连续的干旱使埃塞俄比亚、吉布提、厄立特里亚、肯尼亚、索马里、苏丹、坦桑尼亚和乌干达 1600 万人口面临饥饿。

1991—1992 年：非洲南部受到干旱影响。

2000 年：吉布提、厄立特里亚、苏丹的部分地区干旱严重，苏丹的大批难民涌往邻国寻找食物和水。

2002 年：非洲发生干旱，1500 万人口面临饥饿和营养不良。

2.1.1.2　亚洲

亚洲位于东半球的东北部，东、北、南三面分别濒临太平洋、北冰洋和印度洋，面积为 4400 万 km^2，几乎占世界陆地面积的三分之一，是世界第一大洲。

亚洲的地形起伏很大，平均海拔高度 950 m。以山地和高原为主，其面积约占全洲面积的四分之三。亚洲的地势中部高，四周低，高大山系以群山集结而成的帕米尔高原为中心，向四方辐射延伸到大陆边缘。亚洲的许多大河都发源于中部的高原和山地，呈放射状向四周分流，各河的中下游大多是平原低地。在亚洲大陆东面和东南面的海洋上有许多岛屿，多呈弧形分布。

亚洲的东部和南部，季风气候显著。马来半岛南部和马来群岛的大部分，终年高温多雨，属于热带雨林气候。亚洲的中部和西部，地处内陆，受海洋的影响小，属于温带大陆性气候。亚洲北部，冬季漫长而寒冷，夏季短促而温和，为亚寒带针叶林气候。北冰洋的亚洲沿岸，终年寒冷，是极地气候。西亚终年炎热少雨，是热带和亚热带沙漠气候，只是在西亚地中海沿岸地区，为冬雨夏干的地中海式气候。亚洲中部的青藏高原和一些高山地区，海拔在 4000～5000 m 以上，终年气温很低，多雪峰冰川，属于高山气候。

(1) 北亚

50°N 以北的亚洲区域，基本上进入俄罗斯亚洲部分的疆域，南北最宽处可达 40 个纬度，东西占 130 个经线，俗称北亚。虽然北亚地域范围甚广，但气候类型却只有两种：极地常寒气候和亚寒带大陆性气候。

（2）东南亚

东南亚年雨量在2500 mm以上，季节分配比较均匀，一年之中有两个最大雨量时期，发生在太阳直射以后（春、秋分）的时间里。东南亚地区没有显著的干季。

（3）西亚

西亚的大部分地区和亚洲大陆内部，分别是热带、亚热带与温带沙漠气候。气候干热的阿拉伯半岛和伊朗高原的南缘，是北非大沙漠向东的延续，大部地区常年处于副热带高压和东北信风控制之下，加之四周为高山所环绕，从海洋上来的湿润空气受高山所阻，到了内陆气候非常干热。这里雨水稀少，因此不能使夏天变得凉爽；大部分的热带荒漠地势很低，结果使这一地区成为世界最热的地区之一。阿拉伯沿海的炎热常常比内陆更加难受，因为被陆地包围的红海或波斯湾的海水蒸发以后，使空气变得非常潮湿。最热月气温可达30～37℃，最冷月气温为10～25℃。例如伊拉克的巴格达8月平均气温为33.3℃，1月为9.4℃。少量的降水差不多完全集中在冬天。

干旱少雨的伊朗高原和塔尔沙漠。伊朗高原和南亚的塔尔沙漠，气候也终年干旱少雨，年雨量不足250 mm，有些地区不足100 mm，夏季虽炎热，但不如阿拉伯半岛那样酷热，南部低地的夏季月平均气温达30～32℃，最高气温可达40～50℃。高原冬季月平均气温多在5～10℃之间，不如中亚地区那么冷。气候上具有由温带沙漠地区到热带沙漠地区的过渡性质，属于亚热带沙漠气候。

（4）中亚

干旱的中亚里海以东的土兰平原和中国的西北地区。深居内陆，距海数千千米之遥，加上重重山岭阻隔，致使东从太平洋，南从印度洋上吹来湿润的夏季风已经鞭长莫及，雨水稀少，年降水量不到200 mm，沙漠地区则在50 mm以下，气候干旱。这里冬季寒冷，最冷月气温多为－10～－15℃；夏季酷热，最热月气温为22～26℃以上，极端最高气温可达48℃左右。气温的年较差和日较差都很大，属于极端的温带大陆性沙漠气候，自然景观为温带荒漠。

温带沙漠以北，亚寒带气候以南的区域，即中亚哈萨克丘陵、蒙古高原、内蒙古和黄土高原等地区，是湿润气候与干燥气候间的过渡地带，属温带大陆性半干旱气候。冬季漫长而严寒，夏季暖热而短促。年降水量多为250～450 mm，有些地方年降水量不到100 mm，而且降水多集中于夏季。因此这里夏秋季节，青草丛生，成群的牲畜追逐水草而行；冬季来临后，草原一片萎黄。

亚洲的主要干旱事件有：

1957—1958 年：巴基斯坦、印度、孟加拉国、缅甸、泰国等地发生干旱，农作物绝收，人和动物营养不良，土地退化，其中印度农业减产达 50%。

1996—1999 年：亚洲中部和西南部如阿富汗等地，6000 万人口受到影响，水源短缺、作物枯萎、饥饿蔓延。

2000 年：中国、阿富汗、伊朗、巴基斯坦等国受到干旱影响，其中中国谷类产量比 1999 年减产 9%，伊朗 60%农村人口受到缺水影响。

2005 年：东南亚的马来西亚半岛、印度尼西亚半岛、越南等地，农作物枯萎、饮用水短缺，泰国 809 000 hm^2农作物绝收，经济损失 1.9 亿美元。

2.1.1.3 美洲

(1) 北美

北美洲东临大西洋，西濒太平洋，南面通过中美地峡连南美洲，西北面和东北面分别隔一道海峡和亚洲、欧洲相遥望。整个大陆横跨寒、温、热三带。全洲面积达 1930 万 km^2。仅次于亚、非而为全球第三大陆。北美气候有异于欧洲和亚洲。北美西部自北向南纵走的科迪勒拉山系阻挡了太平洋中纬度西风向内陆深入，海洋性气候仅限于北美中纬度西岸地带，相比而言欧洲西部因不存在南北向较大的山地，大西洋的中纬度西风可以长驱直入，使得西欧成为十分典型的海洋性气候区域。北美洲大部分地区位于温带纬度，以温带气候为主，热带气候的范围十分有限。

加拿大大部分地区气候寒冷，仅北部寒带苔原气候就占加拿大总面积的三分之一。这里 1 月平均气温在零下二十多度，夏季最热月的平均气温低于 10℃，年降水量虽不足 250 mm，但因温度低，气候却很潮湿。温带气候只限于加拿大西部太平洋沿岸及南部的狭长地带。加拿大的太平洋沿岸，依山面海，终年盛行来自太平洋的西风，是加拿大唯一冬季温和的地区，终年湿润，年降水量为 2500 mm 左右，属温带海洋性气候。中美的墨西哥，绝大部分地区是海拔 1000～2000 m 的高原，但因海拔高度在 2000 m 左右，气候并不炎热。可是墨西哥的水分条件不利，约有一半的地方雨水不足。北半部的年降水量在 600 mm 以下，西北部常年受到副热带高压的控制，又有加利福尼亚寒流的影响，降水更不到 250 mm。中部，冬季为陆上吹来的信风控制，气候干燥少雨，各月雨量不到 10 mm；夏季海洋湿润气流进入高原，雨水较多，各月雨量大于 50 mm，干湿季节分明。

美国西岸濒临太平洋，终年受到太平洋气流的影响，科迪勒拉山系又紧靠着海岸延伸，可以阻挡南下的极地冷空气侵入沿岸地区，使得这里冬暖夏凉。美国西岸的温度虽然冬暖夏凉，南北差异不大。但降水量却是西北海岸最多，往南迅速减少，南北形成了不同的气候类型。42°N 以北的美国西岸，终年受来自太平洋的西风气流的影响，以及山地抬升的作用，全年湿润多雨，秋冬降水更为集中，是世界典型的温带海洋性气候。年降水量一般为 1500～2500 mm。42°N 以南的北美西岸，处于西风带和太平洋副热带高压交替控制的地带，冬季多雨和夏季干燥是这一区域的气候特征。美国西南部的亚利桑那州和新墨西哥州，终年受热带大陆气团的控制，空气经常下沉增温，气候相当干燥，年雨量一般在 100 mm 左右。年雨量最少的是出现在加利福尼亚州的格陵兰兰契，仅有 38 mm。干旱在美国灾害的经济和环境损失中占很大比例。

（2）南美

南美洲西临太平洋，东濒大西洋，北濒加勒比海，西北角与中美地峡相连。南隔德雷克海峡同南极洲相望。最北端起于 12°25′N 的加里那斯角。最南端起于 53°54′S 的福洛育特角；西部伸展到 81°19′W 的帕垦那角，东部达到 34°48′W 的卡菩勃朗柯角，是世界第四大洲。

南美大陆北宽南窄，略成三角形，赤道横贯北部。最宽处位于热带纬度，热带地区的面积占全洲的三分之二左右，年降水量超过 1000 mm 的地区约占全洲面积的五分之三。因此在南回归线以北的平原地区多属热带雨林气候。总之，南美洲是一个温暖而湿润的大陆，既没有北美洲和亚洲那样大面积的寒冷地区，也没有非洲和大洋洲那样广阔的干旱沙漠地区。但从亚马孙平原往北，进入赤道以北的奥里诺科平原，降水已较热带雨林地区明显减少，年降水量多在 1000～2000 mm。加勒比海沿岸的降水量还不足 500 mm、在吹热带干燥风的冬季，降水较少，干湿季节非常分明，一般 5—10 月为雨季，11 月至次年 4 月为旱季。

美洲的主要干旱事件有：

1934 年，1936 年，以及 1939—1940 年，北美发生严重干旱。

1950 年，美国西南部发生严重干旱。

1953 年，美国的俄克拉何马州、堪萨斯州和内布拉斯加州发生干旱。

1954 年，干旱从中西部蔓延到大平原地区以及向南到新墨西哥。

1956 年，美国大平原地区旱情严重。

1957 年，北美大部分地区干旱持续。

1987—1989 年，美国 36％的地区经历了连续 3 年的干旱。

2004—2006 年，阿根廷发生严重旱灾，造成 3.6 亿美元的经济损失；12 万头家畜死亡，1 万人被疏散。

2004—2005 年，在玻利维亚和巴拉圭发生干旱。

2.1.1.4 欧洲

欧洲大陆，北临北冰洋，西濒大西洋，南隔地中海与非洲相望，东部与亚洲大陆毗连。欧洲的范围，北起诺尔辰角（71°08′N），南至西班牙马罗基角（36°N），西到罗卡角（9°31′W），东到北乌拉尔（66°10′E），面积为1040万km^2，仅大于大洋洲，是世界第六大洲。

欧洲大体位于35°～80°N之间，所以温带气候占优势，寒带气候的范围很有限，没有热带气候。大部分地区受活动于这个纬度带的西风气流的影响，以及北大西洋暖流的影响，欧洲气候以海洋性气候显著为基本特征。但是，欧洲各地气候因距海远近和纬度高低的不同而有很大差异。西部大西洋沿岸，是典型的温带海洋性气候，那里冬季温和、夏季凉爽，四季降水比较均匀。往东，离大西洋渐远，海洋影响逐渐减弱，气候的大陆性逐渐增强，到东欧平原，已属显著的温带大陆性气候。那里冬冷夏热，降水主要在夏季，降水量主要自西向东逐渐减少，在里海沿岸，出现沙漠和半干旱的气候。欧洲北部临北冰洋一带，属苔原气候，冬季严寒而漫长，夏季凉爽而短促。南部地中海沿岸，冬季温和多雨，夏季炎热干燥的地中海式气候。

（1）北欧

北欧地处高纬度地区，北极圈通过挪威、瑞典和芬兰的北部。夏季有时太阳整天不落，形成极昼；冬季有时终日不见太阳，形成极夜。严格来说，这里长冬无夏，春秋相连。

（2）西欧

西欧是全年盛行西风的地方，沿岸有北大西洋暖流经过，西风容易把温暖湿润的空气送进欧洲大平原内部，使得西欧成为典型的温带海洋性气候。冬季温和，最冷月平均气温均在零上好几度，经常出现阴云密布和细雨连绵的天气，难得下雪，低地积雪更为少见。

（3）中欧

中欧位于中纬度的东欧和西欧之间，是自然条件的过渡地带。在地形上，从南部的山地过渡到北部的平原；在气候上从西部的海洋性过渡到东部的大陆性。西部接近海洋性，东部接近大陆性，气候有一定的差异。中欧平原各地年降水量多在500～800 mm之间。冬季因受高压控制，降水较少，降水从西往东减少，由于冬温较低，降水以降雪为主，但低地积雪并不多见。夏季盛行从海上吹来的西北风，水汽充沛，加之夏季地面增温快，对流强烈，多降阵性雨。从季节分配来看，西部较为均匀，越往东去，夏季雨量所占比重越大。

(4) 东欧

东欧平原广大，地形单一，大西洋气流虽然可以长驱直入，但已是势衰力竭，越向东去影响越小，气候的大陆性越强。冬季，受极地大陆冷气团控制，气候干燥而寒冷，整个东欧的冬季月平均气温均在0℃以下。夏季，东欧平原的气温虽高于西欧，但终因纬度较高，夏季的气候还是比较凉爽的。东欧地势平坦，降水量的地区分布比较均匀，年降水量大都在400～600 mm之间。从莫斯科向东南雨量渐减，喀山已不足400 mm，至里海西北海岸，年降水量已不到150 mm。东欧夏半年的雨水占四分之三，主要为阵性降水。但降水日数的年变化几乎与降水量的年变化完全相反。例如，莫斯科5月份只有12 d降水，而12月份却有19 d降水，最大降水量几乎都在7月份出现，这对农业是很不利的，因为春季和初夏季节农作物可能会感到水分不足，而在收获季节又可能因过于潮湿而使农业遭受损失。

干旱在欧洲是非常常见的气候灾害，各季都有可能发生，发生地区也很广泛。在20世纪，欧洲大部分地区都受过干旱影响。

干旱变化趋势对于整个欧洲平均来说尽管很小，但是在几个地区干湿变化趋势是非常显著的。在冬季和春季，北欧湿润状况增加趋势最大。1900年以来，从阿尔卑斯山到北斯堪的纳维亚降水呈增加趋势，而在中东欧以及西俄罗斯是变干趋势。

夏季干旱在欧洲北部比南部更普遍，然而冬季这种特征与夏季相反。南欧的夏季干旱一般不会造成严重的灾害影响。然而，在其他季节，在欧洲的几个地区，持续的大范围降水缺乏可以导致非常严重的后果。

欧洲大部分地区平均每年干旱天数为2～6 d，少部分地区干旱天数超过12 d。典型干旱事件平均持续2～4 d，最长可持续10～20 d。干旱具有明显的区域差异。例如，发生在英格兰东南部的干旱比其他地区更严重，持续时间更长。

欧洲经历极端或者中等干旱状况的比例在20世纪变化并不明显。空间上，干旱指标的变化是多变的，在欧洲东北部明显的向湿润状态转移。在中东欧以及西俄罗斯有干旱化趋势，这种趋势在冬、春季较强，夏季和秋季较弱。

在欧洲中部有一个更大频率的极端干旱的发生。相反，沿着欧洲西北部海岸，地中海海岸以及阿尔卑斯山却很不常见。极端干旱平均持续2～3 a，最极端干旱持续超过5 a。区域上，最长干旱出现在意大利、法国西北部以及俄罗斯西北部，有一个典型的40个月的持续时间。

表 2.1　1971—2005 年欧洲主要干旱事件

年	地区	影响
1973	奥地利、德国＋前捷克斯洛伐克	极端冬春干旱导致雪融化减少以及一系列水资源短缺
1976	北欧（斯堪的纳维亚到法国）	空前持续 16 个月的英国干旱导致了一系列严重后果。法国牛奶产量下降 25%，超过 20000 头猪由于水短缺而遭到宰杀
1984	英国北部和西部	春季和夏季非常干旱导致严重缺水
1988—1992	大部分欧洲	异常环流模式导致大范围降水不足，损失严重
1992	德国、匈牙利、保加利亚和西俄罗斯许多地区	德国作物产量减产 22%
1990—1995	西班牙、葡萄牙	延长的干旱跨越整个伊比利亚半岛。在 1992—1993 年塞维利亚水供应每天终止 12 小时，1994—1995 年水力发电也被停止
1995	爱尔兰、英国、挪威和瑞典	英国农业损失巨大。挪威水力发电能力下降导致电价上涨 6 倍
1999	芬兰	河流和地下水水位很低导致干热夏季
2003	欧洲许多地区	延长的异常高温天气导致很多人口死亡，森林火灾，电力紧缺，农业损失等
2005	葡萄牙和西班牙	

来源：Ben Lloyd-Hughes，Benfield Hazard Research Centre，UCL

2.1.1.5　澳洲

澳大利亚许多地区是典型的少雨气候，干旱较为频繁。全境有 35%的地区年雨量不足 250 mm，年雨量在 1000 mm 以上的面积仅占 7%。

第二次世界大战期间，东澳大利亚经历了从 1937—1947 年的持续干旱。1965—1968 年，东澳大利亚再次遭受持续干旱。1982—1983 年的干旱是 21 世纪澳大利亚遭受的最严重的干旱。这期间，西北维多利亚发生了严重的沙尘暴，1983 年 2 月在东南澳大利亚发生严重的林区大火，造成 75 人死亡。2003 年以来，澳大利亚许多地区开始遭受长时间持续的严重干旱，这次干旱一直持续到2006年，被称为千年一遇的干旱事件。

澳洲的主要干旱事件有：

1864—1866年，除了塔斯马尼亚州，其他地区都受干旱影响。

1880—1886年，澳洲南部和东部受干旱影响严重。

1895—1903年，绵羊数量减半，家畜超过40%损失。

1911—1916年，损失1900万头绵羊和200万头家畜。

1918—1920年，仅澳洲西部部分地区免受干旱影响。

1939—1945年，在1942年到1945年间，损失将近3000万头绵羊。

1963—1968年，干旱分布广泛。1958—1967年，澳洲中部干旱地区发生最长时间干旱，最后两年小麦收成减少40%，损失2000万头绵羊，牧业收入减少3～5亿美元。

1972—1973年，澳洲东部发生干旱。

1982—1983年，整个澳洲干旱造成的经济损失超过30亿美元。

1991—1995年，平均农业产量下降10个百分点，给澳洲造成50亿美元的经济损失，在1992年9月到1995年10月联合国提供了5.9亿美元用于缓解干旱。

2.1.2 全球干旱气候变化

2.1.2.1 近50年全球干旱及干旱化发生的时空分布特征

研究指出（Dai等，2004）：自20世纪70年代以来，全球陆地上极端干旱的面积增加了一倍多，而引起这种现象的可能原因是20世纪80年代中期以后的增暖；增暖背景下中国干旱和半干旱区域的范围正在向东南方向扩展。众所周知，除少数地区外，增暖属于全球性的。然而，近半个世纪降水的变化趋势在全球的分布具有很大的不确定性，那么由温度升高和降水异常共同作用下的全球干湿变化的时空分布格局是什么？区域间干湿变化的差异如何？这些问题目前尚不清楚，特别是大陆尺度干湿变化的比较。下面将针对这些问题展开分析，着重在各大陆干湿变化的特征及其差异问题的研究。

图2.1为利用Mann-Kendall方法（简称MK法）所计算的1951—2002年全球年降水和年地表湿润指数（以下均指年值）变化趋势的空间分布。为了突出降水和地表湿润指数的年代际变化趋势，首先对降水和地表湿润指数的原始序列进行5年的滑动平均，其次利用MK方法对滑动序列进行趋势分析（图2.1），MK检验值的绝对值大于1.96。从图2.1a可以发现，美洲大陆绝大多数地区的降水量在近50年都是增加的趋势，仅有美国的阿拉斯加、加拿大西部和南美大陆的西北部等小部分地区降水为减少趋势。然而在欧亚大

陆和非洲大陆大部分地区降水却为明显的减少趋势，表现出与北美大陆完全不同的变化特征。如果把欧亚大陆以 60°E（正好位于欧洲和亚洲的分界线处）为界分成东西两部分，那么西部地区近 52 年降水为增加趋势，这包括整个欧洲地区和非洲大陆北部撒哈拉沙漠地区，而降水为减少趋势的地区主要位于地中海沿岸；在 60°E 以东，大部分地区降水的变化趋势检验值为负，说明降水变化的趋势主要以减少为主。还有，从整个欧亚和非洲大陆的总体特征来看，降水趋势为增加的地区大致集中在 25°～30°N 和 50°N 纬度带上，形成两个沿纬度带分布的狭窄带状区域。其中位于 25°～30°N 的降水增加带在 60°E 以西主要位于 25°N 附近，而在 60°～80°E 之间，这个降水增加带北移至 25°～35°N之间；在 80°～100°E 之间，降水增加区域的南界北移至 30°N 且范围扩大，北界扩展到 45°N，这个区域正好位于中国的西北西部。所以，看来中国西北西部降水近 20 多年的增加趋势并不是一个孤立的局地特征，而是一个大尺度变化的现象；在 100°E 以东地区，降水增加趋势的区域又南撤到 32.5°N（长江沿线）以南，在中国东部形成了一个南部降水增加而北部降水减少的空间格局，另外大尺度降水增加位置在这个地区的变动可能与青藏高原的大地形作用有关。100°E 以东的中高纬度地区，除蒙古国的北部以及俄罗斯中部的局部地区有小范围的降水增加外，35°N 以北地区降水总量以减少趋势为主，其中俄罗斯的远东地区、中国华北及西北的东部为降水显著减少的地区。非洲大陆 20°N 以南地区是全球降水量减少最显著且范围最大的地区，仅在赤道附近有小部分地区降水量为增加趋势。在澳洲大陆，东、西部为相反趋势，其中中西部降水有增加的趋势，而东部为减少趋势。

与图 2.1a 比较可知，地表湿润指数（*H*）近 52 年变化趋势的空间分布与降水的空间分布格局基本一致，但变湿（MK 的检验值为正）、变干（MK 检验值为负）的范围在某些地区存在较大差异。差异最显著为北、南美大陆和澳洲大陆。在北美大陆上，50°N 以南降水增加的地区占 90%以上，而图 2.1b 上这个地区超过 40%的地区为变干，也就是说，在北美大陆大约有 30%的地区尽管降水量为增加趋势，但在年际尺度上却是变干趋势（地表湿润指数为减小趋势）；在南美大陆，大约有 20%的地区有类似的特征；澳洲大陆这种现象同样存在，大约有 40%的地区尽管降水为增加趋势但却表现出干化。在欧亚大陆上，相对于图 2.1a 上 50°N 纬度带附近的降水增加区域，图 2.1b 上的变湿范围明显缩小，说明这个多雨带上同样存在降水增多却变干的区域；25°N带降水（图 2.1a）的增加趋势和地表湿润指数（图 2.1b）增大趋势的范围在图 2.1a 和图 2.1b 上变化不大，但强度却有明显差异，图 2.1b 上变湿的强度明显大于图 2.1a 上降水增加的强度，这可能与这个纬度带上温度的降低有关（欧亚大陆的几个降温中心均分布在这个纬度带上）。对于非洲大陆，降水和地表湿润指数变化趋势的范围基本一致，但强度明显不同，特别是在萨赫勒（Sahel）及东非地区，地表湿润指数减小趋势的显著性强度和范围明显大于降水减少趋势的显著性强度和范围，而在南部非洲，地表湿润指数的范围和强度却弱于降水减少的强度，这与该地区增暖幅度较小有关。

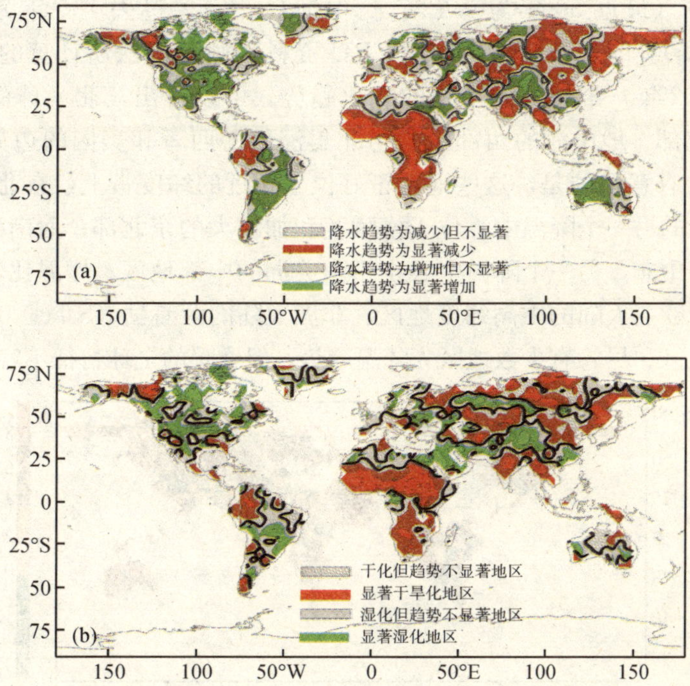

图 2.1　1951—2002 年全球（a）降水、（b）地表湿润指数的变化趋势（5 年滑动平均，趋势为 MK 方法计算）

为了客观地了解干湿变化的时空结构，我们将进一步利用地表湿润指数（H）的变化来分析全球环境干湿变化趋势的空间分布结构及区域特征。从图 2.1b可以看出，在 20 世纪的后半叶，欧亚大陆、非洲大陆具有明显的大范围变干趋势，而撒哈拉沙漠地区、中东地区、中国西北西部及江南地区、欧亚大陆的西北部、俄罗斯中部部分地区、北美大陆大部区域和南美洲中南部地区为变湿趋势。所以在全球几乎一致增暖的背景下，干湿变化的时空分布却显著不同。如果按东西半球来看，东半球为变干趋势，而西半球为变湿趋势。除印度半岛和中南半岛外，欧亚大陆发生干旱化的地区主要位于 35°N 以北地区，中国大陆东部（100°E 以东）地区，这个分界线稍偏南一个纬度，其中干旱化显著的地区位于俄罗斯远东地区、中国华北及西北东部、蒙古的南部地区，这些地区也正是全球增暖的地区。

2.1.2.2 全球气候变化与干旱的联系

全球气候变化主要体现在表面气温和降水的变化。增暖是近半个世纪最典型的气候特征。最新的IPCC报告（IPCC，2007）指出：全球平均温度在近100年的线性趋势为0.74℃±0.18℃。最近50年的增暖率是过去100年增暖率的两倍（最近50年为0.13℃± 0.03℃/10 a，过去100年为0.07℃±0.02℃/10 a)。图2.2给出了利用CRU资料通过MK法所计算的近50多年（1951—2002年）全球气温变化的变化趋势。可以看出，北半球的中国西南部、印度北部、地中海的西部沿岸与北美洲的墨西哥和美国的边界地区均为降温区域，有意思的是，这些地区正好位于相近的纬度带上，在北纬30°N附近，北半球的另一个降温中心位于格陵兰和加拿大的东北部；而南半球一个降温中心位于中非，另一个降温中心位于南美洲的中部地区。增温比较显著的地区主要位于欧亚大陆的中高纬度地区、非洲大陆的萨赫勒（Sahel）地区和北美洲的极地地区。尽管有少数地区为降温趋势，但增暖的全球特征不容置疑。

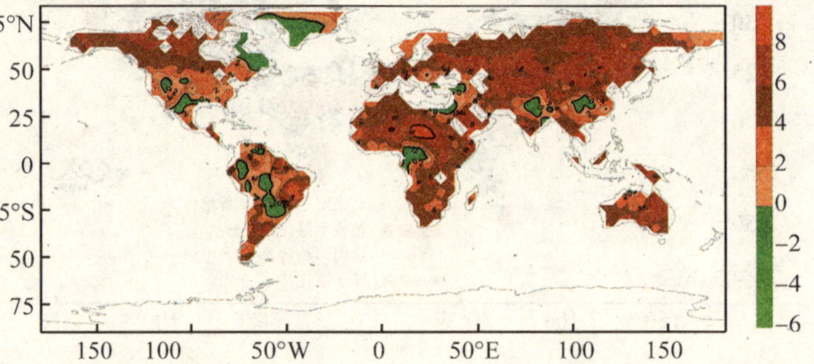

图2.2 1951—2002年全球气温变化趋势（MK方法）

全球降水的变化趋势较温度复杂。IPCC（2007）对全球降水的变化进行了概括的总结：从1900到2005年，在30°N以北地区降水为增加的趋势，但赤道地区，从20世纪70年代以后主要以下降趋势为主。在10°N到30°N之间，上个世纪的前半叶降水是增加趋势，但在1970年左右开始下降。在热带的10°N到10°S，特别是在1976/1977年之后，这个地区降水主要以减少为主。北美和南美的东部地区、北欧、中北亚地区降水为增加趋势，萨赫勒(Sahel)、地中海、南非地区降水为减少趋势。和气温变化相比，降水变化具有更大的区域性和季节性。

（1）增暖与干旱的可能联系

为了更清楚地了解各大陆的干湿变化趋势及变率，我们对5个大陆的降水、地表湿润指数和气温的线性趋势及降水与地表湿润指数的相对变率（线性趋势/1961—1990年的30年平均值）进行了分析，计算结果列于表2.2。可以看出：非洲大陆和欧亚大陆降水变化的线性趋势均为减小，其中非洲大陆尤其显著，降水减少的相对变率达到－11%；欧亚大陆为－2%；北美大陆、南美大陆和澳洲大陆降水均为增加趋势，相对变率分别为5%、3%和13%，但地表湿润指数在各大陆上却表现出迥异的特征，南美大陆和澳洲大陆区域平均降水和地表湿润指数的线性趋势完全相反，即降水为增加趋势，而地表湿润指数却是减小的，也就是说，降水量尽管是增加趋势，但这两个地区却是干化的趋势，其中澳洲大陆变率的变化最大，相对变率从降水的13%变到地表湿润指数的－9%，南美大陆也从2%变到－1%。在欧亚大陆和非洲大陆，尽管两者的变率符号一致，但强度却不同，非洲大陆从降水的相对变率－11%到地表湿润指数的－16%，强度增加了5个百分点，欧亚大陆也增加了2个百分点。北美大陆降水和地表湿润指数的相对变率基本相等。从温度的线性趋势来看，5个大陆区域平均均为升温趋势，对照降水和地表湿润指数的相对变化，不难看出气温的升高削弱了区域湿化的强度，改变了干湿变化的结构（如南美和澳洲大陆），加强了干旱化的强度（欧亚大陆和非洲大陆）。

表2.2　1951—2002年降水、地表湿润指数和温度的线性趋势

	降水			地表湿润指数			气温（℃）
	$\overline{P}$（mm）	∇P（mm）	变率（%）	$\overline{H}$	∇H	变率（%）	∇T
北美大陆	577	30	5	0.98	0.0511	5	0.9
南美大陆	1497	43	3	1.28	－0.0148	－1	0.4
欧亚大陆	533	－12	－2	0.91	－0.0396	－4	1.0
非洲大陆	671	－73	－11	0.57	－0.0899	－16	0.8
澳洲大陆	497	64	13	0.55	－0.0518	－9	0.7

（注：$\overline{P}$、$\overline{H}$为各大陆区域平均年降水和地表湿润指数的多年平均值；∇P、∇H和∇T分为降水、地表湿润指数和气温的线性趋势，单位：/52年；相对变率为线性趋势与1961—1990年30年平均值之比的百分数）

在全球增暖背景下，全球干湿面积发生了显著的变化。Dai *et al*（2004）研究发现，20世纪80年代初以前，气温变化对干旱的影响不明显，而到了80年代之后，气温的升高对干旱面积的扩大产生了比较明显的影响，而且随着增暖幅度的增大，其对极端干旱面积的影响越来越显著，到了20世纪90年代中期以后，增暖的影响使得全球极端干旱的面积几乎扩大了1倍，这个事实充分说明了气温升高对干旱变化进程的影响。

概言之，除北美大陆外，降水和地表湿润指数的相对变率具有明显的差异，而这种差异正说明了气温变化对各大陆区域平均干湿强度变化的影响，因此，在当前增暖背景下对全球和区域环境干湿变化的检测必须考虑气温变化的作用。

(2) 全球干旱化特征与大尺度气候背景的联系

20世纪50年代，Namias（1959）就发现，观测的北太平洋海表温度与大气环流异常对天气和气候变化有重要的作用；大量的研究指出海温变化与全球和区域气候变化关系密切。近年来，关于海洋上几大涛动，如南方涛动（SO）、北大西洋涛动（NAO）和北太平洋年代际振荡（PDO）等与气候变化的关系引起了广泛的关注。符淙斌等（2005）发现冬季北大西洋涛动指数与中国东部旱涝指数有很好的滞后相关；萨赫勒（Sahel）地区区域气候变化与大尺度气候背景关系的研究也取得了很大的进展，结果表明大尺度海洋的强迫是20世纪后半叶萨赫勒（Sahel）地区少雨的主要原因。过去的研究主要关注的是大尺度海温变化对气候各分量影响的分别研究，如对降水和温度变化的影响，涉及的干湿变化问题也主要体现在降水的异常变化，而对引起气候变化的综合效应，如环境干湿变化与大尺度气候背景的关系却研究甚少。针对这个问题，这一节我们将对各大陆干湿变化的年代际特征与大尺度气候背景场PDO、NAO、SO的联系进行相关分析，以期对全球环境的干湿变化与三大涛动的相互关系有一个清楚的认识。

三大涛动是影响全球气候变化的关键过程，它们之间既有区别又有联系。相关分析表明，太平洋年代际振荡的年指数PDOI与南方涛动的年指数SOI呈显著的反相关，相关系数为−0.739，可通过0.001显著性水平检验；北大西洋涛动指数NAOI与SOI的相关也通过了95%的信度检验；PDOI与北大西洋涛动的年指数NAOI为正相关，但不能通过95%的信度检验。说明北太平洋年代际振荡与南方涛动有密切的相关关系，而这种关系的机理可能与中纬度海温异常引起的信风变化改变了赤道地区海洋的温跃层结构，从而进一步影响了ENSO活动的年代际尺度的变化。

图2.3给出了5年滑动平均三个涛动指数序列与全球地表湿润指数（H）5年滑动平均同期相关的分布。分析图2.3a发现，PDOI与地表湿润指数（H）在年代际尺度上相关系数的空间分布结构与地表湿润指数（H）变化趋势的分布结构（图2.1b）非常相似。与图2.1b比较发现，与PDOI指数成正相关的地区对应变湿趋势，负相关区与干旱化趋势相对应。在图2.3b上，SOI与H的相关系数的全球空间分布格局与图2.3a基本一致，这是由PDOI与SOI密切的关系所决定的，只是相关系数的符号相反，说明在年代际尺度

上，PDO和SO对全球干湿环境变化的影响具有同等重要的作用，显著相关的区域（阴影部分）也基本与图2.3a相同，其中在欧亚大陆、北美大陆和非洲大陆，SOI与年地表湿润指数的相关最为显著。在图2.3c上，尽管NAOI与年地表湿润指数的相关系数空间分布与图2.3a、b的空间分布基本一致，但差别在于它的显著相关区非常零散，缺乏大范围显著相关的区域。说明在年代际尺度上NAO与年地表湿润指数的相关关系弱于PDO和SO两个涛动。

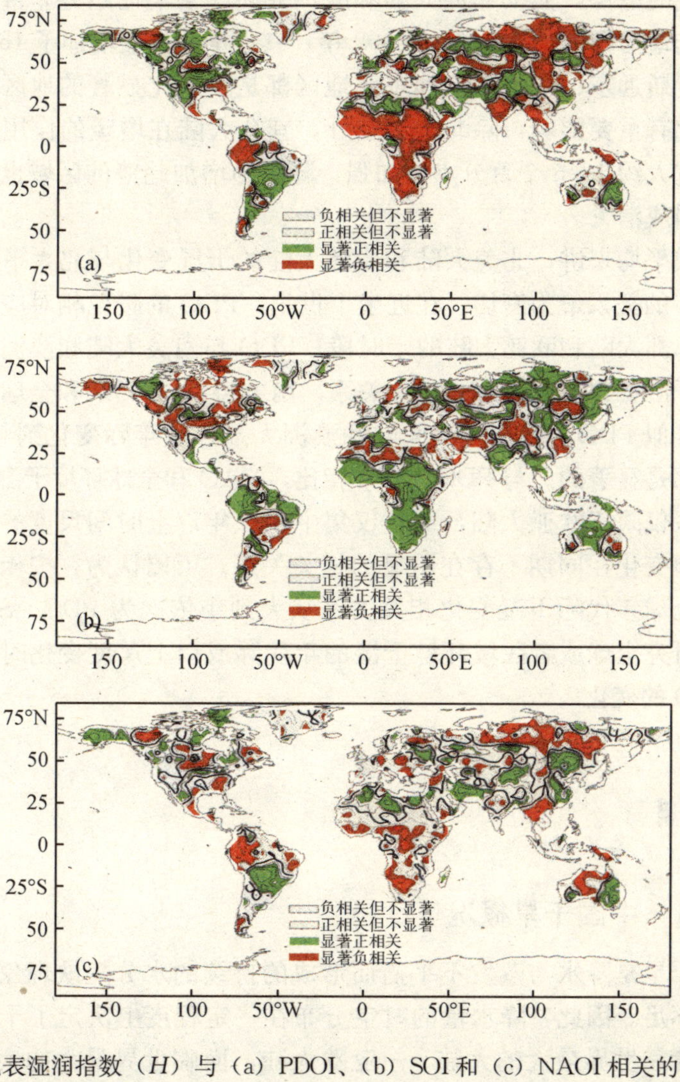

图2.3　地表湿润指数（H）与（a）PDOI、（b）SOI和（c）NAOI相关的空间分布

（虚线区域为负相关，实线区为正相关，阴影区域为通过95%信度检验的区域）

以上分析了三大涛动与全球环境干湿变化的同期相关关系，但两者相互联系的物理过程还无法用以上事实进行描述，这需要进行更多的事实分析并结合耦合气候模式的数值模拟方法进行研究，下面我们将利用中北太平洋（PDO所覆盖的主要海域）海温的年代际变化与夏季500 hPa高度场的时滞相关来初步探索它们之间的物理联系。

本节通过分析，揭示了全球和5个大陆的干湿变化趋势及各大陆之间的差异。结果表明，伴随着20世纪下半叶的持续增暖，全球陆地大部分地区存在着干旱化的趋势，尤其非洲大陆和欧洲大陆，干旱化趋势非常显著，其中以非洲大陆最为剧烈，从1951—2002年，其干旱化强度增加了16%。在欧亚大陆，俄罗斯远东、中国华北和东北地区都是干旱化显著的地区。增暖对全球干湿变化有重要影响，除北美大陆外，其余大陆在增暖的作用下其干旱化的强度都有大约1～5个百分点的加强，降水为增加趋势的区域也因增暖而变湿趋势减弱或消失。

从区域平均来讲，北美大陆和非洲大陆的干湿变化与北太平洋年代际振荡（PDO）的关系最为密切。在近半个世纪，PDO的暖位相对应北美大陆的湿时段、非洲大陆和欧亚大陆的干时段；PDO与南美大陆和澳洲大陆各种时间尺度的干湿变化没有显著的相关关系。南方涛动（SO）和全球干湿变化的相关关系类似PDO，但在非洲大陆和澳洲大陆，从年际变化到年代际变化，其相关性都是显著的。与PDO和SO相比，NAO和全球环境干湿变化相关最显著的地区仅限于欧亚大陆，而且仅集中在5年以上时间尺度的变化，与其余大陆干湿变化在同期不存在明显的相关关系。可以认为，按相关程度大小排列，和全球年代际干湿变化相关关系从大到小依次为PDO、SO和NAO。因此，在研究全球或者区域环境干湿的年代际或以上尺度变化时应重点考虑PDO与SO的变化。

2.2 中国

2.2.1 中国干旱概况

气象干旱是降水与蒸发不平衡而形成的持续的水分短缺现象，主要表现为降水量不足。因此，降水量的时空分布在一定程度上决定了干旱的时空分布。中国背靠世界最大的大陆——亚欧大陆，面临世界最大的大洋——太平洋，巨大的海陆热力差异形成了夏季降雨丰沛、冬季寒冷干燥的东亚季风气候。年际之间季风的不稳定性是造成中国干旱频繁发生的主要原因之一。

根据历年旱灾受灾面积统计，1951—2006 年中国平均干旱受灾面积（农业减产 10%以上）、成灾面积（农业减产 30%以上）分别为 4247.1 万 hm^2、1883.1 万 hm^2，分别占自然灾害 57.0%和 54.0%，与洪涝受、成灾面积所占比例 24.8%和 29.5%相比，远远高出洪涝对农业产生的危害。所以，干旱是中国对农业危害最大的自然灾害。由于中国幅员辽阔，气候、地形等因素的影响，各地旱灾分布存在很大差异。

山西、内蒙古、陕西、河北、甘肃、吉林、辽宁、山东、青海 9 省（区）的干旱受灾率都在 20%以上，山西的受灾率达到 31.9%，是全国受灾率最高的省份（表 2.3 和图 2.4、图 2.5、图 2.6）。

表 2.3　1951—2006 年全国各省（市）累加旱灾受灾、成灾面积（按成灾面积排名）

（单位：万 hm^2）

排名	地区	旱灾（受灾）	旱灾（成灾）	排名	地区	旱灾（受灾）	旱灾（成灾）
1	山东	11763.6	4966.6	16	江苏	3884.0	1234.4
2	河北	10178.4	4649.9	17	江西	2227.0	984.4
3	河南	11163.7	4588.9	18	云南	2351.5	974.1
4	内蒙古	6973.5	4043.9	19	贵州	2057.5	920.0
5	山西	7064.5	3561.1	20	广东	2284.2	686.1
6	四川（含重庆）	7496.5	3168.9	21	新疆	1115.0	479.9
7	黑龙江	7240.4	3040.5	22	宁夏	820.8	456.3
8	陕西	5628.5	2773.5	23	浙江	1106.3	348.1
9	湖北	5542.8	2434.1	24	福建	989.1	313.1
10	安徽	6250.1	2303.5	25	青海	552.8	237.7
11	湖南	5038.1	2259.5	26	天津	413.6	182.0
12	吉林	4795.1	2239.7	27	北京	389.5	131.7
13	辽宁	4325.9	2176.1	28	海南	202.4	81.0
14	甘肃	3877.9	2087.5	29	西藏	116.9	30.5
15	广西	3165.8	1371.8	30	上海	19.5	1.3

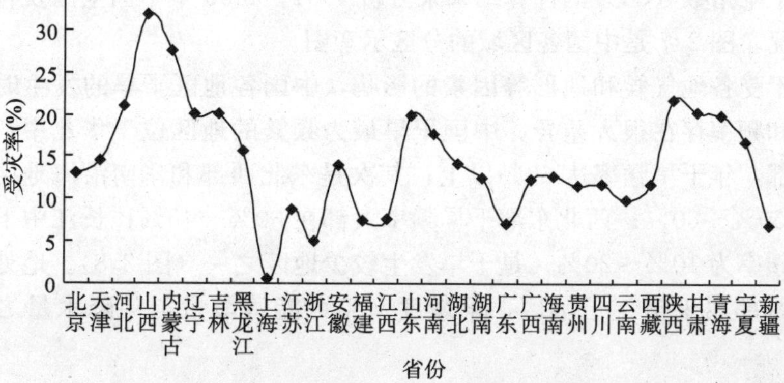

图 2.4　1951—2006 年中国各省（市）旱灾受灾率

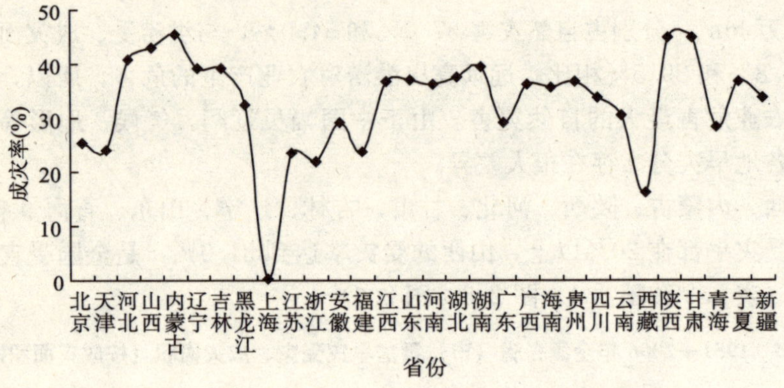

图 2.5　1951—2006 年中国各省（市）旱灾成灾率

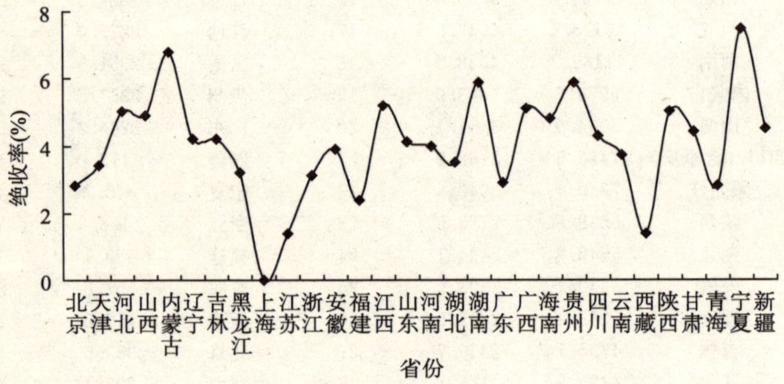

图 2.6　1951—2006 年中国各省（市）旱灾绝收率

下文采用《气象干旱等级》国家标准（张强等，2006）中推荐使用的综合气象干旱指数（*CI*）的计算结果来分析 1951—2006 年中国全国及各区域的干旱概况。图 2.7 是中国各区域的分区示意图。

由于受各地气候和地形等因素的影响，中国各地区干旱的发生时间、发生强度和频率存在很大差异。中国干旱最为频繁的地区位于华北中、南部和西南南部，年干旱频率达 60％以上；其次是东北西部和华南沿海地区，干旱频率达 50％～60％；西北东部干旱频率大都在 30％～45％；长江中下游地区的干旱频率为 10％～20％，是干旱发生较少地区之一（图 2.8）。地处干旱区的西北西部属于常年干旱区，干燥度（年可能蒸散量与年降水量之比）大于 10。

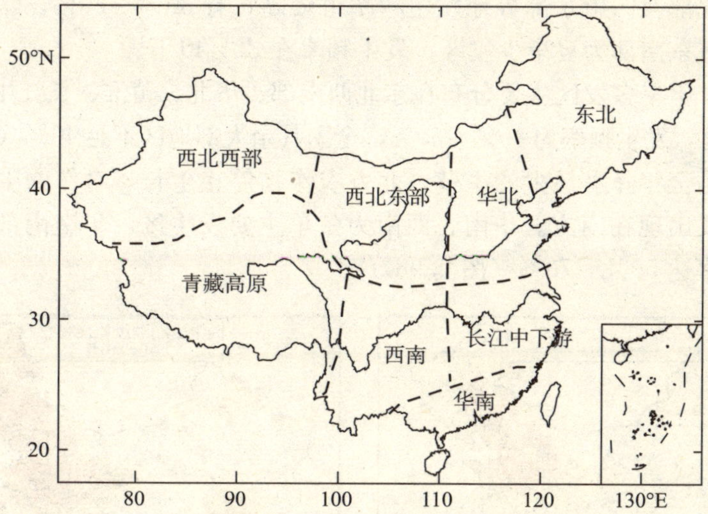

图 2.7　中国各区域示意图

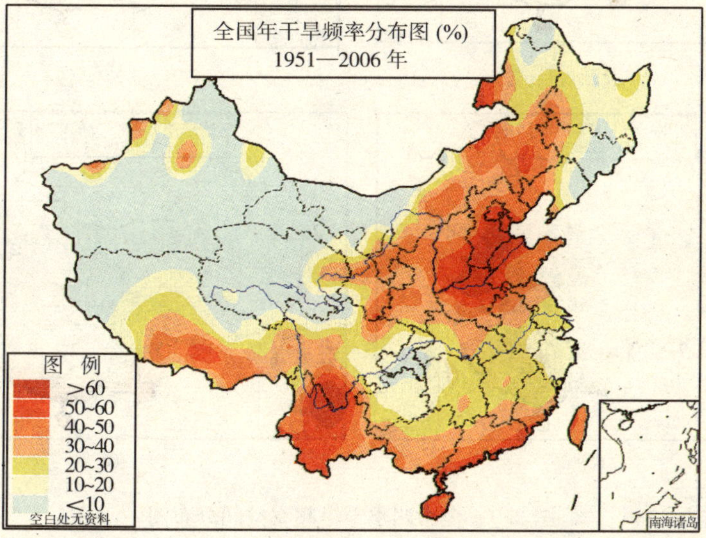

图 2.8　全国年干旱频率空间分布图

春季，北方少雨雪，干旱最为常见，华北大部、东北西部干旱发生频率最高，达 50%～70%（图 2.9a）。海南、云南、四川南部也是春旱多发区，发生频率有 50%～80%。长江中下游及其以南的大部地区发生频率不到 20%，为春旱少发区。

夏季，干旱的多发区主要分布在东北西部、华北大部、西北东部及黄淮北部，发生频率达 50%～60%（图 2.9b）。长江中下游地区、黄淮南部、东北中部和北部及四川东部等地发生频率也较高，有 30%～50%。华南、西南及东北地区东南部为夏旱少发区，发生频率在 30%以下。

秋季，干旱多发区主要分布在东北西南部、华北、黄淮、长江中下游地区和华南等地，发生频率为 40%～60%，全国其余大部地区不足 40%（图 2.9c）。

冬季是全年降水最少的季节，北方农作物停止生长，对作物生长有影响的干旱主要出现在南方。华南、西南为冬旱主要发生区，华南南部及云南大部发生频率达 50%～70%（图 2.9d）。

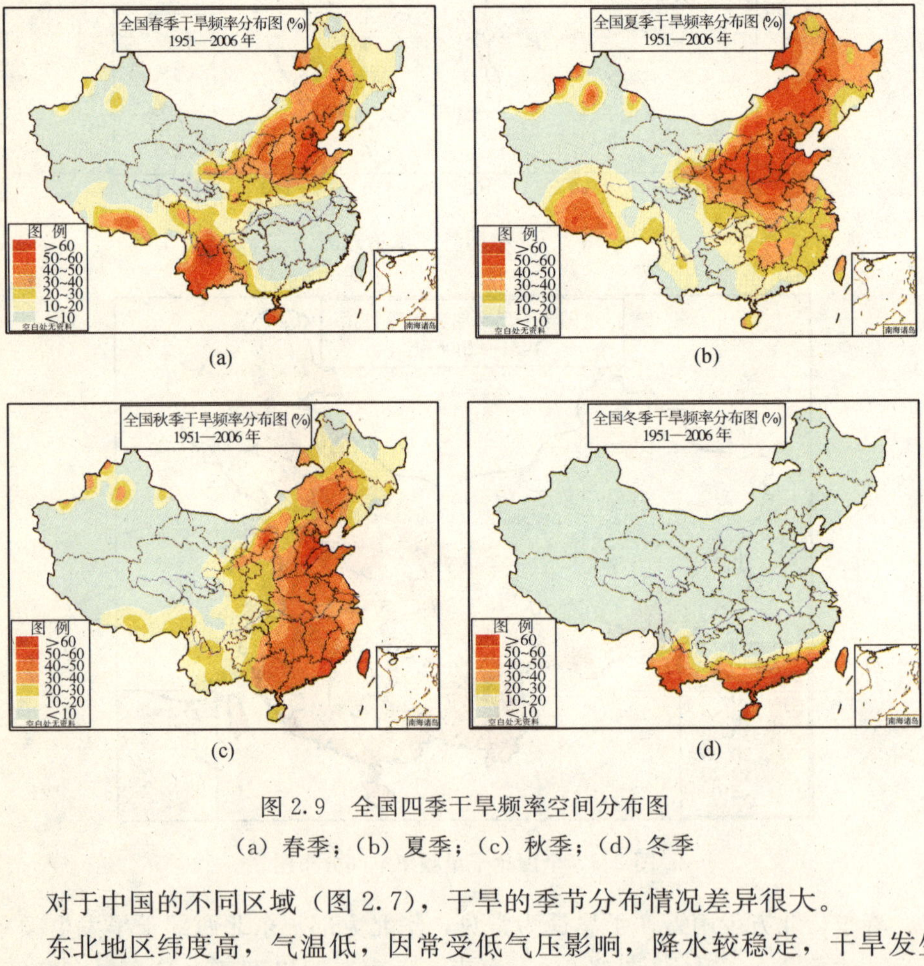

图 2.9　全国四季干旱频率空间分布图

（a）春季；（b）夏季；（c）秋季；（d）冬季

对于中国的不同区域（图 2.7），干旱的季节分布情况差异很大。

东北地区纬度高，气温低，因常受低气压影响，降水较稳定，干旱发生频率相对较低，多数年份干旱属于一般性干旱。东北干旱发生主要分布在内蒙古科尔沁沙地及其周边地区。东北地区干旱类型主要是春、夏旱。该区干旱主要分布在 4—10 月的春夏季节：春季干旱分布与全年分布相似，5 月干旱频率达 40%以上；夏季干旱发展到东北所有区域，除吉林省西南部外，东北其他地区干旱频率达30%；秋季逐步减弱，干旱中心仍然在内蒙古科尔沁沙地；冬季，东北发生干旱的频率低于10%（图2.10）。

华北是中国干旱最严重的地区之一，华北的干旱不仅影响范围广且程度严重，一般旱年降水比常年同期偏少5～7成，重旱年降水至少偏少7～8成。根据1951—2006年的气候资料分析得出，华北地区的年干旱频率大部分地区都在高于45%，部分地区高于60%；华北干旱主要发生在4—10月，年干旱频率最大的是4—6月，其次是10月，11月—次年3月干旱发生频率为0。所以，华北干旱主要是春夏旱和夏秋旱（图2.10）。春季干旱主要分布在黄淮海平原，夏季向西发展到山西中南部，向东发展到山东省黄河以北地区。

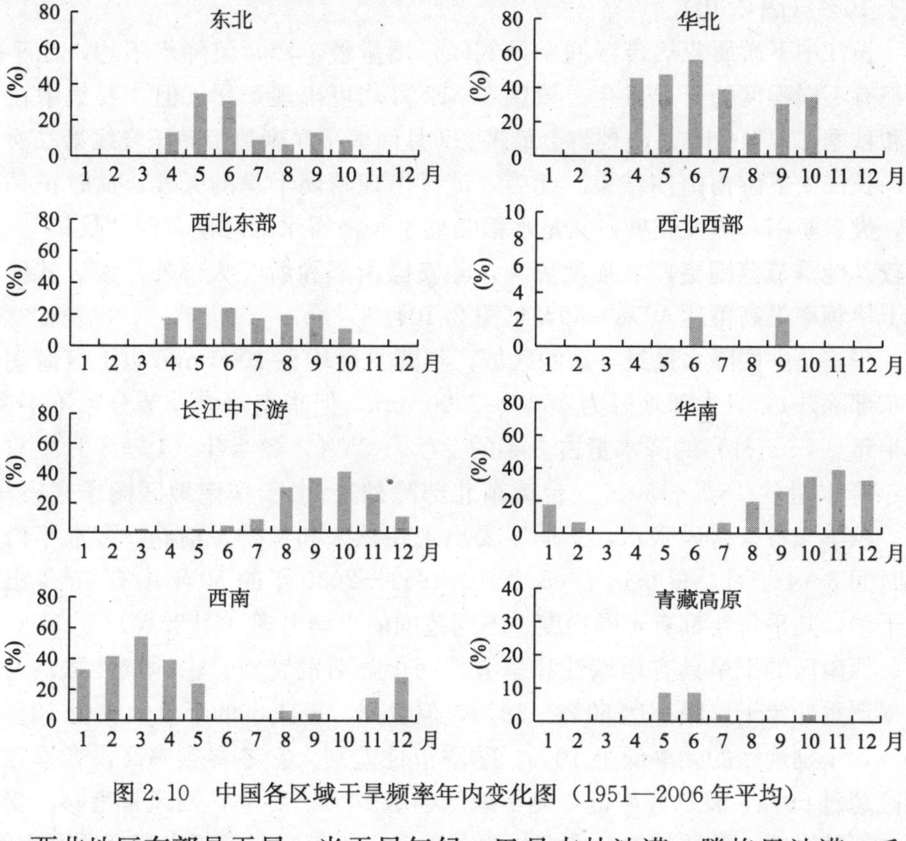

图2.10　中国各区域干旱频率年内变化图（1951—2006年平均）

西北地区东部是干旱、半干旱气候，巴丹吉林沙漠、腾格里沙漠、毛乌素沙漠都分布在西部地区东部。该区蒸发量大于降水量，干旱主要分布在黄土高原中、西部和甘肃南段，其中分布在陕西的干旱与同在黄土高原的山西连成一片。该区4—10月都有可能发生干旱，最易发生干旱的季节是夏季，干旱频率最高值可达50%～60%。夏季干旱可能发生的地区最大，分布在陕西、宁夏和甘肃；春秋季该区东部干旱频率在20%～40%，春秋季该区西部干旱频率低于10%；冬季全区干旱频率都在10%以下（图2.10）。陕西、内蒙古和华北地区的旱灾经常是成片发生，构成中国最严重的干旱区。

西北地区西部是干旱气候，该区分布着中国第一大沙漠——塔克拉玛干沙漠世界第二大沙漠（仅次于非洲撒哈拉大沙漠）和第二大沙漠——古尔班通古特沙漠。该区南部降水量极少，北部略多，其年降水量一般均小于蒸发量，尤其是各盆地的平原地区，降水量远远小于蒸发量，属极端干旱气候。但由于该区降水量年际变率不大，所以干旱灾害与其他地区相比较轻，该区年内各月的干旱频率均低于5%。干旱频率最高值分布在该区北端，夏季较春、秋季范围略有增加，频率最高能达到40%～50%，冬季全区干旱频率都低于10%（图2.10）。

长江中下游属亚热带湿润季风气候，雨量较丰沛，但降水不均，几乎每年都有不同程度的干旱发生。该区5—12月均可出现干旱，但主要集中在夏季和秋季，以8—10月出现机会最多。7月西太平洋副热带高压脊线第二次北跳，长江中下游梅雨期结束。此后，该区出现晴朗干旱的天气，这时正是伏天，炎暑骄阳，蒸发旺盛，又是水稻旺盛生长极需水的时期，即"伏旱"。伏旱较其他季节范围更广，强度更大，除安徽南部和浙江大部外，该区其他地区干旱频率最高可达40%～50%（图2.10）。

华南是中国降水量最丰富的区域，年降水量均在1000 mm以上（海南岛的东部除外），且大部地区为1500～2000 mm，但华南降水季节分布不平衡，夏半年（4—9月）的降水量占全年的70%～85%，冬半年（10—3月）只占全年降水量的15%～30%（台湾东北部除外）。由于华南地区雨季来得早，夏、秋季又常有台风降水，干旱主要出现在秋末和冬季及前春。多数年份干旱时间3～4个月，最长达7～8个月。1951—2000年的50年中有40年出现过干旱，几乎每年都有不同程度、不同范围的干旱出现（图2.10）。

西南区的干旱具有地域性和季节性两个显著的特点：①地域性强。云南干旱严重，年干旱频率达50%～60%，但贵州、重庆市的干旱频率为10%～20%，个别地区的频率低于10%；②季节性差别大。冬春频率高，春季频率最高超过60%，夏秋频率低，夏季最低小于10%。冬季，西风带南移，受青藏高原的影响，西风被迫分成南北两支急流，西南地区紧邻青藏高原西南侧，冬春季受南支西风急流控制，降水少。这是冬春多干旱的主要原因（图2.10）。

青藏高原平均海拔高度约4500 m，受天气系统和地形的影响，在高原形成多雨中心和少雨中心，多雨中心位于山前迎风坡一面，如喜马拉雅山、念青唐古拉山等山脉的迎风坡；少雨中心位于高原西北部、柴达木盆地、三江谷地及喜马拉雅山北麓雨影带。青藏高原的雨量主要与西南季风暖湿气流密切相关，所以，西南季风的强度决定了雨量的大小，西南季风的时间决定了雨季开始的迟早。青藏高原的干旱主要发生在5—7月和10月，春季干旱高频区分布在青藏高原南端，夏季范围扩大，频率增加，最大可达50％～60％。

综上所述，中国干旱时空分布有以下几个特点：

（1）频率高：多旱中心（华北中、南部和西南南部）干旱频率达60％以上，次多旱中心（东北西部、青藏高原南部和华南沿海地区）干旱频率达50％～60％。

（2）旱灾成片分布：根据灾情资料分析，受灾、成灾面积占播种面积的百分比的高值区分布在华北、东北和西北地区东部，其他地区旱灾较轻。

（3）季节性强：在中国，干旱一年四季均可发生，但春旱频率最高。春旱主要发生在两大中心：黄土高原、黄淮海平原（华北、西北东部）和西南地区；冬旱主要发生在华南地区和西南地区；夏旱频率也很高，干旱主要发生在黄土高原、黄淮海平原（华北、西北东部）、青藏高原南部和长江中下游地区；此外，秋旱主要发生在东部地区，包括黄淮海平原、长江中下游和华南地区。

（4）地域性强：华北地区由于降水较少且变率大，干旱发生频率居全国之首；东北降水较稳定，干旱频率低；西北西部常年降水极少，干旱频率低，而西北东部降水比西部多，但降水年际变化大，干旱发生频率较高；西南冬春干旱频率高，夏秋频率低；青藏高原地区：无冬旱，夏旱频率最高；华南地区：冬季昆明准静止锋和华南准静止锋在江南地区，南岭以南降水不稳定，所以华南冬旱最突出；长江中下游地区：干旱集中在夏、秋季两个时段。

2.2.2 中国干旱气候变化

2.2.2.1 近500年干旱气候变化特点

清代著名哲学家龚自珍（1792—1841年）说过："欲知大道，必先为史"。这就是说，追溯过去的气候变化是探索气候自然振动的主要途径。这些知识的获取不仅有益于辨识多种时间尺度上气候变化的趋势和周期，也有助于客观认识当前气候所处的背景，分离气候变动的原因，科学地预测未来气候的变化趋势。

中国有着大量的历史气候文献资料，记载着旱涝事件出现的季节、持续时间、程度及范围等。公元1400—公元1900年这段时期历史文献记载十分丰富，而明朝以前方志中可用的史料要少得多。因此，过去500余年间的古籍中丰富的气候记载是了解中国历史时期气候变化的珍贵资料。

1981 年，中国气象学家在前人的工作基础上，根据 2100 多种地方志及其他历史文献中关于旱涝的记载作为原始素材，建立了 120 个站点、5 级制的逐年旱涝等级序列，并编绘出版了《中国近五百年旱涝分布图集》（1992）。这一图集为研究中国东部地区近 500 年来旱涝变化规律提供了宝贵的基础数据库。

自 20 世纪 70 年代以来，中国学者关于历史时期，特别是中国东部地区过去 500 余年来旱涝气候变化已经做了大量工作。例如王绍武、赵宗慈首先利用中国东部地区 25 个站的旱涝等级序列做经验正交函数（EOF）展开，进而根据其主要模态将中国东部历史时期旱涝分布划分为 6 种类型，例如北方多雨、南方少雨，华北、华南少雨而长江流域多雨等；张先恭利用旱涝等级序列资料，计算了逐年干旱指数，指出 500 多年来中国东部地区的干湿变化可以分为三个阶段：1479—1691 年为干旱期，1692—1890 为湿润期，1891 年开始又转入干旱期，干湿期平均持续 200 年左右；张德二利用中国气候区划将全国旱涝变化分成 16 个区，并指出在过去 500 年间中国夏半年雨量的变化主要在南北方向上差异明显。

大量的研究表明，中国历史时期冷暖和旱涝的变化具有显著的阶段性、准周期性和突变性的特点。以下先对二者的总体变化特征进行概括。

（1）冷暖的变化特征

从公元 1400 年以来的 500 多年中，是中国历史时期以来最近的一次寒冷期，对应欧洲的现代小冰期，是中国 5000 年来最明显的一次气候波动。王绍武等人的研究认为，包括华北在内的中国东部地区的小冰期，开始于 15 世纪中叶，结束于 19 世纪末。根据 13 世纪至 20 世纪江湖冻结时代及 16 世纪以来热带地区降雪落霜年数的统计，发现在近 500 年的寒冷期中，寒冷年数不是均匀分布的，其中最冷的时段有三次：1947—1952 年；1620—1720 年，特别是 1650—1700 年；1840—1890 年。

期间有两次相对温暖的时期，即 1550—1600 年和 1770—1830 年。气温振幅大约在 0.5～1.0℃之间。冷期与冷期或暖期与暖期之间平均间隔 100 年左右，近 500 多年来的这种冷暖变化，在 900 多年的祁连山圆柏年轮中也能够反映。树木年轮在温暖的年代比较宽，在寒冷的年代比较窄。因此根据树轮指数也可以划分出若干个冷暖期。其中近 500 年中的三个冷期均能在树轮中较好地反映出来。特别是 1650—1700 年这段最冷的时期表现得很清楚。说明祁连山圆柏年轮指数的变化可以代表中国近千年来气候变化的主要趋势。

(2) 旱涝的变化特征

纵观近500年来的旱涝分布，大致可分为六种旱涝类型：1a型—全国多雨，以长江流域为主；1b型—长江流域多雨，华南、华北少雨；2型—江南多雨、江北少雨；3型—长江流域少雨，华南、华北多雨；4型—江北多雨，江南少雨；5型－全国少雨。

将上述1a型和1b型统称1型，表示长江流域多雨。以每50年旱涝型频率的分布看，1型在每50年中平均出现15.4次，大约三年一遇。但有时(1550—1599年)在半个世纪中，居然出现23次之多，超过常年频率50%，几乎达到两年一遇。在本世纪80年代的前9年内有5次1b型，显然长江流域经历了一个明显的多雨时期。

全国少雨型(5型)的频率变化也很大，虽然只有10.5%，即大约十年一遇，但在1200—1249年的50年间出现了12次，达到约四年一遇。本世纪以来的89年间共出现了20次，超过了五年一遇。可见本世纪是一个多出现全国性干旱的时期。而同一时期其他各型的频率或接近正常年，或低于常年，所以也可以说20世纪是一个相对比较干旱的世纪。其他各型的气候变化也非常明显，一般各型每50年出现频率可变化于其平均频率的半倍到一倍半之间；每10年出现频率变化幅度更大，可从零到几倍，10年中不出现某一型，或某一型出现5～6次及至7～8次的也不少见。应该说，这些都是气候变化的证据。

从每50年各旱涝型出现的频率可见，最大频率出现往往间隔200年左右。而且1型峰值出现早，2型次之，3型及4型又迟一些，5型次数较少，这种规律在近500年中比较明显。根据500年旱涝等级资料，可以算出逐年的干旱指数及10年、50年和百年一遇的大旱年。其中50年一遇的大旱年有18年，它们主要集中在16、17世纪和20世纪的20、30年代和60、70年代。

从中国东部地区干旱指数的多年变化分析，近500年来可划分为三个阶段：1479—1691年为干旱阶段，共213年，在此期间50年一遇的旱年出现了10次。1692—1890年为湿润阶段，共199年，在此期间50年一遇的旱年只有4次。1891年以后又进入干旱阶段，至今50年一遇的旱年已出现了4次。如果干湿阶段的平均持续时间按200年左右计算，最近这个干旱阶段估计还要持续下去。这个结果说明近500年来16、17世纪比较干燥，18、19世纪是比较湿润的，20世纪以来又比较干燥。实际上在每一个大阶段内还有一系列时间尺度为10～20年的干湿变化。

中国历史时期的旱涝变化与冷暖变化是有联系的。研究表明，在冷的时期，中国的气候是西干东湿，而暖的时期则是西湿东干。旱涝变化与温度变化的对比发现，较寒冷时期，旱涝区域分异格局较稳定，旱涝分布的东西差异显著；较温暖时期，旱涝区域分异格局的变动较频繁，旱涝分布各有特点且均无明显的东西差异；在小冰期最寒冷时段，旱涝区域分异格局的变动最频繁且区域差异性最大，旱涝分布的南北差异明显。

朱亚芬使用中国东部地区 530 年来 100 个站的旱涝等级序列作 REOF 分解，将中国东部地区分成 7 个旱涝气候区，即东北区、华北北区、华北南区、西北区、长江中下游地区、华南区及西南区。在分区基础上，着重研究了中国北方季风边缘地带旱涝演变特征。自 1470 年以来中国北方的旱涝存在明显的阶段性和区域性。16—17 世纪上半叶，中国北方干旱频繁，尤其在东北区、华北南区及西北区普遍出现严重干旱。18—19 世纪，华北北区干旱发生较多，东北区以涝为主；而华北南区和西北区旱涝交替发生，但变化幅度相对较缓。华北北区及华北南区分别在 19 世纪末及 20 世纪初突然从涝相气候跃变为旱相气候，这两地区的干旱持续近百年，是中国北方干旱最严重的地区。

专门着眼于次级区域旱涝演变的工作亦不鲜见。例如，王绍武、朱锦红和朱亚芬等人发现华北降水具有明显的 80 年振荡，且与东亚夏季风强度的长期变化有很好的对应关系；柳又春、史慧敏等人发现黄淮海地区各流域的长期旱涝变化规律基本上都具有比较明显的阶段性和周期性特征，但是彼此特征各异。海河流域涝年多于旱年，重涝多于重旱。黄河流域则是重旱多于重涝。淮河流域与上述二者各有相似之处，其涝年多于旱年与海河流域相似，其重旱多于重涝又与黄河流域相似。三个流域从 20 世纪 20 年代前后起先后转入干旱阶段这一特征是一致的。

(3) 其他代用指标反映的中国近 500 年来的旱涝变化特征

事实上，除了大量的历史文献外，一些代用古气候记录也是分析过去 500 年旱涝变化的很好指标。特别是一些高分辨率的代用气候记录，例如冰芯、树轮、湖泊沉积和石笋等。值得一提的是，中国学者大量的工作表明，历史文献中的旱涝记载和其他自然现象既十分丰富又相当准确，和上述代用气候指标有很好的一致性，决非杂乱、随意和不可信的。

例如，康兴成等人主要利用取自祁连山中部地区的树木年轮样本重建了该区自公元 904 年以来的降水量。发现该区经历了 31 次相对干期和 30 次相对湿期。世纪尺度上，16 世纪是最干的 100 a，最湿润的是 13 世纪和 19 世纪；刘禹等人利用中国和韩国 3 条树木年轮降水记录，分析了过去 160 年以来东亚夏季风降水的变迁历史。发现在 10 a 尺度上两个地区具有同步变化的趋势。同时，基于树木年轮的降水重建序列也被基于历史文献记载所划分的旱涝指数和韩国雨量记录所证实。

湖泊是陆地上相对独立的自然综合体，是一定区域内陆地、大气、水和生物群落等相互作用的产物。湖泊的水位、水量和面积变化是区域环境的综合反映。湖泊沉积以其记录连续、信息丰富和地理覆盖广等特点已经成为大陆环境研究的一个重要对象。例如，张振克和吴瑞金根据岱海 60 cm 柱状岩芯的磁化率、孢粉、粒度等环境指标的分析结果，对历史时期岱海气候干湿变化和人类活动的湖泊记录进行了探讨。发现岱海湖泊沉积记录近 300 年来的气候干湿变化可划分七个阶段，与历史记载有较好的一致性。频率磁化率高值段对应气候偏湿阶段，低值对应气候偏干阶段。

（4）历史时期旱涝演变的机理分析

对历史时期旱涝演变的机理分析主要可以归结为气候系统内部（海一气耦合系统及大气环流系统）的自持振荡和非绝热外源（太阳活动、火山、地震等）强迫这两方面的原因。

众多的研究发现，近 500 年的旱涝变化与太阳活动周期有一定联系。其中最明显的是 170～180 年的双世纪周期和 22～24 年的磁周期，在双世纪周期减弱阶段的世纪周期内，大旱年的频次显著增多；在双世纪周期增强阶段的世纪周期内，大旱年频次相应减少。近 500 年中 50 年一遇的大旱年绝大部分出现在太阳活动双世纪周期的极值年附近；张先恭等人研究了近 500 年大火山的喷发与中国旱涝、冷暖的统计关系，发现火山活动对气温的影响比对降水的影响要明显得多。

近 400 年南方涛动指数（SOI）和中国黄河、长江流域各分区旱涝等级的遥相关分析表明，SOI 与黄河流域旱涝的遥相关更为显著，且两者呈反位相。SOI 变化多超前黄河和长江中游区域旱涝变化 1 年左右，尤以冬季更为显著；用 1429—1983 年冬季北大西洋涛动指数（简写为 NAOI）序列与中国东部 100 个站 1470—1999 年共 530 年夏季旱涝等级序列的分析发现，NAOI 与中国东部几个区域平均旱涝指数（缩写为 FDI）有很好的滞后相关。北区及整个东部平均旱涝指数在滞后 NAOI 2～3 年时，最大相关系数接近 0.001 的显著性水平。中、南区负相关也达 0.05～0.01 的显著性水平。北区及东部的区域平均 FDI 与 NAOI 有几乎完全相同的年际、年代际乃至世纪尺度的振荡周期。

2.2.2.2　1951—2006 年干旱气候变化

20 世纪以来，在全球变暖的大背景下，中国的气温也有明显的上升趋势，近 50 年来的气象资料分析结果反映，北方地区增暖趋势显著，华北和东北地区的增温幅度最大，达到 0.4～0.8℃/10 a 左右，长江流域和西南地区气温略降，南方大部分地区没有明显的冷暖趋势。气温升高会带来蒸发的加剧，如果同时降水没有增加，可能会导致干旱特别是严重干旱的频繁出现和长时间的持续。近50多年来，虽然全国平均降水量没有明显的趋势存在，但大量的研究表明中国降水存在显著的区域差异。长江、淮河流域从20世纪70年代起降水明显增多，洪涝加剧；而黄河流域从60年代中期起连续干旱，而且不断加剧，同时全国大部分地区雨日显著减少，这意味着降水过程可能强化，干旱与洪涝事件趋于增多（Zhai等，2005）。

近几十年中国干旱事件频繁发生，给社会造成的不利影响和对人类生存环境的危害日趋严重。中国北方地区继1997年发生了大范围的干旱后，1999—2002年又连续4年少雨干旱。2000年全国受旱面积高达4054万hm^2，为新中国成立以来之最，其中北方15省（市、区）受旱面积占全国的70%。频繁发生的干旱以及干旱对社会和环境产生深远的影响。这几年的持续干旱使生态环境恶化、植被退化，可能是造成20世纪90年代末至21世纪初的几年北方地区严重的沙尘天气频繁发生的重要原因之一。另外，在1972—1997年的26年中，由于干旱少雨和上游水库拦蓄、引水量的增加，有20年黄河出现断流，特别是20世纪90年代以来断流时间不断提前，断流时间也越来越长，1997年黄河断流时间长达226天。2006年夏季，重庆发生百年一遇特大伏旱，四川东部遭遇50年一遇重旱。这些严重的干旱事件及其引发的不利影响引起了政府决策部门和公众的广泛关注。特别是对于一些气候脆弱区，如果干旱化趋势进一步加重，不仅使可利用的水资源减少，人类无法继续生存，而且荒漠化和沙漠化将导致植被的消失，对周边环境也会产生更加恶劣的负面作用。不少学者对中国的干旱变化进行了大量的研究。王志伟等（2003）根据1950—2000年中国629个站逐月降水资料，采用Z指数作为旱涝等级划分标准计算了干旱发生的范围，指出51年来中国北方主要农业区干旱面积呈扩大趋势，特别是华北等地干旱面积扩大迅速，形势严峻，而且极端年份干旱面积显著扩大。马柱国等人（2007）利用地表湿润指数分析了1951—2000年北方地区极端干湿事件的演变规律，他们指出，近10年来东北和华北地区极端干旱频率显著增加，而极端湿润发生的频率相对减少，与温度变化趋势的比较还发现，极端干旱的频发区往往对应着增温明显的地区，而西北地区极端干旱发生频率出现了下降的趋势。有学者的研究表明中国西北地区有变湿的趋势。

本节中我们利用《气象干旱等级》国家标准（张强等，2006）推荐使用的综合干旱指标CI详细分析了1951—2006年全国及各地区干旱变化特征。

（1）全国及各区域干旱的长期变化特征

图2.11显示了基于CI指数的全国干旱历年变化图。如本书2.2节中的介绍，CI指数数值越小，干旱程度越重。从全国CI指数的年代际变化看，

在近半个多世纪中，中国干旱较重的时期主要出现在20世纪60年代、70年代后期至80年代前期、80年代中后期以及90年代后期至21世纪初。其中最为严重的干旱出现在1999年，2001年位居第二。根据Kendall's tau的趋势计算结果分析，就整体而言，全国干旱在近56年中有加重的趋势，趋势值为−0.03/10 a（表2.4），通过了95%置信限的显著性水平检验。特别值得注意的是，20世纪90年代后期至21世纪初，中国进入了一个相对干旱时期，干旱持续时间长、程度重，近半个多世纪以来干旱最严重的两年就出现在这一时期。以全国*CI*指数1951—2006年的历年标准化时间序列做功率谱周期分析，取最大落后步长$m=14$，得到序列落后自相关系数r（1）$=-0.17$，则假设总体谱是白色噪音谱，经检验周期为2.3 a、2.5 a和2.8 a的周期通过了95%置信限的检验，因此得到近半个多世纪以来，全国干旱有2～3 a的周期振荡（图略）。

表2.4　1951—2006年不同地区干旱指数*CI*变化趋势（1/10 a）

下画线表示通过$\alpha=0.05$显著性水平

地区	*CI*值
东北	<u>−0.07</u>
华北	<u>−0.07</u>
西北东部	−0.02
西北西部	0.01
长江中下游	−0.01
华南	−0.03
西南	−0.01
青藏高原	<u>0.08</u>
全国	<u>−0.03</u>

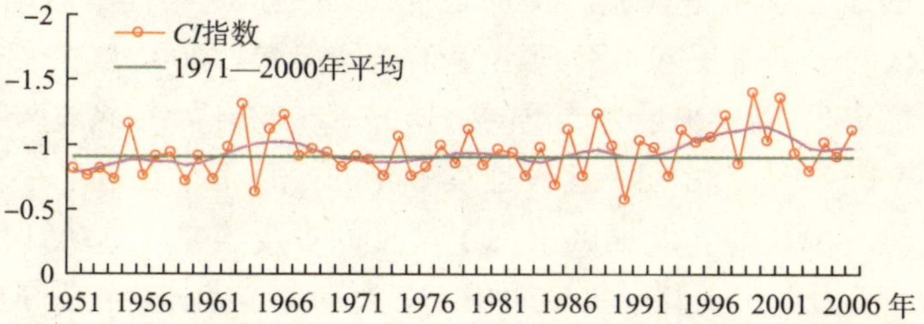

图2.11　全国年干旱指数*CI*历年变化图（1951—2006年）（曲线为11点二项式滑动）

虽然总体而言，全国干旱在近56年中有加重的长期变化趋势，但不同地区的变化特点有很大差异。下文中分别讨论东北、华北、西北东部、西北西部、长江中下游、华南、西南和青藏高原八个地区的干旱的近半个世纪的变化特征（分区示意见图2.7）。

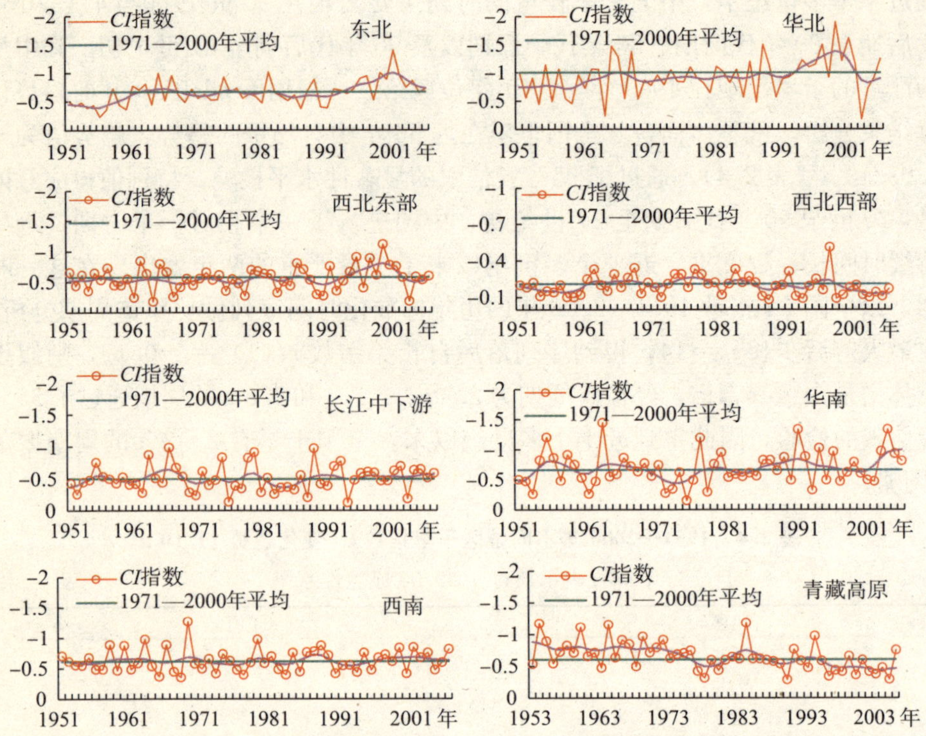

图 2.12　1951—2006 年各区域年干旱指数 *CI* 历年变化图（曲线为 11 点二项式滑动）

近 56 年来，东北地区的干旱具有明显的阶段性变化特征，20 世纪 60 年代、70 年代中期、80 年代初、90 年代中期至 21 世纪前期是较明显的干旱期（图 2.12）。东北地区近 56 年的干旱变化趋势系数达到－0.07/10 a，通过了 95％置信限的显著性水平检验。特别是自 20 世纪 90 年代中后期至 21 世纪初，东北地区的干旱面积基本呈现出逐年递增趋势，2001 年的 *CI* 指数显示该年的干旱是 1951 年以来最为严重的，1999—2002 年，东北地区年干旱指数均维持在－0.9～－1.4 之间，这种连续数年的严重干旱在近半个多世纪中是没有出现过的。2001 年东北地区出现了严重的春夏连旱，据统计黑龙江全省受旱面积为 375 万 hm^2，其中重旱面积 212 万 hm^2。吉林全省受旱面积 270 余万 hm^2，占作物总面积的 72％，严重受旱面积近 204 万 hm^2。辽宁全省各地均遭受不同程度旱灾，其中辽西、辽北旱灾最为严重，6 月底重度干旱面积已超过作物种植面积的 70％。以东北地区 *CI* 指数 1951—2006 年的历年标准化时间序列做功率谱周期分析，取最大落后步长 $m=14$，得到序列落后自相关系数 r（1）＝0.26，则假设总体谱是白色噪音谱，经检验 2.3 年的周期通过了 95％置信限的检验，因此得到近半个多世纪以来，东北地区的干旱有 2 年左右的周期振荡（图略）。

近半个世纪以来，华北地区的干旱影响范围年际变化较大（图 2.12）。从多年变化上看，20 世纪 80 年代后期以后的干旱相对较重，而 20 世纪 50 年代至 60 年代前期、70 年代至 80 年代前期的干旱相对较轻。值得注意的是自 20 世纪 90 年代后期至 21 世纪初，华北地区干旱指数出现了连续峰值。1997 年及 1999—2002 年连续 4 年华北地区干旱指数 *CI* 有－1.16～－1.89 之间，其中 1999 年和 2001 年分别名列 1951 年以来第一和第二严重年份。与东北地区一样，这种持续数年的严重干旱在近半个世纪中是十分罕见的。1999 年，华北地区自冬春连旱后，又发生新中国成立以来少见的大范围夏秋连旱。2002 年夏、秋季节，华北地区持续少雨、气温偏高，山东省遭遇了近 85 年中最为严重的干旱灾害，直接经济损失超过 100 亿元。趋势计算结果表明，1951—2006 年，华北地区的干旱指数 *CI* 以－0.07/10 a 的速率向负值发展，即干旱有加重的趋势，并通过了 95％置信限的显著性水平检验，说明华北地区近半个世纪的干旱化趋势是十分突出的。*CI* 指数标准化时间序列的功率谱周期分析表明，序列落后自相关系数 r（1）＝－0.10，则假设总体谱是白色噪音谱，经检验 2.5 年的周期通过了 95％置信限的检验，因此得到华北地区的干旱在近 50 多年中也有 2～3 年的周期振荡。

西北地区东部在近 56 年中也呈现出干旱化趋势，*CI* 指数的趋势系数为－0.02/10 a，但没有通过 95％置信限的显著性检验。西北地区东部的干旱指数 *CI* 的年代际和年际变化相对而言较为平缓，干旱影响较重的时期主要发生在 20 世纪 60 年代、70 年代末至 80 年代初，80 年代中后期以及 90 年代后期至 21 世纪初。20 世纪 90 年代后期至 21 世纪初的几年，西北地区东部干旱的变化与华北地区十分相似，都出现了连续 4、5 年的严重干旱。经功率谱周期分析，在近 56 年中，西北地区东部的干旱变化没有显著的周期存在。

西北地区西部的干旱指数 *CI* 的变化趋势为 0.01/10 a，没有通过 95％置信限的显著性检验，说明西北地区西部的干旱在近半个多世纪来没有明显加重或减轻的长期趋势存在。干旱最严重的年份出现在 1997 年，该年新疆大部地区 4—5 月降水量较常年同期偏少 4～9 成，出现明显干旱，其中南疆地区从 1996 年 11 月下旬至 1997 年 4 月大部地区滴雨未降，旱情十分严重。功率谱周期分析表明，在近 50 多年中，西北地区西部的干旱变化也没有显著的周期存在。

长江中下游地区的干旱没有明显的长期变化趋势存在。较严重的干旱出现在 20 世纪 60 年代、70 年代后期、80 年代后期至 90 年代初，其后干旱相对较轻。其中 1963 年、1966 年、1974 年、1978 年、1979 年和 1988 年等年份的干旱比较严重。1978 年，南方大部地区早春或春季雨水偏少，部分地区出现了不同程度的干旱现象，入夏后，由于降水持续偏少，又发展成大范围的夏旱，其中淮河流域大部和长江中下游部分地区出现夏秋连旱，旱情严重。功率谱周期分析表明，在近50多年中，西北地区西部的干旱变化没有显著的周期存在。

华南地区的干旱指数*CI*在近半个世纪的变化趋势为－0.03/10 a，该地区干旱也存在加重趋势，但趋势幅度没有通过显著性检验，即没有显著的长期变化趋势存在。较严重的干旱主要出现在20世纪50年代中期、60年代前期、70年代后期至80年代前期，90年代前期和21世纪初。进入21世纪后，华南地区连续出现了几年较严重的干旱，例如2003年夏季至2004年初，由于降水持续偏少，温度偏高，华南部分地区发生了大范围历史罕见的夏秋冬三季连旱，其中福建、广东等省部分地区旱情十分严重。功率谱周期分析表明，在近半个多世纪里，华南地区的干旱变化没有显著的周期存在。

西南地区的干旱年代际和年际变率不大，近56年中呈现出较平缓的波动起伏，也没有明显的增多或减少的趋势。20世纪50年代后期至60年代中后期，70年代末、80年代前期是干旱较重的时期。1969年的干旱最为严重，该年云南、贵州、四川冬春持续少雨，不少地区河溪断流，小春作物减产，其中以四川的旱期最长、旱情最重。四川盆地自1968年11月至1969年6月降水量只有100～180 mm，较常年同期偏少5至7成，形成冬春夏连旱，干旱范围之广、持续时间之久，为历史所罕见。功率谱周期分析表明，在近半个多世纪里，西南地区的干旱变化有2～3年的周期存在。2006年夏季，重庆、四川持续少雨，并遭遇罕见高温热浪，发生严重高温伏旱，给当地农业、工业、林业、旅游、人畜饮水、水力电力以及群众生活等方面造成了严重的危害和损失。

青藏高原地区的干旱变化趋势系数为0.08/10 a，通过了0.05的显著性水平检验，即青藏高原地区的干旱在近半个世纪有减轻的趋势。青藏高原地区的年干旱指数*CI*起伏变化较大，20世纪50年代、60年代至70年代初干旱相对较严重。功率谱周期分析表明，在近半个多世纪里，青藏高原的干旱变化没有显著的周期存在。

（2）干旱持续时间和发生频率

除了干旱强度外，持续时间和发生频次也是干旱特征的重要组成部分。根据《气象干旱等级国家标准》（2006）中的规定，我们统计了全国600多个站点1951—2006年历年发生的干旱过程，以此来分析干旱的持续时间和发生频次的变化特征。图2.13反映了1951—2006年中，全国干旱过程的最长持续时间分布。干旱的平均持续时间的空间分布（图略）与其最长持续时间的空间分布相似。干旱持续时间长的几个中心分别位于东北地区西部、华北中部和云南等地，最长持续时间一般有 4 个月以上，另外，东北中东部、华北大部、黄淮、华南中南部和西南东部部分地区干旱最长持续时间一般也有 3 个月左右，可见干旱灾害之严重。另外，统计表明，对于东北、华北、黄淮、西北地区东部、华南及四川盆地等地的大部分地区，在近半个多世纪里，最长的干旱事件大多发生在 1980 年以后（图 2.14）。

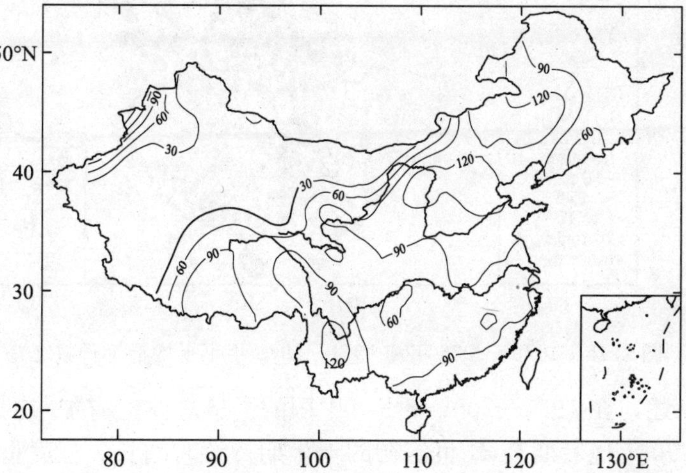

图 2.13　1951—2006 年间干旱过程最长持续时间（单位：d）

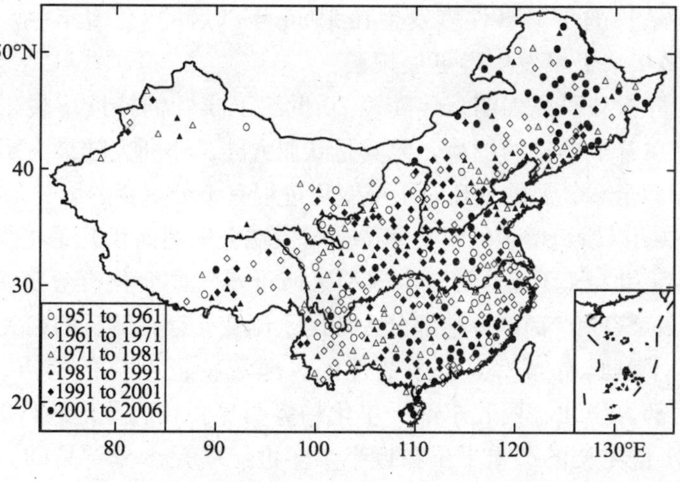

图 2.14　1951—2006 年间最长干旱期出现年代

分别计算 1951—1978 年、1979—2006 年两段时间的年平均干旱日数之差，结果表明（图 2.15），东北西部和南部、华北、黄淮、西北地区东部、华南及云南南部等地的后 28 年的干旱发生频次比前 28 年频繁，即干旱发生得更加频繁了。在长江中下游地区和西南地区中南部干旱频次有所减少。全国其余大部分地区干旱频次没有出现明显的增多或减少的变化。

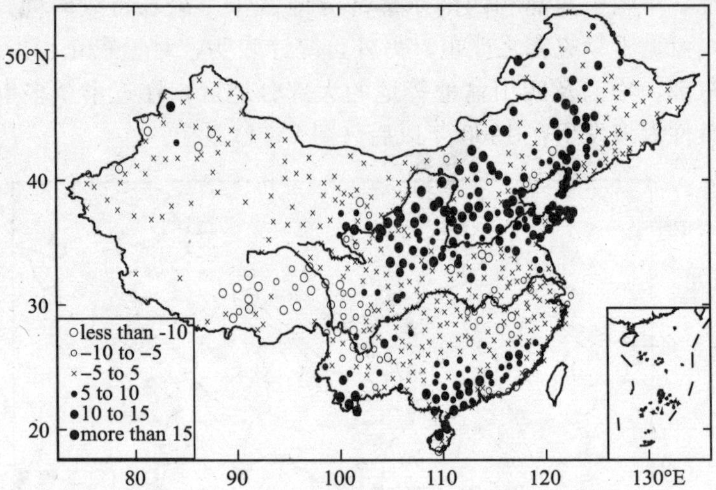

图 2.15 1979—2006 年和 1951—1978 年年平均干旱日数之差

综上所述，在 1951—2006 年中，中国的干旱总体上有加重的趋势，特别是 20 世纪 90 年代后期至 21 世纪初的干旱期持续时间长、程度重。干旱变化在中国不同地区存在着显著的区域差异。东北西部和华北地区的干旱有显著的加重趋势。另外，在东北、华北和西北地区东部的大部分地区在近 50 多年中持续时间最长的干旱事件多发生在 1980 年以后的 20 多年中，而且上述地区在近 20 多年来干旱发生得更加频繁。

本章的分析和研究表明，伴随着 20 世纪下半叶的持续增暖，全球陆地大部分地区存在着干旱化的趋势，尤其是欧亚大陆、非洲大陆最为明显。20 世纪 80 年代以后，全球气温的升高对干旱变化进程有十分重要的影响，特别是 20 世纪 90 年代中期以后，增暖的影响使得全球极端干旱的面积几乎扩大了 1 倍。另外，海表温度和大气环流异常与全球和区域干旱气候变化有着密切的关系，研究表明 PDO、SO 和 NAO 等与部分大陆的干湿变化存在明显的相关关系。

中国的干旱具有频率高、季节性强、地域特征明显的特点。近 50 多年来，东北西部、华北、西北东部干旱化趋势明显。在这些地区，20 世纪 90 年代后期至 21 世纪初的严重干旱在近半个多世纪中是十分罕见的。干旱化趋势明显的华北、西北东部和东北地区在近半个多世纪区域增暖也十分显著。这些结论与 Dai 等（2004）的研究结果一致，并支持了他们的论点，即 20 世纪 70 年代后期以来，全球变暖的气候变化进程不仅带来了地表气温的升高，还使得一些地区干旱化趋势加剧，干旱威胁加重。

第3章 干旱形成机理

3.1 我国典型干旱区气候的形成

干旱、半干旱区因少云而日照时数多和太阳辐射强度大，地表蒸发能力很强。极端干旱区年蒸发能力为 1800 mm 以上，干旱区为 1400～1800 mm，半干旱区也达 1100～1400 mm。取年降水量与最大可能蒸散量之比为干燥度指数，图 3.1 给出了我国干旱半干旱区的分布范围。其中，干旱与半干旱区的干燥度指数均在 0.5 以下，极端干旱区不足 0.03。干旱和半干旱区自内蒙古向西伸展约占全国总面积的 42%，主要位于西北地区。此外，我国华北属于暖温带半干旱半湿润季风气候，也是干旱频繁发生的地区。

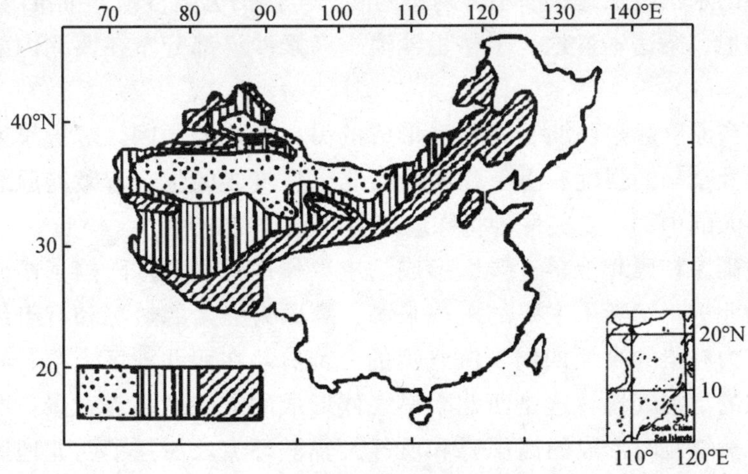

图 3.1　我国干旱和半干旱区分布图

（▨ 半干旱区；▥ 干旱区；▤ 极端干旱区）（取自《中国科学技术蓝皮书第 5 号：气候》，1990）

关于干旱气候的成因，Hare 等曾综述为或因副热带哈得来环流的下沉运动；或因山脉背风坡下沉运动（背风坡雨影区）；或因远离海洋，水汽少；或因环流异常，少降水天气系统。后来，Folland 等又提出海温的影响，Charney（1977）还提出了生物—地球物理反馈使得沙漠区干旱气候维持的理论。具体到我国干旱半干旱区的成因，还须对上述观点仔细加以分析和运用。例如，与两半球其他副热带干旱区不同，我国的西北、华北干旱/半干旱区是北半球伸展最北的中纬度干旱带，很难与哈得来环流的下沉运动相联系。除局部地区外，其成因也与背风坡雨影区无关。

下面，我们主要从地理位置、地形以及大气环流背景和人类活动的影响等方面对我国西北、华北典型干旱/半干旱区气候的成因做一探讨。

3.1.1 地理位置、地形的影响

3.1.1.1 地形对西北干旱气候的影响

我国新疆、甘肃河西地区、青海柴达木盆地、内蒙古和宁夏两区中、西部地区习惯称西北干旱区。西北干旱区西面在北疆与中亚干旱区贯通，东面与华北半干旱区相连。

我国西北地区干旱及半干旱区的面积占全区总面积的 87% ，明显高于全球及全国的比例。西北地区深居内陆，距海洋远是干旱气候形成的主要原因，南方海洋的水汽经长途跋涉不易到达内陆。全国的著名沙漠，如准噶尔盆地、塔里木盆地、柴达木盆地、腾格里沙漠、乌素沙漠都分布在西北内陆干旱气候区。

青藏高原隆起是西北干旱气候形成的另一个主要原因，对干旱区形成的地理位置及干旱的强度有重要作用。西北干旱气候区位于青藏高原北侧的中纬度欧亚大陆中部，是在一种特殊地理条件下形成的。

青藏高原在西北干旱气候区形成的主要作用是：直接阻挡了西南暖湿季风气流的北进，切断了主要的水汽来源；高原为强大的热源和有组织的上升运动，作为补偿的高原四周下沉气流的一部分，在西北地区上空，始终存在着有组织的下沉气流，这是西北干旱气候形成的大尺度环流背景；西风气流在高原北侧绕流时形成的高压脊和反气旋辐散环流，加强了西北地区的下沉气流。高原地形的动力作用除了造成高原西、北侧的平均下沉带外，还阻隔了南来的水汽，强迫西风气流分支绕流，形成高原北侧全年盛行的反气旋性辐散带，既进一步加强了高原北侧的下沉运动，也使气柱中本来就稀少的水汽易辐散掉，难以在当地形成降雨。

3.1.1.2 地形造成华北区域性干旱

华北地区的降水受太行山和燕山山脉的影响，太行山的东麓和燕山南麓，夏季湿润的气流由于地形的抬升作用，在山前降水较多。如果气团是非常潮湿而不稳定，最大降水常落在山麓。在山区有一个最大降水高度，也就是在这个高度以上和以下，降水量都较小。在太行山上平均最大降水高度为350 m左右，燕山为170 m左右。在平原和山区的谷地或盆地，一般都是降水较少，特别是大河的河谷区或大水库区，由于地形和水体的双重影响，更是降水水平分布的低中心。但山地坡度大，植被条件差，致使相当一部分降水以径流形式流走，如太行山－燕山迎风坡年径流量在150 mm以上。如遇暴雨大量涌到平原，易发生洪涝。

华北平原受越过太行山气流下沉增温的影响，湿度小，气温高，也加强了干旱的强度。温度对水资源的影响，主要表现为蒸发力增加，华北春夏气温高蒸发旺盛，全年蒸发量可达800～900 mm以上，相当于华南的蒸发量，大大地超过了该地区的降水量。在全年水分盈余图上，该地区水分入不敷出，亏损200～400 mm，这就加剧了该地区水资源短缺的严重程度。

3.1.2 我国典型干旱半干旱区干旱发生时的大气环流背景

3.1.2.1 西北干旱半干旱区

远离海洋和高原地形造成了西北干旱气候的背景，而特定的大气环流型控制是西北干旱气候维持的直接原因。大气环流的平均状况及其变率影响制约着西北地区的天气气候，尤其是旱涝气候。在西北地区，一年四季均可发生干旱。在各季的干旱中，又以冬春旱和夏旱发生的机会最多。西北地区的干旱季比较长，10月至次年5月基本上都受冬季型环流影响，气候特点是寒冷、干燥、降水少。

西北地区冬季环流特征：东亚高空大气环流盛行大槽大脊活动，其最常见的环流形势是新疆西北部维持一高压脊，沿海维持一大低压槽，西北地区处在这两大系统之间，受西北气流控制，地面上常为从西伯利亚东南下的冷高压所控制，天气晴朗寒冷，干旱少雨。

西北地区春季环流特征：大气低层增温迅速，环流型表现为大陆高压与低压两大活动中心，而高空环流基本上仍是冬季环流形势，多移动性槽脊，相应的地面冷空气活动频繁，强度大。西北地区上空仍受西风带影响和西北气流控制，或处在高压脊之内，上述高空环流形势与地面形势的配合，形成了西北地区春季降水少、地面回暖快、风速大、蒸发力强的春季干旱气候。

西北地区夏季环流特征：初夏高空大陆副热带高压活动频繁，南支波动因之不活跃，此时为相对少雨的干旱时期。在 500 hPa 高空，贝加尔湖西部的槽区常年维持一个高压脊，脊前的冷平流不断输送到西北地区，西北地区上空为单一的西北气流控制，冷空气活动比较频繁，西南气流相应较弱，影响中纬度上空西风槽的建立和稳定。另外，常年鄂霍次克海的高压脊有时也被低压槽所代替，对西太平洋副热带高压的北抬和加强有一定的抑制作用，造成干旱少雨的天气。当副高加强到相当强时，西北地区东部因副高控制出现少雨干旱天气。而且在副高较弱的年份，又因南支波动主要影响偏南地区，西北地区东部因此缺少水汽来源，造成少雨干旱。由此可见，即使在多雨的夏季，西北地区也可能经常出现干旱。

西北地区秋季环流特征：盛夏过后，西太平洋副热带高压开始减弱，北支西风带锋区又开始南移影响西北地区，地面冷空气的强度也逐渐加强，秋季西北地区东部往往处于西太平洋副热带高压的北缘平直西风环流中，此时高空锋区常可在西北地区东部上空维持一段时间，造成初秋连阴雨天气。在 10 月后往往有一次强的极地冷空气向南爆发，导致大气环流形势的剧变，西太平洋副热带高压，从此南退出海，西风带环流经向度显著加大，从此将转入盛行的冬季环流形势，大槽大脊活动，降水显著减少，出现少雨干旱天气。

值得一提的是，我国学者近年来大量的研究表明，高原地形的热力、动力作用连同盛行环流的年际变化等又造成了这一干旱区相对的干、湿年变化。也即青藏高原地形的热力、动力作用、远离海洋和大气环流是形成西北干旱气候的多个因子，它们通过影响垂直运动和水汽状况而影响西北降水气候。

3.1.2.2 华北干旱的环流特征

春季华北大气低层增温迅速，环流型表现为大陆高压与低压两个大气活动中心并存，而高空环流基本上仍是冬季形势，冷空气活动还相当强。此时的华北上空仍受西风带影响，常受西北气流控制或处于高压脊之内。从低层看，入春后随着太阳辐射日益增强，地面和低层空气温度不断增高，蒙古冷性高压减弱，并向西北收缩移至 75°E 附近，阿留申低压也东移到 160°W 附近。对应高空多处于与气旋相伴的移动性小型反气旋控制下和低压区内，干燥的西南风较大。由上述的高空流场与地面形势的配置，形成了华北地区春季降水少，回暖快、风力大、蒸发力强的春干天气。

夏季，在正常年份里，季风雨随着副高脊线逐渐北移，到 7 月中旬前后，副高脊线北跳至 30°N 附近，雨带中心移到黄河流域以北，华北雨季开始，这时的环流特征，是在欧亚 500 hPa 平均高度图上，中高纬度西风带一般呈两脊一槽型，另外，随着西太平洋副高的季节性北跳，其西侧的偏南气流不断向我国北方深入，冷暖空气交汇于华北上空，形成这个时期的多雨天气。当副高北跳时，赤道辐合带随之北移，台风、强热带风暴等低纬系统在闵浙登陆北上，也直接形成华北降水。

夏季干旱年份里，500 hPa 高度上，常年在贝加尔湖西部的槽区维持一个高压脊，脊前不断向华北地区输送冷平流，其上空为单一的西北气流控制，冷空气活动较频繁，西南气流相应减弱，影响了中纬度上空西风槽的建立和稳定。另外，常年鄂霍次克海的高压脊也被低压槽所代替，对西太平洋副热带高压的北抬和加强也有一定的抑制作用。华北地区干旱时西太平洋副高有两种情况，一是副高衰减型，二是副高偏南型。二者都可以形成华北地区的夏季少雨干旱。

张庆云等人的研究指出：20 世纪 80 年代以来华北地区降水持续偏少，干旱强度有所增加，这与夏季 200 hPa 矢量风距平场亚洲中纬度西风环流加强，850 hPa 风矢量距平场中国东部 110°～120°E 范围内偏南气流比气候平均状况偏弱有关。夏季华北降水偏少的一种主要大气环流型是：500 hPa 位势高度场上 40°～50°N 的欧亚大陆位势高度偏高并叠加欧亚（EU）遥相关型，华北大部分地区受高压控制。1999 年和 2000 年夏华北地区持续严重干旱的主要环流特征是：亚洲大陆高压持续发展、长期维持并相当稳定，华北地区上空受闭合暖性高压控制，高空暖性高压气流强烈下沉，引起空气绝热增温，近地面感热增加使得干旱区气温升高，下垫面非绝热强迫作用与大陆暖高压加强形成正反馈过程。

3.1.2.3 人类活动对干旱化的影响

由于人类活动所产生的大气中温室气体（如 CO_2 和 CH_4 等）含量增加所产生的全球增温效应已经被公认。本世纪以来全球和我国北方地区地面气温变化曲线已经呈现出明显的增暖趋势。这种大范围的气候增暖会造成地表蒸发加速，增加了干旱气候严重程度。据研究，中纬度干旱地区地面增温 2℃时，地球地面辐射平衡也加大，因此蒸发能力加大，估计增大 20%左右，约 300～400 mm，远远超过当地降水量的变化范围。据估计，中纬度地区如果地面温度平均升高 2℃，在其他气象条件不变的情况下，可以增加地表实际蒸发量 25%左右，从而大大加速干旱气候的进程。

此外，一些区域尺度上的人类活动（例如，对地下水和地表径流的过度开采利用以及土地利用/覆盖变化所产生的生物物理/化学反馈）也对干旱发生频率和趋势的加剧具有不可忽略的影响。

黄土高原森林覆盖面积的变化具有一定的代表性。古代西周时期，森林覆盖率达 53% ，在秦至南北朝减少到 40%，到明清时期为 15%，现在只剩下 6.1%。如宁夏同心大罗山 1962—1981 年，林地面积减少 13.8%，林线上升超过 500 m，农田不断向山顶推进，出现了山泉大部干涸，雨量减少，干旱气候发展。

耕地减少，人口增加，人们便毁林造田，垦草种粮，带来严重的后果。草原、森林和植被的破坏，通过一系列的物理过程，使气候干旱和土壤干旱进一步加剧，水土流失和侵蚀过程加快，土壤肥力减低，导致植被状况进一步破坏，造成恶性循环，破坏了整个生态系统。

符淙斌等人利用区域环境系统集成模式（RIEMS）来模拟恢复东亚地区自然植被后对区域气候和环境可能影响的程度。结果表明，大范围恢复自然植被对东亚夏季气候的影响是明显的，它不仅可以改善近地面气候状况，而且可以影响季风环流强度的变化。虽然这是一种虚拟的极端理想的状况，但这个试验表明，根据当地的气候、水文和土壤等自然条件来实行退耕还林(草)，恢复自然植被有可能产生显著的气候和环境效应。

刘昌明等人系统分析了水资源与人口、经济和社会环境的关系。任立良等人以中国北方地区黄河、海河、辽河、松花江流域为研究区域，基于长期水文观测数据，就人类活动对不同时空尺度（包括日、月、年、10 年）地表水资源的影响及河川径流演变的驱动力进行了定量分析。结果表明，无论从自然流域的角度还是从行政区域的角度来说，中国北方河川径流都存在减少的趋势。除气候变化的影响之外，河道外用水量的增加是导致中国北方地区实测径流减少的直接原因。上游水库拦蓄、引水量的激增等不合理的用水方式是导致下游河口河道干涸、断流的主要原因。值得注意的是，干旱、半干旱地区人类活动对河川径流的影响程度强于湿润地区，人类的作用致使干旱和半干旱地区的河水流量比湿润地区减少得更快，主要表现在小流量出现的频率增大，20 世纪 80、90 年代相同量级的降水量产生的径流量较 50、60 年代减少 20 %～50 %。

3.2 季节性干旱的形成

3.2.1 中国区域的季节性干旱的时空特征

干旱的发生不仅存在地区差异，季节上也不尽相同。我国地域广大，地形复杂，既有青藏高原这样的高海拔地区，同时又濒临太平洋，这样巨大的海拔高度和海陆差异造成了我国复杂的天气气候条件，也使得我国不同地区每个季节都可能发生不同程度的干旱，同时不同地区的季节性干旱也存在明显差异。有些地区可能春季较容易发生干旱，而有些地区的干旱主要集中在夏秋季节，甚至有些地区在某些年份干旱持续时间较长，出现连续两个季节以上的干旱。

春旱多出现于中国北方地区，春季降水少且变率大，每月降水量都小于50 mm，并且由南向北迅速减小，因此往往造成北方地区日照充足，空气干燥，温度上升快，此外，风多且风大，蒸发力强，土壤失墒较快，从而使得降水量远远低于蒸发量，水分缺失严重，最终造成干旱。

北方地区也较容易发生初夏旱，由于初夏雨季尚未来临，降水仍然较少，但气温升高，相应的蒸散也加强，造成严重的水分匮乏。雨养地区的土壤水分从春季开始减少，到初夏时节达到全年中的最低值。在缺雨年份，初夏是水分供应最差的时节。

盛夏期间的干旱主要发生于三伏期内，所以通常又被称为“伏旱”。这时候作物生长旺盛，需水多，抗旱能力差。而干旱发生时，太阳辐射强烈，温度高，空气干燥，蒸发力强。在北方，有些年份副热带高压位置偏北，使得37°N甚至更北的地区受到副高控制，从而发生伏旱。

东北地区春季的干旱最为严重，夏旱次之，在某些年份可能存在春夏连旱的情况，将会造成这一地区的干旱状况更加严重，而东北地区的西部，春旱发生频率高达70%左右。据统计，华北地区发生春旱的概率在70%左右，还常常发生连年春旱。西北地区春旱频率也可达44%。

黄河、淮河和海河流域干旱区是我国发生干旱较大、频次较多的地区之一。在3—10月的农作物生长期内均有可能发生干旱，而春季干旱的发生频次较高，有“十年九春旱”的说法。例如1951—1980年的30年内就有26年出现了不同程度的春旱。大多数春旱年之前的冬季少雨雪，甚至有些年份自上一年的秋季就少雨。有的春旱可持续到6、7月份，出现春夏连旱，对农业生产影响最为严重，如1962年、1972年、1997年等。个别年份（如1965年）甚至春夏秋三季连旱，对农业生产影响更为严重。夏旱的频次低于春旱，但多与春旱或秋旱相连，如1957年、1974年等，对农业生产影响也比较大。

较为严重的伏旱多发生于南方地区。7月上旬，雨带移到华北、东北地区，秦岭、淮河以南到广东、广西北部的广大地区被副热带高压控制，空气下沉，天气晴热，蒸发力强，而降水较少，水分供需矛盾大，如果沿高压脊西侧北上的台风偏少，则会造成如我国秦岭、淮河以南到广东、广西北部的广大地区，尤其是湖南、湖北、江西、浙江西部地区最容易发生伏旱。金华、南昌和长沙是伏旱最严重的地区。伏旱开始的时间南方比北方早，且北方地区相对南方较弱。

长江中下游地区是我国东部干旱频次相对较低的一个地区，干旱次数不仅低于北部的黄河流域，甚至也低于其南部的华南及西南地区。这些地区春季雨量较多，有些地区 4 和 5 月的雨量是全年各月中最多的，并且降水变率小，因此该地区发生春旱的频次不高，夏旱则经常出现。夏旱中初夏旱的现象较北方危害小，这与该地区初夏是梅雨季节，常年雨量较多有关，但若东南季风来得晚，梅雨推迟，则使得雨带会在南方停留时间过长，随后迅速推向北方，而出现“空梅”现象，造成初夏干旱。相对而言，该地区的夏季干旱多发生于梅雨结束后，此时该地区受到副高控制，出现连晴高温天气的结果。1951—1980 年的 30 年中有 25 年出现过不同程度的夏旱。单纯的伏旱一般影响不是很严重，只有旱情持续到 9、10 月或者 11 月，即出现夏秋连旱时危害才比较严重。如 1959 年干旱从 7 月持续到 9 月。但是该地区仅出现秋旱时一般范围小，影响也比较轻。

华南和西南区，这两个地区一年四季都有农作物生长，干旱频次也比较高。9 月以后，副热带高压迅速南退东撤，雨带逐渐南移，若副高的撤退比常年快，使得某些地区的降水显著偏少，则会发生秋旱。但与其他地区不同的是该地区以冬春两季干旱为主，特别是冬春连旱影响比较大。其中，华南地区夏秋多台风降水，因此，干旱多出现在秋末、冬季到初春期间，如 1954 年 9 月至 1955 年 4 月，1998 年 11 月至 1999 年 4 月华南部分地区发生了持续秋冬春三季连旱，对工农业及生活用水等影响很大。西南地区冬春发生连旱时亦可持续 4～5 个月，有时也发生秋、冬、春三季的连旱。如 1959 年 11 月至 1960 年 5 月持续了 7 个月。虽然这两个地区春旱较少出现，但当受到副热带高压势力控制时，雨量较少，降水变率较大，遇到少雨年也较容易发生春旱。广东南部沿海、雷州半岛和海南岛的西南地区发生春旱的概率极高，而广西西部地区的春旱发生频率可达到 70%～90%。如云南在内的西南地区春旱也比较频繁，四川盆地春旱较严重的地区主要位于绵阳等地区。

3.2.2 季风气候与季节性干旱的关系

干旱对国民经济的影响非常巨大，我国大部分地区处于季风气候区，而季风对干旱的形成又是十分重要的，因此季风气候（主要是夏季风）与季节性干旱之间存在某种联系。由于季风到达我国不同地区的时间有一定的差异，造成各地区雨季的开始、持续以及结束时间存在差异，因此由夏季风的推进过程来探讨季风气候与干旱之间的联系。

华南地区降水的水汽主要来自于孟加拉湾和南海，前汛期大雨带的出现与低空西南季风的建立和发展有很大关系，当季风来临较晚，且持续时间又较短时，易于造成这一地区出现干旱。

西南地区的季风活动特点与其他东部地区不同，这一地区的典型代表地区是云南，该地区干湿季分明，季风通常在5月底爆发，并由干季转为湿季，因此西南地区季风爆发的早晚与强弱与该地区春夏季的干旱有密切关系，当季风爆发晚且弱时，则易形成干旱。

江淮地区是比较容易发生干旱的地区之一，这一个地区的季风降水主要发生在6和7月。过去的研究认为发生干旱时夏季风较为强盛，但是目前也有研究表明，当夏季风异常弱时也可能发生严重干旱，因此夏季风很强和很弱都可能导致江淮地区发生干旱，只有当夏季风强度接近均值时，江淮流域才可能会多雨。进一步分析表明，夏季风向北推进时，江淮少雨，向南撤退时则江南少雨。副热带高压脊线偏南时，长江流域多雨，而偏北时则长江流域少雨。长江流域不仅会受到东南季风的影响，西南季风也会影响当地的旱涝情况。

华北地区处于东亚夏季风的前缘地带，夏季风达到了极盛时才会影响到这里，因此华北雨季主要出现在7、8月。研究发现夏季风弱的年份该地区比较容易发生干旱。影响该地区的夏季风主要有两支，一支是来自太平洋的东南季风，有时沿副高脊转向为西南风，另一支是来自孟加拉湾的西南季风，这两支季风的强弱都对该地区的降水有显著影响，尤其是前一支季风的强弱对该地区的降水量影响非常大。

各地区的旱涝与华北地区比较，发现我国南北两个地区经常出现南涝北旱或者南旱北涝的形势。旱涝的这种分布类型与西太平洋副热带高压的异常有密切关系，尤其是副热带高压明显偏南的年份，华北容易发生干旱，这时候夏季风一般较弱，其前锋向北扩展不足。

3.2.3 典型地区季节干旱的形成原因及区域差异

影响季节干旱变化的原因很多，这些影响因子包括季风气候以及年际变化的影响等。

海陆热力差异是形成季风的主要原因。大陆热状况对大陆低压的发展有着重要的作用，而低压的强弱在决定东西向气压梯度的大小中占据主导地位。此外，北太平洋的海温代表了大洋上的热力状况，因此对夏季风的发展也起着一定的作用，目前的研究表明，夏季风以及旱涝异常同赤道东太平洋的海温变化存在一定的联系，尤其是我国南北干湿变化反位相的变化特征与太平洋海温变化之间存在很显著的联系。不仅是东南季风对我国大部分地区的旱涝变化有着显著的影响，印度季风对我国许多地区的降水变化也有明显的影响，如华北地区夏季的降水便会受到印度季风降水的影响。热带印度洋—太平洋海温的纬向异常以及南海至印度洋的海温变化对夏季风异常的影响也是十分明显的，例如江淮地区的旱梅年和涝梅年的海温距平分布存在明显的差异。

夏季风异常不仅与大陆和海洋的热力状况有关，同时还受到大气环流异常的影响。例如北半球欧亚大陆上空的阻塞形势与夏季风的异常和我国的旱涝形成有关。当北半球中纬度有一支强西风向南扩展时有利于长江流域的降水。中纬度环流提供了对降水有利的冷空气，同时对青藏高压的异常有影响，而青藏高原与西太平洋副高的异常有联系，从而影响我国夏季风影响下的雨带的位置和强弱。季风的变化还与南半球的环流系统发展有关。因此从北半球中高纬到南半球的澳大利亚，大气环流异常会通过季风环流的变化影响我国的旱涝分布。

3.3 中国干旱化特征与气候变化背景的关系

作为最严重的自然灾害之一，干旱早在 20 世纪 30 年代就受到关注（竺可祯，1934）。然而在我国，对干旱问题的系统研究却始于上个世纪 80 年代中期以后，特别是对华北干旱问题，已有的研究从气候变化的角度为华北干旱问题的研究积累了大量的证据。近年来，增暖对干旱及干旱化趋势发生和发展的影响已引起重视，事实说明，在增暖背景下，单从降水量变化已不足以说明干旱及干旱化的范围和强度，特别是在降水量减少而温度升高的气候背景下，增暖已经成为加剧干旱过程的重要因子之一。所以，对干旱化的客观表征需要综合降水和气温变化的共同影响。

本节在已有研究的基础上，对我国发生干旱化趋势的四个典型地区与气候变化背景影响的关系进行系统分析，也是在资料进一步更新的基础上对过去研究（马柱国等，2006）的补充。

3.3.1 近 50 年我国北方的干旱化特征

利用月平均气温和月降水资料，计算两个变量 1951—2006 年的线性变化趋势（图 3.2），由图 3.2a 可以看出，我国增暖的总体趋势是北方大南方小，而东北西部及内蒙古的东部增温幅度最大，增温率达到 0.5℃/10 a，其次是华北北部和新疆西北部；整个北方增温率变化的分布为东部大西部小，最小的增温区位于内蒙古西部和甘肃西部地区，增温率在 0.1℃/10 a 以下。在南方（长江以南），大部分地区也为增温趋势，但增温率均在 0.2℃/10 a 以下。

大家知道，我国西南地区是一个与全球增暖趋势相反的地区（陈隆勋等，1991），近 50 多年这个地区一直处于降温趋势，但最近的研究表明这个地区在 20 世纪 90 年代以后也转为增温趋势，这个问题我们将在后面做进一步的分析。在降水量变化趋势图上（图 3.2b），总的趋势为东部减少而西部增加。在 100°E 以东地区，除长江中下游及江南中部外，大部分地区降水呈现减少趋势，其中减少变率最大的区域在西南、西北东部、华北南部和东北南部，这些地区连在一起形成一个西南－东北向的降水减少大变率带。在北方，降水减少的大变率区域对应东亚夏季风的北部边缘，这些地区降水的多少主要决定于夏季降水量的变化，因此，夏季风的异常是导致这些地区降水异常变化的主要原因（张庆云等，2003；李新周等，2006）。对比图 3.2a 和图 3.2b 还发现，我国东部大部分降水减少的地区对应着增暖，而西南部分地区降水减少对应着低温时段。在西南，这种降温趋势对因降水造成干旱的强度变化起到一定遏制作用，原因是低的温度不利于蒸散的产生，而蒸散的减小将有利于地表水分的保持。

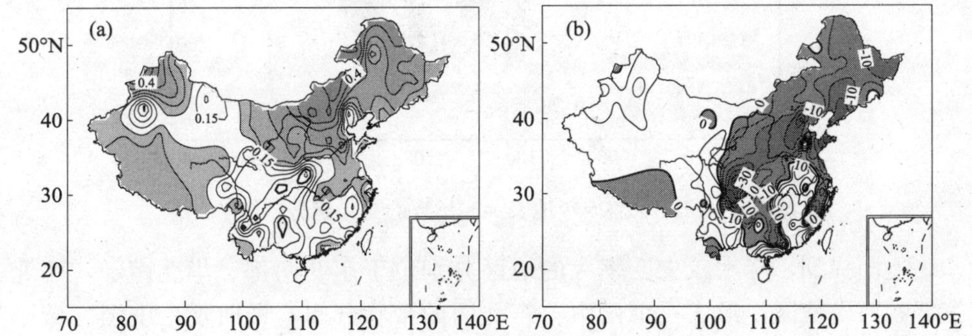

图 3.2　1951—2006 年中国区域（a）气温（单位：℃/10 a）、（b）降水（单位：mm/10 a）的线性变化趋势

（注：(a) 图中阴影部分表示增温率大于 0.2℃/10 a；(b) 图中阴影部分表示降水为减少的区域）

地表湿润指数是用于分析全球和区域干湿变化的一种干湿指标，它的优点是既考虑了降水变化又考虑温度影响且计算方便，它的定义为降水与潜在蒸发之比。这里利用中国区域 160 站降水和气温资料计算了 1951—2006 年中国区域年地表湿润指数变化趋势的空间分布（图 3.3）。可以看出，在上面提到的四个降水减少变率大的地区是明显的干旱化趋势。另外，内蒙古中部，即华北北部也表现为显著的干旱化趋势，与气温的变化趋势（图 3.2a）对比可发现，该地区正是中国北方增温幅度最大的地区，这说明气温的升高加剧了这个地区由于降水减少所造成干旱化的范围和强度，尽管该地区降水减少

的变率不是最大，但气温升高加剧了该地区的干旱化形成，这种现象同样发生在陕北及山西大部分地区，这些地区恰好位于我国的半干旱地区，也就是说，在我国北方，气温的升高加剧了半干旱地区的干旱化程度，这是增暖影响干旱化过程的一个重要证据。在东北的西部，尽管存在大范围的降水减少区域，但干湿变化图上（图 3.3）却是大范围的变湿趋势，尽管这种变化趋势不显著（没有通过 95%的显著性检验），但却说明了与降水趋势的相反关系，这可能与这个地区站点的稀少有关，进一步需要通过更详细的资料进行验证。

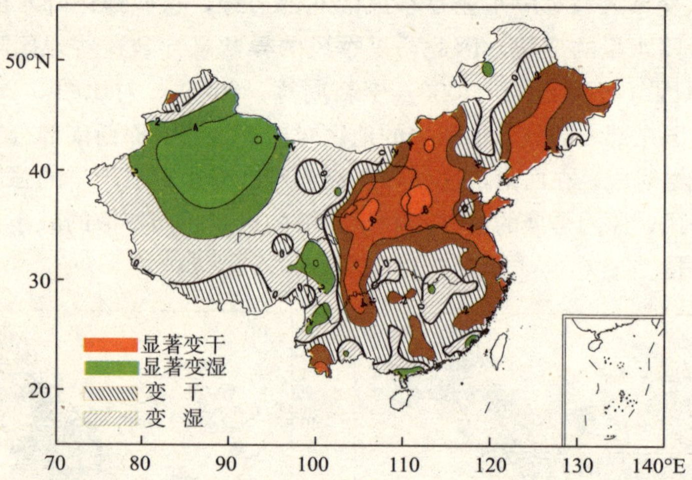

图 3.3　1951—2006 年地表湿润指数的变化趋势（MK 法）

上面提到，降水减少变率大的地区分别位于东北南部、华北南部、西北东部和西南地区，形成一个西南－东北向的带状分布，说明整个中国区域干湿变化具有明显的非均匀性。为了更清楚认识干旱化特征及其与气候变化关系的区域特征，我们把具有显著干旱化倾向的地区分为四个分区进行分析，即东北：42.5°～50.0°N，120°～130°E；华北：35°～42.5°N，110°～117.5°E；西北东部：32.5°～40.0°N，100°～107.5°E；西南：27.0°～35.0°N，100°～105.0°E。

3.3.2　典型地区的干旱化特征与气候变化背景的关系

（1）东北区域

图 3.4 为东北区域气温（图 3.4a）、降水（图 3.4b）和地表湿润指数图（3.4c）的距平和线性趋势，左图给出了各变量的年际变化及线性趋势，右图为各变量 9 年滑动平均的距平变化。可以看出，东北区域 1951—2006 年气温呈线性增加趋势，降水和地表湿润指数为线性减小的趋势，总体趋势为暖、

降水少和干旱化。从年代际变化特征看（图 3.4 左），1978 年以后东北区域从一个低温时段转为一个升温趋势，20 世纪 90 年代以后增温幅度急剧增加，1993 年以后，正的气温距平基本都在 1.0℃以上，其中 1998 年达到最大的 1.77℃以上。分析未平滑序列的距平发现，1991—2006 年，16 年里有 15 年的正距平达 0.5℃以上，可见这种增温具有加强的趋势。分析降水的年代际变化发现，东北在近 56 年里存在一个年代际的周期的振荡，这种周期的长度大约在 25～30 年间，如果按此周期推断，未来东北还将处于一个少雨时段；地表湿润指数的距平变化与降水的年代际变化特征基本一致，只是强度和距平符号转变的时间略有差异，在最近一个时段（20 世纪 90 年代以后），地表湿润指数距平转为负的年份（1993 年）比降水距平转为负的年份（1997 年）提前 4 年，这也说明气温变化对干旱化进程的影响。当然，由于资料序列长度的限制，东北地区降水和地表湿润指数的这种年代际周期振荡有待于进一步验证。另外，从最近的一个周期看，东北存在一个从暖湿向暖干转换的过程。

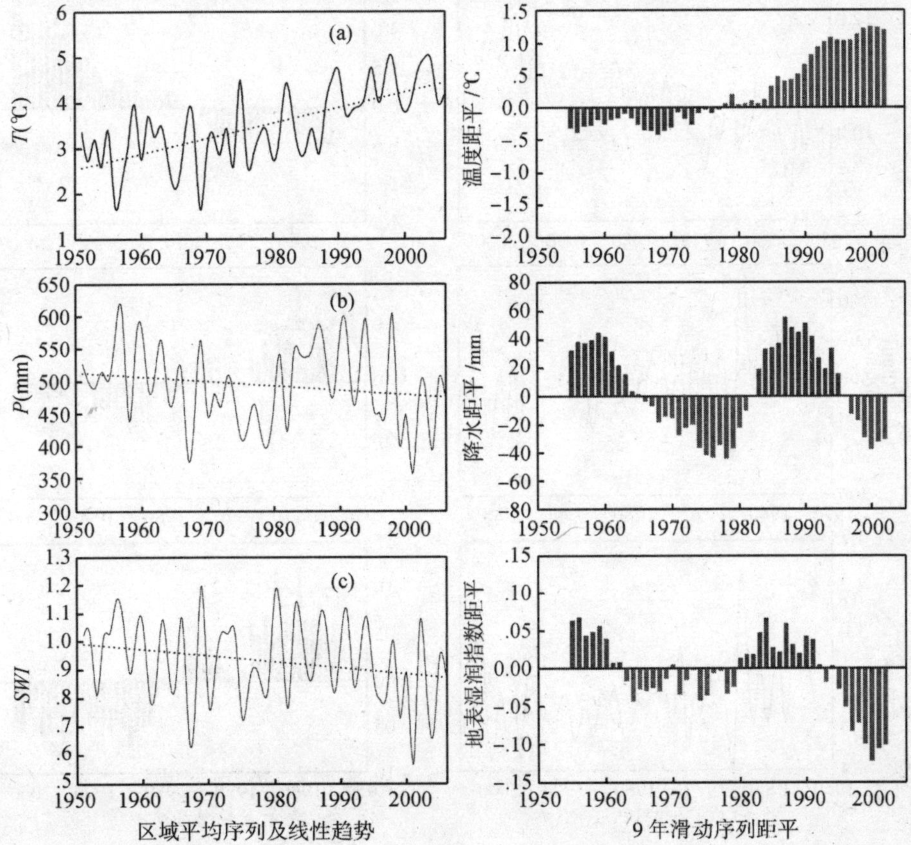

图 3.4　东北区域平均气温（*T*）、降水（*P*）和地表湿润指数（*SWI*）的变化

（2）华北区域

从图 3.5 可以看出，华北的气温变化具有与东北一样的增加趋势，线性增温率 0.34℃/10 a，降水为线性减少趋势 14.9 mm/10 a，地表湿润指数的线性递减率为 0.025/10 a，总体趋势与东北地区变化类似，即增暖、降水减少和干旱。从右图可以看出，气温在近 56 年存在一个从低温（距平为负）到高温（距平为正）的转换过程，转折的时间是 1976 年，比东北提前 2 年；类似于东北地区，20 世纪 90 年代以后增温显著，其中最近 10 年（1997—2006 年）有 7 年气温距平在 1.0℃以上。从 9 年滑动降水量距平图上可以看出，华北降水的年代际变化与东北有明显的不同，近 50 多年共分为多雨、少雨两个时段，其中多雨时段在 1977 年以前，持续时间在二十多年以上，而少雨时段在 1978 年以后，持续时间也在 25 年以上，在这 50 多年间，从年代际尺度上发生了一次转折性变化，这应与全球气候在 20 世纪 70 年代中后期的转折性

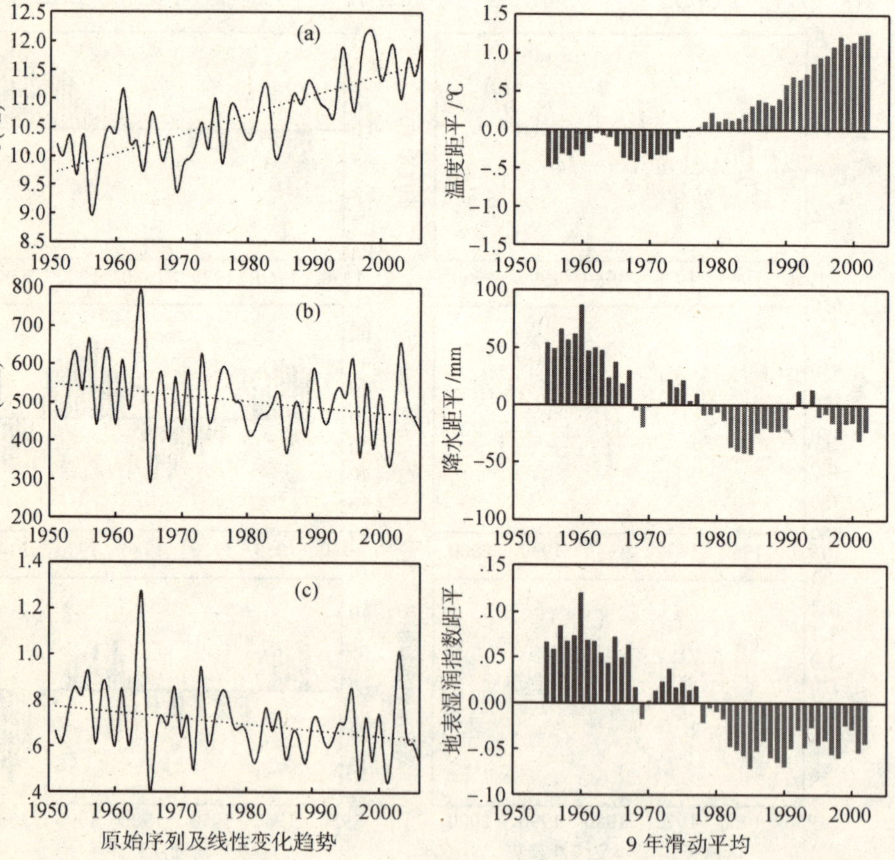

图 3.5　华北区域平均气温（a）、降水（b）和地表湿润指数（c）的变化

变化（或突变）一致。与东北降水的年代际变化比较，两者具有明显的差异。由地表湿润指数距平变化来看，分析时段存在着与降水变化较一致的特征，从1977年以前的湿润时段转为1978年以后的持续干旱时段，当前这种干旱的持续时间在25年以上。值得注意的是在1992和1994年，降水尽管为正的距平，分别为12和13 mm，但在地表湿润指数距平图上，这两个年份的地表湿润指数距平均为负值，也就是说尽管这两个年份的降水偏多，但实际地表状况却为干旱，两者的符号相反，这是由于这个时段的增温所致：尽管降水偏多，但由于气温的升高使得该地区蒸发能力（潜在蒸发）也在增加，增加的降水不能弥补因蒸发潜力增加所引起的地表水分的损失，因而表现为干旱的特征，在过去的研究中我们也发现其他地区存在类似的现象，即降水增多但地表却变干（马柱国等，2006）。

（3）西北东部

图3.6给出了西北东部气温、降水和地表湿润指数的变化。从左图可以看出，像东北和华北的线性趋势一样，西北东部气温为线性增加趋势，降水和地表湿润指数为线性减少趋势，总体趋势为暖、降水少而干旱化。和前两个地区气温的线性趋势比较发现，尽管西北西部气温线性变化的总体趋势为线性增加，但如果把分析时段分成两段，一个是1951—1984，另一段是1985—2006，可以看出，1984年以前，这个地区气温表现为线性递减的趋势，而1985年以后是明显的气温升高趋势，这个特征是西北东部与上述两个地区的显著差别。气温、降水和地表湿润指数的线性趋势的量值大小分别为+0.22℃/10 a、−6.4 mm/10 a、−0.016/10 a，线性趋势的幅度小于上述两个地区。从年代际的变化来看（右图），西北东部与华北地区的变化特征相似，增温开始的时间在1981年，晚于华北地区，但降水减少的起始时间却远早于华北地区，在1968年。比较降水和地表湿润指数的年代际距平发现，地表湿润指数变成负值的时间晚于降水减少的开始时间4年（1972年），这应是这段时间的较低的气温所致，低的气温引起蒸发潜力的减小，而降水的减少量小于蒸发潜力的减少量，地表水分的总体收支还应是盈余，所以在降水减少的同时并未出现干旱。与东北和华北比较，其降水减少和干旱出现的时间都早于前两个地区。看来，我国不同地区干旱化趋势出现的时间似乎存在位相差，那么这种位相差的规律是什么？在第四节我们将进行重点分析。

（4）西南地区

与前三个地区类似，西南地区的降水和地表湿润指数的线性趋势是减小，即该地区是干旱化现象（图3.7），所不同的是气温表现为微弱的线性增温趋势，仅为＋0.04℃/10 a，但降水和地表湿润指数的线性趋势却大于上述两个地区，分别为－30.4 mm/10 a，－0.042/10 a。分析气温变化发现，西南地区气温变化在1984年前后具有不同的变化趋势，1984年前为降温趋势，1985年以后为增温趋势，其转折点在1984到1985年间，这与西北东北相似，但不同于东北和华北的气温变化。从年代际变化来看，在1970年以前，西南地区处于高温时段，但这个高温时段明显弱于20世纪90年代以后的增温幅度。在降水和地表湿润指数距平图上，降水距平为负值的开始时间为1968年，地表湿润指数的距平转换时间在1971年，比西北东部提前1年，另外一个重要事实是在持续降水少和干旱时段，有一个相对多雨时段存在于1986—1989年间，降水距平为正，在地表湿润指数距平图上表现为明显的湿润特征，这是由于该时段西南地区处于低温时段。

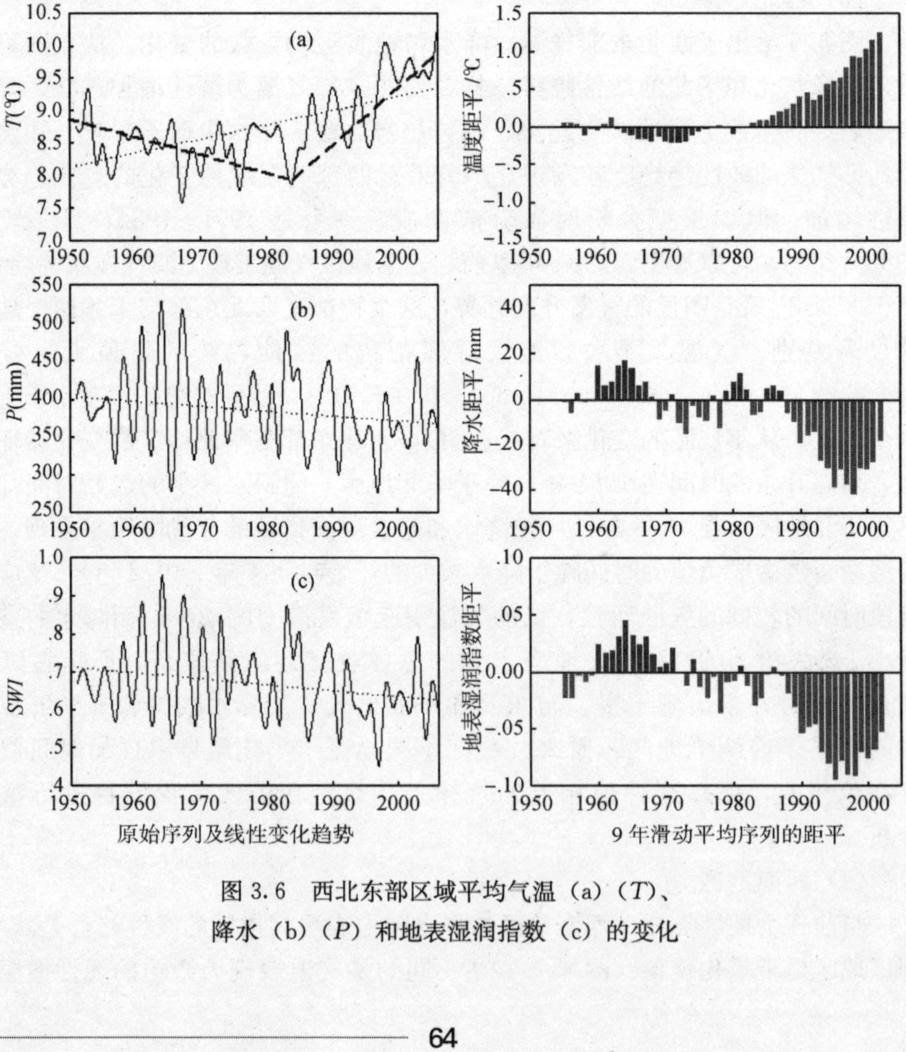

图 3.6　西北东部区域平均气温（a）（T）、
降水（b）（P）和地表湿润指数（c）的变化

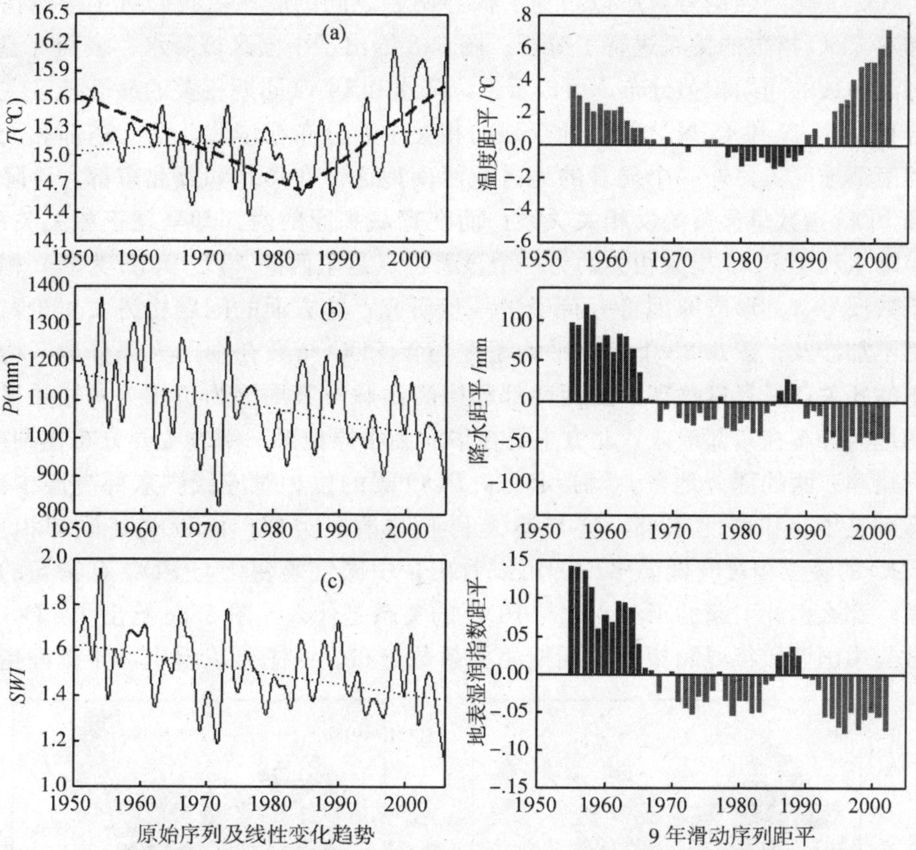

图 3.7　西南区域平均气温（a）（*T*）、降水（b）（*P*）和地表湿润指数（c）的变化

3.3.3　北方干湿变化与太平洋年代际振动（PDO）的关系

分析表明，中国北方典型区域干湿变化既存在周期变化，也存在着长期的变化趋势。西北东部、华北和东北地区都存在着不同程度的干旱化趋势，这些现象的发生是降水和温度变化综合效应的表现。那么，是什么原因导致干湿变化具有这些特征呢？近 50 年的资料分析说明发现，不同位相的太平洋年代际振荡对中国区域气温和降水的影响不同，暖位相对应中国北方大部分地区高温和少雨，冷位相结果相反。从过去的研究可知，温度升高引起并加剧北方许多地区的干旱化趋势，由于干湿变化是温度与降水变化等因素共同作用的结果，因此干旱化趋势的分布既不同于温度的变化又与降水变化有差异，尽管过去的工作已经分析了中国区域气候变化与海温（SST）的年际、年代际变化，但中国北方干湿变化与这些因素的关系尚不清楚。由于 PDO 是

年代际变化的强信号，所以，为了探寻两者之间的联系，我们对年湿润指数和年 PDO 指数的关系进行了分析。图 3.8 给出了中国区域降水、表面气温和湿润指数的同期相关分布。可以看出，降水和 PDO 同期相关的显著地区主要分布在 35°N 和 45°N 之间，几个强的相关中心分布在华北、西北东部和天山的南部地区，另外一个显著的地区在西南地区。在华北和西北东部，年降水和 PDO 指数呈显著的反相关关系；而在青藏高原的西部却呈现正相关关系。年降水和年 PDO 指数相关的另一个显著特点是东西部（以 100°E 为界）相关系数反号，其形成原因将有待于进一步研究，这方面的问题将另文讨论，这里不加涉及。图 3.8b 上，年平均温度与年 PDO 指数在中国大部分地区均为正的相关，只有青藏高原的西南部和横断山脉及其周围为负相关，相关显著的地区分布在东部地区，北方主要在华北和中原地区，南方主要分布在湖南、贵州和广西的部分地区。概括起来，PDO 暖的位相对应我国东部高温少雨，特别是华北和西北东部，这与澳大利亚的情况类似；而青藏高原却相反，PDO 的暖位相对应低温多雨。可以看出，中国气候变化与 PDO 有密切的关系，那么由此引起的干湿变化与 PDO 的关系是什么？图 3.8c 给出了 PDO 指数与中国区域年湿润指数的同期相关系数分布。由图可以看出，年湿润指数

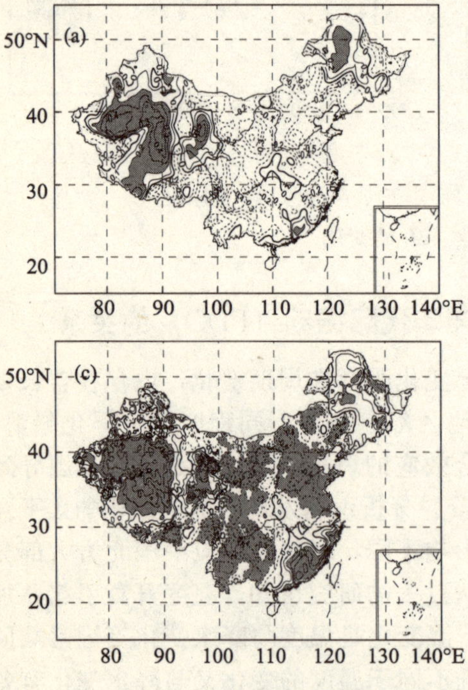

图 3.8　1901—2002 年中国区域降水、气温和湿润指数与 PDO 的同期相关

(a) 降水与 PDO，(b) 气温与 PDO，(c) 湿润指数与 PDO，阴影区为通过 95%的信度检验

与年 PDO 相关空间分布特征大致相似，只是显著相关的范围明显增大，特别是在天山以南和西南地区，西南地区的反相关和天山以南的正相关范围均较图 3.8a 的显著性相关范围大，对比图 3.8a、3.8b 还发现，PDO 对中国区域干湿变化的影响远大于对某个单一的气候要素的作用，同时也说明了温度变化对干湿变化的影响。这些结果启发我们可以利用两者的密切相关关系进行我国北方地区干旱变化的预测，也就是说，可以把 PDO 作为一个预报干湿变化的指标。

3.3.4 北方干旱化形成的可能机理

以华北近 30 年的持续干旱为代表的我国北方区域干旱化，其形成同样有极其复杂的自然背景和人为作用。研究表明，太平洋年代际振荡 PDO 和华北区域气候年代际特征的关系密切，当华北处于降水偏少时段，太平洋年代际振荡处于暖位相，而降水处于偏多时段时，太平洋年代际振荡处于冷位相（朱益民等，2003；杨修群等，2005）；相对于 1960—1976 年，1977—2000 年时段的东亚的中高纬度地区的夏季气压明显升高，这时也对应东亚季风明显偏弱，从而使得向北方输送的水汽减少。夏季气压升高意味着反气旋环流发展而气旋性环流减弱，说明这个时段夏季季风系统的印度低压减弱，这是不利于华北地区降水产生的环流背景，因而造成华北地区高温和少雨（张庆云等，2005），华北干湿的年代际趋势变化与 PDO 的冷暖位相一致（马柱国，2007）。对于一个暖位相 PDO 所对应海温场异常的特征是：中西北太平洋的海温异常偏低，而中东太平洋（主要是北美的西海岸）又异常偏高，那么异常低的中西北太平洋海温与异常高温的东亚大陆在中高纬度形成的海陆温度的对比差异增大，而这种海陆温差的异常增加将怎样影响东亚区域夏季风的强弱变化？该时段弱的夏季风与中高纬度异常偏高的海陆温差的联系目前尚不清楚。上面提到，东亚季风的强弱变化是影响华北降水变化的关键因素之一，而其形成的最主要因素是东亚大陆与太平洋强大的热力对比差异，PDO 的暖位相代表了中西北太平洋异常低的海温变化，那么对季风形成有重要作用的中低纬度海陆温差的变化特征也应是不可忽略的因素，如果按照当前夏季风的变化趋势所表现出的减弱特征，那么至少中低纬太平洋的海陆温差应是减小的趋势，这与高纬度（中西北太平洋与东亚大陆高纬度地区）的海陆温差增大趋势相反，两种相反的海陆温差趋势对当前夏季风的减弱的相对贡献及其它们之间的联系和相互影响还研究甚少。鉴于以上问题，可以说，要认识 PDO 影响华北干湿变化的机理，需要深入研究年代际尺度中高纬度太平洋海温变化与低纬度海温变化相互联系的机理及其不同纬度地区海陆热力对比差异在东亚季风形成和演变中的作用。

干旱化的形成是一个涉及多学科的科学问题，既包含局域地气相互作用的贡献，又存在着其发生的大尺度气候背景；既有自然变化的因素又受人类活动的影响。目前的研究还不能说明地气相互作用、大尺度气候背景在形成干旱化过程的相对贡献，也无法区分自然变化和人类影响的作用，因此干旱机理的形成过程还有待于进一步的研究。

3.4 干旱形成的水文气象条件

干旱的本质是水分的匮乏。尽管降水是决定一个区域干旱的重要条件，但其他环境因素（如水文气象条件）的作用也不容忽视，例如，在当前全球增暖背景下，气温升高对干旱的影响已经是不容争辩的事实。一个地区的干旱往往和当地除降水外的复杂的水文气象条件有关，这些条件包括气温变化、风速、地表蒸散、土壤湿度和地表径流变化。鉴于前面章节对气温、降水和其他要素已进行了详细的讨论，本节就着重讨论蒸散和地表径流近 50 年的变化。

3.4.1 蒸散

由于缺乏长时间大尺度的观测资料，地表实际蒸散的总体变化特征至今尚不清楚，当前的研究结果仍然局限在单点或者小范围的实验研究及数值模式研究。这些单点或者小范围的结果还缺乏时空变化的代表性，而数值模式由于模式中降水和辐射的误差及陆面过程模式中水文过程的不客观描述，使得由模式计算的地表蒸散存在很大的不确定性。近年来关于这方面的研究主要集中在对近 50 年蒸发皿蒸发变化的分析，尤其是对区域尺度蒸发皿蒸发变化的分析。

相对于实际蒸散的资料，蒸发皿蒸发的观测数据在区域和全球尺度基本上都有观测，特别是近 50 年。关于蒸发皿蒸发的变化趋势，在区域尺度进行了大量的研究。在中国区域，Liu 等（2004）对中国区域蒸发皿蒸发变化进行了系统的分析，研究发现，如果把中国作为一个整体来看，蒸发皿蒸发在近 50 年呈现明显的减小趋势（如图 3.9），变率为－29 mm/10 a；尽管不同地区均为减小趋势，但变率的大小也存在明显的区域差异：西北地区是蒸发皿蒸发近 50 年递减率最大的地区，西南地区是最小的，而东北地区的蒸发皿蒸发的减小趋势是全国唯一变化不显著的地区。研究发现中国区域蒸发皿蒸发变化的空间分布与区域内暖季平均降水的空间分布正好相反，如西北暖季平均少的降水量对应大的蒸发皿蒸发减少趋势。大量的研究也说明中国区域蒸发皿蒸发近半个世纪的减少趋势。类似的现象在全球其他地区同样存在，如美国、印度、澳大利亚和泰国。

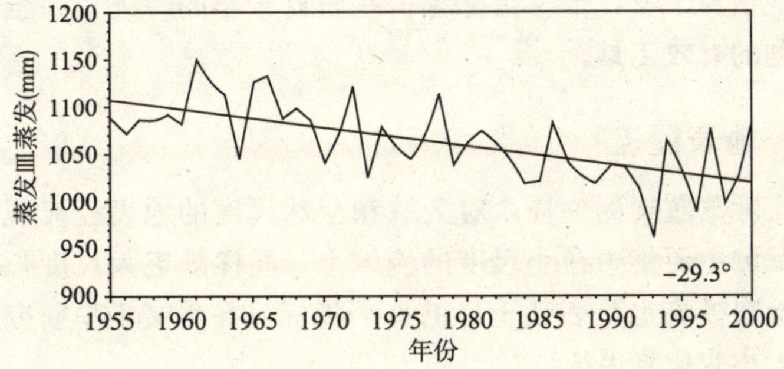

图 3.9　中国区域蒸发皿蒸发的整体趋势（引自 Liu 等，2004）

增暖背景下全球水分变化格局发生了变化，特别是陆地区域内的水循环变化，其中一个重要的环节是地表的实际蒸散（蒸发+蒸腾），但如前述，地表实际蒸散的变化由于观测资料的缺乏而没有充分的证据证明全球或区域的陆地表面的实际蒸散发生了怎样的变化。尽管对区域蒸发皿蒸发的近半个世纪变化进行了比较充分的分析，但由于蒸发皿蒸发为有限自由水面的蒸发，是地表接收太阳辐射能的重要指标，但并不能代表在区域水循环过程中扮演重要角色的地表实际蒸散，不是表征水分变化的有效参量。而实际蒸散的大小是地表水分收支的一个关键支出量，当降水量不足以补充由于实际蒸散所造成的地表水分亏损，就容易形成干旱，因此，要研究干旱问题，认识地表实际蒸散的变化至关重要。

关于蒸发皿蒸发和实际蒸发的关系目前存在以下三种观点。第一种观点：Peterson 等（1995）通过分析美国和前苏联在 1950—1990 年时段内的观测资料，发现蒸发皿观测的蒸发量呈稳定下降的趋势，并将其下降原因归结于云量的增加，同时提出了实际蒸发也呈下降趋势的观点；Brutsaert 和 Parlange（1998）提出两者相互关系的第二种观点：他们考虑到蒸发皿蒸发和实际蒸发之间在观测方式上的区别，引入了互补关系（complimentary relationship）来解释已经发现的北半球蒸发皿蒸发的下降趋势，他们指出如果广泛观测到的蒸发皿蒸发的下降暗示着实际蒸发的下降，那么下降的实际蒸发和上升的陆地降水之间就出现了难以解释的矛盾，使用互补关系理论，他们提出了下降的蒸发皿蒸发是上升的实际蒸发指示因子的假设，这就解决了上面提到的陆地降水增加和实际蒸散下降之间的矛盾。Roderick 和 Farquhar（2002）提出了第三种观点，他们认为由云量和气溶胶的增加引起的太阳辐射下降是引起蒸发皿蒸发下降的主要原因，同时这也将导致实际蒸散的下降。可以看出，关于蒸发皿蒸发变化与陆地实际蒸散的关系目前尚不清楚。

从以上分析来看，在目前研究背景下，我们还不能从地表水分收支的变化角度来客观估算干旱，干旱指标等一些研究干旱的特征量在当前条件下是研究干旱问题的有效工具。

3.4.2 地表径流

和地表实际蒸散观测一样，对区域和全球尺度的地表径流观测同样也很缺乏，径流观测主要集中在小尺度的流域上，同样缺乏大尺度长时间的观测数据资料。地表径流也是表征干旱的一个指标，在水文干旱研究中，往往以地表径流的大小变化来表征。

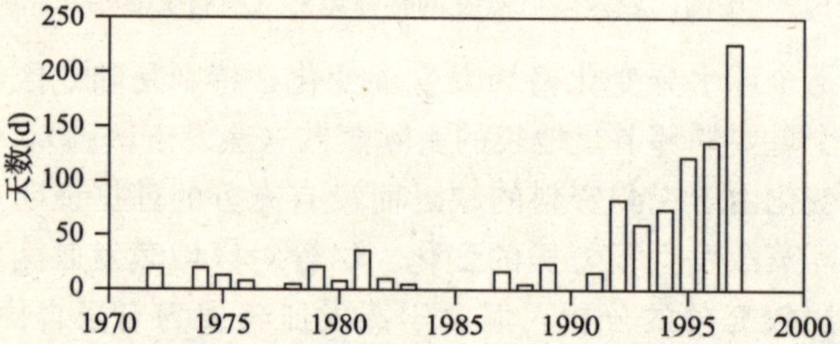

图 3.10 黄河下游利津站历年断流天数

（根据文献（程进亳等，1998）的资料）

在近半个世纪以来，我国黄河流域的干旱引起了广泛重视。表现为径流减少，断流天数增加。图 3.10 给出了最近 20 多年的黄河下游利津站断流天数统计。从图 3.10 可以看出，20 世纪 90 年代以后，利津站的断流天数急剧增加，其中 1997 年最大断流天数为 226 d。近年来断流天数急剧增加，而 20 世纪 90 年代以前，断流天数没有明显的变化趋势。从图 3.11 可以看出，断流日期不断提前（程进亳等，1998），如地处济南市郊的泺口水文站于 1996 年 2 月 14 日就开始断流。从降水量的变化来看，黄河下游在这个时段没有明显的减弱趋势，而流域的升温却是显著的。从用水量来看，用水量在急剧上升，20 世纪 60 年代以前为 $60\times10^8\,m^3$，70 年代为 $100\times10^8\,m^3$，80 年代为 $274\times10^8\,m^3$，90 年代为 $298\times10^8\,m^3$（叶青超，1998）。所以，除黄河流域降水减少和因气温升高所引起的蒸散增加外，用水量的增加也是黄河断流的重要原因。近年来，由于黄河流域用水的合理调控，断流现象已经得到缓解，但由于降水变化和气温升高所引起的径流减少仍在持续。图 3.12 为黄河流域上游（兰州站）和黄河中（花园口站）下游（利津站）7 月和年流量的变化。

由图可以看出，黄河上游从上个世纪 80 年代初流量开始持续减少，而中、下游早在上个世纪 50 年代末和 60 年代初就开始减少，持续至今。这些特征是黄河流域干旱的一个重要指征。

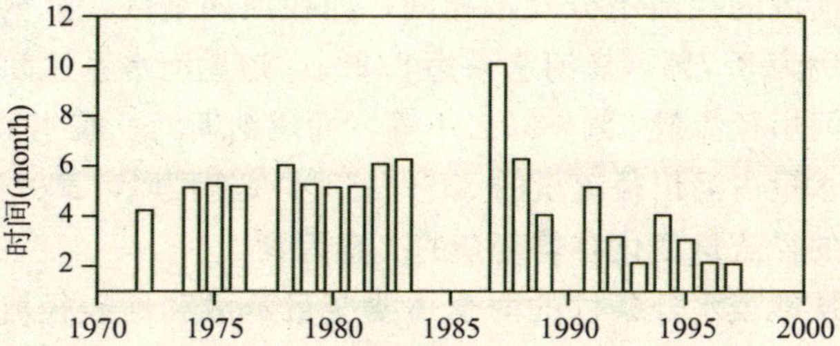

图 3.11　黄河断流最早出现时间统计

（资料来自于文献（叶青超，1998））

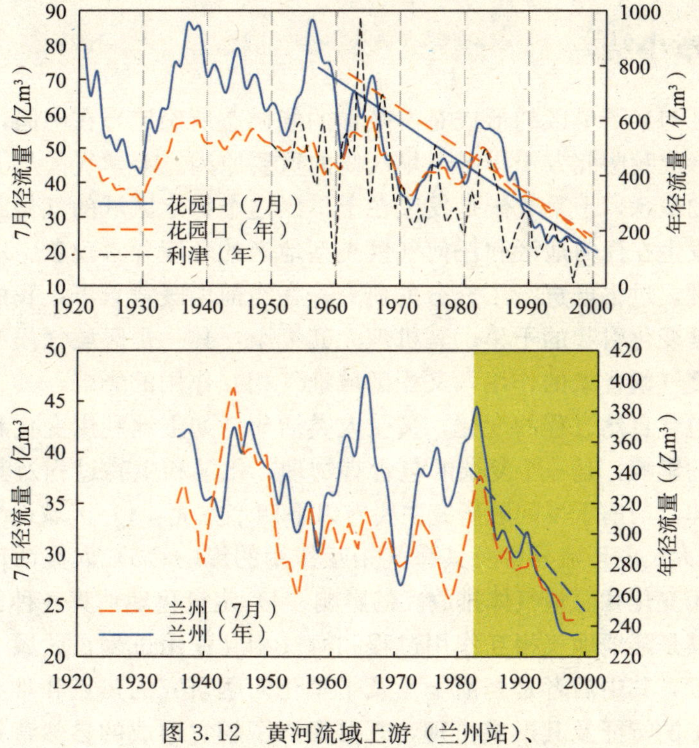

图 3.12　黄河流域上游（兰州站）、

中游（花园口）和下游（利津）站的流量变化

黄河发源于青藏高原，流域主要位于我国北方的半干旱地区，所以由流量的变化所表现出的干旱特征（断流、流量的持续减少）是我国北方半干旱地区近半个世纪来干旱化倾向的具体表现。但在我国北方的西部地区（主要是西北西部）径流却表现出与上述变化截然相反的特征。

西北西部（主要在100°E以东）河川径流变化趋势明显，大部分河流存在明显的径流增加趋势。我国西部河流的主要来源为冰雪融水、降水和地下水补给，不同河流的径流组分互不相同，如在河西地区，冰雪融水在石羊河水系所占的比例为3.7%，黑河水系为8.2%，疏勒河水系达32%；乌鲁木齐河冰川融水占河川径流量6%～20%不等，而玛纳斯河、霍尔果斯河和安集海河等，冰川融水量占河川径流量的35%～53%（施雅风，2002）。所以，我国西北西部河川的径流量变化有着复杂的决定因素。

以上我们从地表水分条件的两个重要变量蒸散和地表径流说明了干旱的水文气象条件，着重近50年来的事实分析，而与干旱密切相关的土壤湿度及地下水的变化未加涉及，原因是这两方面的研究结果还不成熟和系统。

3.5 本章小结

干旱区与半干旱区的形成是由基本的气候态所确定，在中国，青藏高原的存在是形成我国北方干旱区干旱气候的重要原因。干旱气候与干旱是两个完全不同的概念，干旱气候是发生在干旱区这个特定区域的气候状态，而干旱是可以发生在任何地区和任何气候类型地区的环境异常现象。对干旱气候的形成机理，过去已进行了充分的研究。在当前增暖背景下，我们更关心的是气候异常变化引起的干旱，其机理尤其复杂，其一是区域气候变化的异常既有大尺度气候背景的作用，又受区域地气相互作用的影响，其二是区域气候变化既包含自然过程的变化，又受人类活动（如土地利用变化和温室气体的排放）的影响，是一个复杂的包含有物理、化学和生物过程及其相互作用的有机整体。当前干旱问题研究主要有以下四个方面：1）区域地气相互作用影响；2）大尺度环流异常及其海气相互作用的影响；3）人类活动（主要包括土地利用变化和温室气体排放）的影响；4）定量化地估算各种作用的相对贡献，尤其是陆地地气相互作用过程和海气相互作用过程在区域干旱形成中的相对贡献，其中后者是当前干旱及干旱化问题研究的焦点和难点。要客观地认识干旱的特征及其形成机理，既要深入了解它形成的自然背景，同时也要考虑人类活动的影响，这也是当前干旱及干旱化问题研究所面临的巨大挑战。

第4章 干旱监测、评价和预测

4.1 干旱监测与评价指标

由于干旱形成的复杂性及其影响的深远性，准确、定量化地监测干旱的出现、结束，持续时间、覆盖范围、强度以及评价干旱的影响是十分困难的。对于不同类型的干旱，例如气象干旱、水文干旱、农业干旱和社会经济干旱等，决定干旱开始和结束的标准差别很大。另外，全球大部分地区缺乏土壤干湿状况观测的历史记录，如土壤水分的观测，而这恰恰是度量干旱的最客观要素。因此，为了监测和研究干旱及其变化，科学家们利用较容易获得的气温、降水量等气候要素，发展了多种干旱指数，这些指数的建立为业务和研究干旱提供了有效工具。这些干旱指数包含了降水量、雪盖、气温、蒸发量、径流、土壤含水量等众多的基础资料，最终形成一系列简单的指标数字。对于决策者和相关领域来说，干旱指数比原始观测资料更加直观，可利用性强。

长期以来，国内外气象工作者们对于干旱及其指标进行了大量的研究实验工作。Friedman（1957）认为，作为干旱指数，必须满足四个基本条件。1）合适的时间尺度；2）可定量评估大范围、长时间持续的干旱情况；3）应用性强；4）具有可用的或可以计算的过去较长时间的、准确的指数序列。用于干旱业务监测的指数还应当增加一个条件，5）指数应当能够适用于近期的状况（Richard，2002）。

目前业务使用的干旱指数非常之多，虽然不能简单地认为某种干旱指数比其他的指标更加优秀，但对于某些应用地区或领域，确实有一些干旱指数较其他指数更加适合。例如，美国农业部利用PDSI指数结果来判定什么时间需要提供干旱紧急援助。但PDSI指数适用于大范围较平坦的地形，对于美国西部山地，以其他指数例如土壤水分供给指数（SWSI）作为补充，效果会更好些（Hayes，1996）。下面将介绍一些常用的干旱指数。

4.1.1 气象干旱指数

4.1.1.1 降水量和降水量距平百分率

这一类干旱指数以实际降水量或其距平值与多年（一般为 30 年）平均同期降水量相比较，降水量距平百分率负值越大干旱越严重。RAI（Rainfall Anomaly Index）（Van-Rooy，1965）、BMDI（Bhalme and Mooly Drought Index）（Bhalme 和 Mooly，1980）等都属于这类指数，它们的优点是计算方法简单，应用十分普遍，我国国家级、各省市和地区级气象台站都在不同程度上使用降水量距平百分率来评价其干旱状况；缺点是一方面这种指标只考虑降水量，未考虑蒸发和下垫面状况，和实际情况常有出入，另一方面这种方法实质上暗含着将降水量当作正态分布来考虑，而实际上多年平均值一般并不是降水量长期序列的中位数，由于降水量时空分布的差异，降水量偏离正常值的不同距离的出现频率以及不同地区降水量偏离正常值的距离大小难以相互比较。

4.1.1.2 连续无有效降水日数

连续无有效降水日数也是监测干旱的常用指标，不同的地区对连续日数和有效降水量阈值的规定有所不同，一般来说，连续无有效降水持续时间越长，干旱越严重。

4.1.1.3 降水量分位数

将长时间的降水量序列按大小顺序排列分组，以实际降水量在长时间序列中所占的分位数来判定旱涝的发生和严重程度，例如澳大利亚的十分位 Deciles 指数（Gibbs 和 Maher，1967）。

4.1.1.4 标准化降水指数 SPI 和 Z 指数

假定降水量符合某种概率分布函数，然后做标准化变换，计算出的指数值正值表示比正常偏多，负值表示比正常偏少。优点是计算方法相对简单，可适用于任意时间尺度，对干旱的反应较灵敏。美国的标准化降水指数 SPI（Standardized Precipitation Index）（McKee，1993）的应用十分广泛，我国的 Z 指数（Wu 和 Hayes，2001）也属于这一类。

标准化降水指数 SPI 是由 McKee 等人 1993 年提出来的。由于降水量的分布一般不是正态分布，而是一种偏态分布。所以在进行降水分析和干旱监测、评估中，采用 Γ 分布概率来描述降水量的变化。标准化降水指标 SPI 就是在计算出某时段内降水量的 Γ 分布概率后，再进行正态标准化处理，最终用标准化降水累积频率分布来划分干旱等级（表 4.1）。Z 指数是用 PersonⅢ型分布拟合某一时段的降水量，而后对降水量进行正态化处理，将概率密度函数 Person Ⅲ型分布转换为以 Z 变量的标准正态分布（表 4.1）。

表 4.1　标准化降水指数 SPI 和 Z 指数等级划分

SPI	Z	等级
≥2.00	≥1.96	重涝
1.50～1.99	1.44～1.96	中涝
1.00～1.49	0.84～1.44	轻涝
−0.99～0.99	−0.84～0.84	正常
−1.00～−1.49	−1.44～−0.84	轻旱
−1.50～−1.99	−1.96～−1.44	中旱
≤−2.00	≤−1.96	重旱

4.1.1.5　湿润度和干燥度指标

降水量与蒸发能力之比称湿润度（蒸发与降水之比为干燥度），以此来表示水分收支的状况。这种指标考虑了下垫面条件，但指标中的蒸发能力是指在充分供水条件下的土壤蒸散量，不能反映作物的实际需水情况及土壤各时期的供水情况。马柱国等（2003）对这类指标进行了大量的研究。

4.1.1.6　Palmer 旱度指数（Palmer Drought Severity Index，简称 PDSI）

Palmer 指数是表征在一段时间内，某地区实际水分供应持续地少于当地气候适宜水分供应的水分亏缺情况。帕默尔干旱指数是无量纲指数，它在空间和时间上具有可比性。

PDSI 使用了降水量和气温作为输入量，而很多其他的干旱指数仅仅考虑了降水量（Keyantash 和 Dracup，2002）。这样，PDSI 所反映的干旱变化就考虑了 20 世纪气候变暖这一基本的气候变化背景（Dai 等，2004）。另外计算 PDSI 的输入要素还包括土壤可持水量 AWC（Available Water Content）。

PDSI 指数的基本原理是土壤水分平衡原理。PDSI 在计算水分收支时，考虑了前期降水量和水分供需，计算了蒸散量、土壤水分供给、径流及表层土壤水分损失。并没有考虑人类活动对土壤水分平衡的影响，例如灌溉。在建立水分平衡方程时，Palmer 提出了“当前情况下达到气候上适宜”的概念，即 CAFEC（Climatically Appropriate For Existing Conditions），并将水分平衡公式建立在两层土壤模式上。在计算出水分偏差后，与气候权重系数相乘得到水分异常指数，即 Palmer Z 指数。在 PDSI 的理论中，某一时刻干旱的强度与前期、同期及后期的干旱程度都有关系，因此 Palmer 设计的回算过程分析水分异常指数序列，从概率角度来确定干旱的开始、结束和强度。

另外，根据 PDSI 指数原理还发展了一系列的不同用途的干旱指数，如 Palmer 水文干旱指数 PHDI（the Palmer Hydrological Drought Index）、监测农业作物干湿状况的作物湿度指数 CMI（Crop Moisture Index）等，这些指数是在美国发展的，并在业务中都有相当程度的应用（Hayes，1996）。

4.1.1.7 火险干旱指数 KBDI（Keetch-Byram Drought Index）

Keetch 和 Byram（1968）提出一个用于评价潜在火险的干旱指数。它是基于简单的水分平衡原理发展得到，指数输入要素包括日降水量、日最高气温及计算的累积水分亏缺（前期 KBDI）等。干旱指数等级从 0（不缺水）到 800（极端干旱）变化。指数的计算基于每日的水分收支程序，由降水和土壤水分平衡确定。Keetch-Byram 干旱指数（KBDI）已被广泛用于野外火险监测和预报。

4.1.1.8 干旱综合指数 CI

中国国家气候中心张强等人利用多年的业务实践和研究成果发展了一个以标准化降水指数、湿润度指数及近期降水量为基础的综合干旱指数 CI。该指数已经作为中国国家气象干旱等级标准（张强，邹旭恺等，GB/T20481－2006），被业务部门使用。国家气候中心自 2003 年运用该指数对全国范围的干旱实况进行逐日滚动实时监测，业务实践效果良好。表 4.2 给出了目前世界公认并常用的几种主要的干旱指数的基本原理及业务使用情况。

表 4.2 几种主要的干旱指数的基本原理及业务使用者

名称	建立人	发表年代	使用的要素	基本原理或方法	业务主要使用者
降水量距平百分率			降水量	某时段降水量与同期多年平均降水量之差，占同期多年平均降水量的百分比	中国各级气象台站
SPI（标准化降水指数）	T. B. McKee 等	1993	降水量	假定降水量符合某种概率分布函数，然后做标准化变换，计算出的指数值正值表示比正常偏多，负值表示比正常偏少	美国国家干旱减灾中心（NDMC）和西部区域气候中心（WRCC）等
PDSI	W. C. Palmer	1965	降水量、平均气温	土壤水分平衡原理，当前情况下气候适宜量（CAFEC）	中国国家气候中心（NCC）、美国国家干旱减灾中心（NDMC）、国家气候资料中心（NC-DC）和气候分析中心（CAC）
Decile	Gibbs and Maher	1967	降水量	将长期的某时段降水量按大小排位，分为 10 组，每组为一个等级（Decile），以实际降水量与之比较判定干旱的等级和程度	澳大利亚气象局国家气候中心
干湿指数	M. Hulme 等	1992	降水量、蒸散量（气温）	可能蒸散量与降水量之比值来确定干旱等级	中国科学院大气物理研究所
综合干旱指数 CI	张强	1999	降水量、蒸散量	标准化降水指数、湿润度指数、长期和短期降水量综合，建立指标判定干旱等级	中国国家气候中心（NCC）；中国部分省级业务单位

4.1.2 水文干旱指数

4.1.2.1 水文干旱强度

传统的水文干旱评估采用干旱强度 S，S 是干旱时段 D 与缺水量 M 的乘积。D 指流量持续低于某一水位（即水文气候平均值）的时间，M 是期间流量与该水位的平均偏差（Dracup 等，1980）干旱结束后总水量的短缺为 0。干旱强度可得出某一河流在某一点的时间积分流量情况，但大面积具有细分辨率要求的情况需对区域内不同水界进行具体检验。

4.1.2.2 地表水供给指标

地表水供给指数（SWSI）由 Shafer 和 Dezman（Shafer 等，1982）提出。SWSI 严格考虑了积雪和它的径流滞后问题，适用于以山地积雪为主要水源的山区类区域水文干旱监测。它以积雪、降水、流量和水库蓄水量为基础，以流域为单元计算。SWSI 将水文和气象特征结合到简单的指数中。经过加权处理后的 SWSI 值使各流域之间可以相互比较（Garen，1992）。

4.1.2.3 Palmer 水文干旱强度指数

Palmer 水文干旱强度指数（PHDI）与 PDSI 很相似。采用相同的两层土壤水平衡评估模式，区别在于 PHDI 有更加严格的干旱结束和湿期结束：PDSI 认为当水分条件开始不间断上升直至缺水消失时干旱结束，PHDI 认为当水分短缺完全消失时干旱结束。PHDI 干旱结束与 PDSI 相比，具有一定的滞后性，而这一滞后性反映了水文干旱滞后于气象干旱（Garen，1992）。

4.1.3 农业干旱指数

4.1.3.1 土壤水分指标

农业干旱的关键在于土壤水分的亏缺状况。土壤水分指标主要考虑大气降水与土壤水分的平衡。常用的土壤水分指标为土壤相对湿度（土壤重量含水量与土壤田间持水量之比），土壤水分亏缺量（实际蒸散量与可能蒸散量之差）。基于水分与能量平衡的干旱指数有干燥度比率（王劲峰，1993），其中以布德科 1958 年提出的辐射指数最为著名，莱托指出，该指数可用于气候干湿度的划分。我国的《华北平原旱涝气候》的干燥度指标考虑农田水分盈缺的基本因素，适合于农田地块的旱涝监测。

4.1.3.2 作物水分指数

Palmer（1965）提出作物水分指数（CMI），用于监测影响作物水分状况的短期变化，CMI 是蒸散不足和土壤需水的总和。这些项用 PDSI 参数以周为单位计算，考虑了前一周的平均温度、总降水量和土壤水分情况。CMI 可评估当时的作物生长情况，但它不适用于监测长期干旱（Hayes，2000）。

4.1.3.3 Palmer 水分距平指数（Z 指数）

Palmer 水分距平指数（Z 指数）是当月的水分距平。它计算 PDSI 指数时的一个中间量，不考虑前期条件对 PDSI 的影响。它对土壤水分量值变化响应很快，可用来监测农业干旱，且效果比常用的 CMI 更好（Karl，1986）。

4.1.3.4 利用卫星监测反演要素场资料而制定的旱涝指数

利用气象卫星遥感动态监测旱涝在许多国家都有应用，中国国家卫星气象中心和许多省、市地区也开展了此项业务。这种方法主要应用卫星反演的温度资料、植被资料等来表征实际旱涝范围和程度。

有关卫星监测反演干旱指数具体的含义和计算方法在本章第 3 节中介绍。

4.1.4 社会经济干旱指数

4.1.4.1 干旱经济损失指数

社会经济干旱指数主要评估由于干旱所造成的经济损失。计算工业受旱损失价值量通常采用缺水损失法。这种方法根据受旱年份由当地工业供水的缺水量 W_s 和万元产值取水量计算求得，其计算公式为：

$$Q_s=\frac{W_s}{W_o}-m \tag{4.1}$$

式中 Q_s 为受旱年份的工业损失（万元）；W_o 为万元产值取水量（m^3/万元）；m 为由于缺水减产而未消耗的原材料等的价值量（万元）（袁文平等，2004）。

评价干旱对工业、航运、旅游、发电等损失通常还用损失系数法 $\beta=F(t, d, i, \cdots)$，认为损失系数是受旱时间 t、受旱天数 d、受旱强度 i 等因素的函数。

4.1.4.2 农村干旱饮水困难百分率

顾名思义，干旱饮水困难百分率指区域内因干旱使供水量低于正常需求量的百分比。一般情况下，饮水困难百分率在 0.5%～5%为轻度干旱，5%～7.5%为中度干旱，7.5%～10%为严重干旱，＞10%为特大干旱（陈斌，2005）。

4.1.4.3 城市干旱指数

2006 年初我国政府颁布的《国家防汛抗旱应急预案》规定城市干旱的等级，因旱城市供水量低于正常需求量的 5%～10%为城市轻度干旱，10%～

20%为城市中度干旱，20%～30%为城市重度干旱，30%以上为城市极度干旱。

对于大多数的干旱指数，它们只适用于它们自身的领域或特定区域。气象干旱强度的指数可以反映大气环境的缺水状况，可以表征各类干旱的前兆，一般来说气象干旱优先于农业、水文和社会经济等干旱的发生。但气象干旱发生不等于农业干旱、水文干旱等发生。气象干旱指数能够用于评价无灌溉的农田干旱，但不适合有水利灌溉的农田等。不同干旱指数受其自身采用的方法和要素的限制，一般都具有一定的局限性，但也有其特定的优越性。

4.2 干旱监测、评价方法和业务系统

为了积极应对干旱，许多国家在干旱监测和评价方面做了大量工作。自动气象站网络、卫星和 Internet 多种监测手段的综合运用，使得各国建立的干旱业务系统日趋完善。以下介绍几个国家的干旱监测、评价方法和业务系统。

4.2.1 中国干旱监测、评价方法和业务系统

自 1995 年起，中国气象局国家气候中心开发研制了“全国旱涝气候监测、预警系统”（图 4.1）。该系统利用降水量、气温等常规观测要素，依托气候指标计算，实现了对全国干旱范围和程度的实时监测和影响评估，并利用数值模式预报资料对未来旱涝发展趋势进行预警分析。

4.2.1.1 指标体系

目前国家气候中心的干旱监测业务实现了多种指标的实时监测，包括降水量距平百分率、标准化降水指数、Ki 指数、湿润度指数和综合旱涝指标 Ci 等。其中综合指数 Ci 为最主要的监测指标（图 4.2）。Ci 是一个融合了标准化降水指数和相对湿润指数以及近期降水量等要素的一种综合指数，计算方法如下。

$$CI=aZ_{30}+bZ_{90}+cM_{30} \tag{4.2}$$

式中：Z_{30}，Z_{90} 分别为近 30 和近 90 天标准化降水指数 SPI 值，计算方法见《中国人民共和国国家标准气象干旱等级》中国国家气象干旱等级标准（张强，邹旭恺等，GB/T20481－2006），附录 C；被业务部门使用。

M_{30}为近 30 天相对湿润度指数，该指数由 $M=\frac{P-PE}{PE}$ 得到；P 为某时段

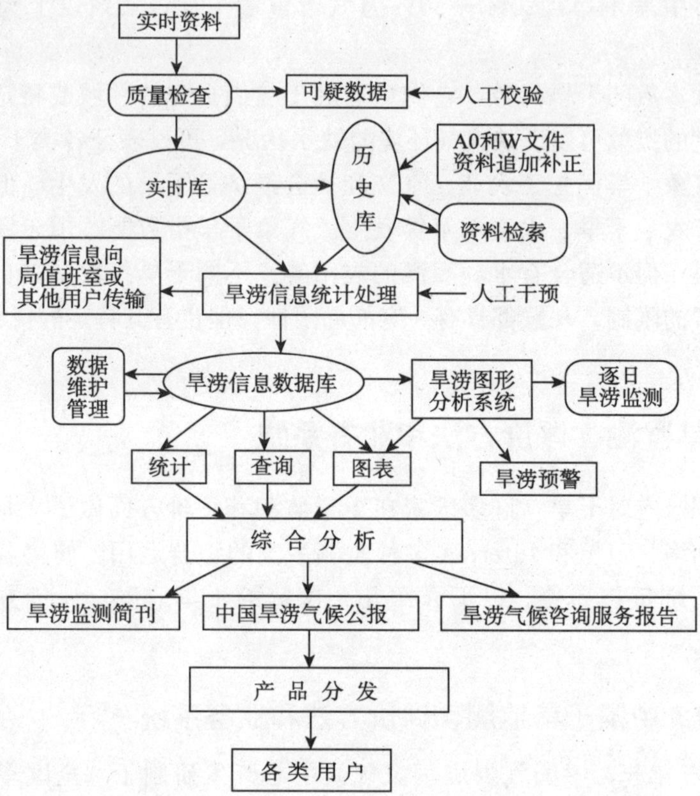

图 4.1　旱涝气候监测、预警分析业务流程

的降水量；PE 为某时段的可能蒸散量；a 为近 30 天标准化降水系数，由达轻旱以上级别 Z_{30} 的平均值除以历史出现的最小 Z_{30} 值得到，平均取 0.4；b 为近 90 天标准化降水系数，由达轻旱以上级别 Z_{90} 的平均值除以历史出现最小 Z_{90} 值得到，平均取 0.4；c 为近 30 天相对湿润系数，由达轻旱以上级别 M_{30} 的平均值，除以历史出现最小 M_{30} 值得到，平均取 0.8。

通过式（4.2），利用前期平均气温、降水量可以滚动计算出每天综合干旱指数 CI，然后根据表 4.3 进行干旱等级划分，进行干旱监测。

4.2.1.2　数据库及管理系统

干旱监测、评估由三个基本数据库体系组成，它们分别是基本气候资料数据库、指标数据库和干旱灾情数据库。数据管理主要功能有：各类数据库的维护、输入、修改、扩充等功能；基本气候资料数据库具有按日、旬、月方式进行数据自动接收追加；基本统计运算、浏览查询功能；各种数据填图打印、表格输出等功能。

表 4.3 综合气象干旱等级的划分

等级	类型	CI 值	干旱影响程度
1	无旱	$-0.6<CI$	降水正常或较常年偏多，地表湿润，无旱象
2	轻旱	$-1.2<CI\leqslant-0.6$	降水较常年偏少，地表空气干燥，土壤出现水分轻度不足
3	中旱	$-1.8<CI\leqslant-1.2$	降水持续较常年偏少，土壤表面干燥，土壤出现水分不足，地表植物叶片白天有萎蔫现象
4	重旱	$-2.4<CI\leqslant-1.8$	土壤出现水分持续严重不足，土壤出现较厚的干土层，植物萎蔫、叶片干枯，果实脱落；对农作物和生态环境造成较严重影响，工业生产、人畜饮水产生一定影响
5	特旱	$CI\leqslant-2.4$	土壤出现水分长时间严重不足，地表植物干枯、死亡；对农作物和生态环境造成严重影响、工业生产、人畜饮水产生较大影响

4.2.1.3 产品发布

干旱业务监测以干旱指数为主要依据，并参考农业气象站的旬 10 cm、20 cm 土壤相对湿度、卫星干旱监测等信息资料，当全国有较大范围干旱出现、持续发展或缓解时，发布《中国旱涝气候公报》产品，向政府部门提供旱涝监测实况信息。除此之外，还依据未来天气气候预测，干旱对各行业影响灾情，生成了以下干旱监测、预警、评价产品：

- 干旱监测、干旱预警和影响评价信息报告，自 2004 年起每周三中央电视台天气预报栏目和气象频道播出；
- 月旱涝监测动态演变和逐日干旱监测图（图 4.2），自 2003 年 2 月起发布在 BCC 主页（http：//www. bcc. cma. gov. cn/cn）。

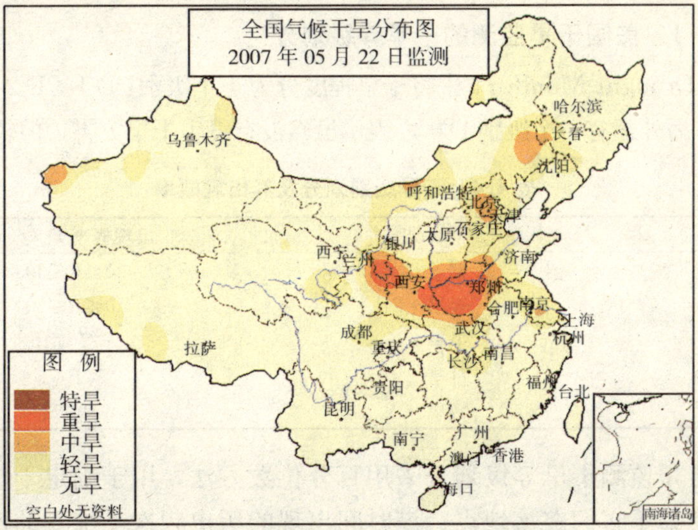

图 4.2 全国气候干旱分布图（CI 综合指数）

4.2.2 美国国家级干旱监测系统

美国国家级干旱监测业务始于20世纪80年代。20世纪末，由美国国家干旱减灾中心（NDMC）、海洋大气局（NOAA）、农业部（USDA）一起合作建立新的干旱监测业务产品（命名为“The Drought Monitor”），由监测干旱状况及影响的图形（图4.3）和文字组成，是由相当丰富的信息综合而成的产品。互联网是其主要发布途径，NOAA也通过天气频道发布这一产品。

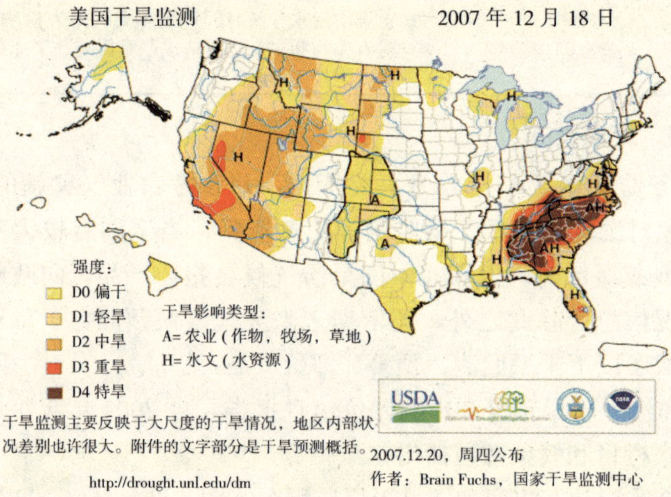

图4.3 美国干旱监测图产品

4.2.2.1 美国干旱监测的干旱等级划分

“The Drought Monitor”中将干旱程度分为4个级别：D1，D2，D3，D4（表4.4）。另外还有一个级别D0，表示虽然没有发生干旱灾害，但较正常偏干。

表4.4 干旱级别划分及其出现概率

级别	干旱状况	出现概率 P（%）
D0	偏干	$20<P\leqslant30$
D1	轻旱	$10<P\leqslant20$
D2	中旱	$5<P\leqslant10$
D3	重旱	$2<P\leqslant5$
D4	特旱	$P\leqslant2$

美国干旱监测干旱等级划分采用百分位数方法，用于确定干旱级别的所有数据都考虑了它们在该地点、该时间出现的历史频次。唯一的例外是在与各种干旱等级相关的时段内，用地方标准化的百分位数描述干旱特征时，对

标准降水百分率采用了一些全国性的标准。尽管干旱分类阈值在全美所有区域内并非都能很准确地与百分位数相对应，但它们仍然为使用统一参数的干旱分类提供了一个可参考的标准。

4.2.2.2 干旱指数

干旱监测业务中干旱级别标准基于6个关键指标和许多辅助性参考指标。6个关键指标是：Palmer旱度指数（Palmer，1965），CPC土壤湿度模式（Huang等，1996），美国地质测量局日流量指标，标准降水百分位数（Willeke等，1994），标准降水指数（SPI；McKee等，1993），卫星遥感植被健康指数（VT；Kogan，1995）。表4.5给出了6个关键指标与目前干旱级别之间的关系，这种关系不是一成不变的，它的设计非常灵活，考虑了将来干旱监测最新技术和资料的并入。

干旱监测业务以客观干旱指数综合方法OBDI（the Objective Blend of Drought Indicators）来综合各种指标，形成最终的用于划分干旱级别的值，即将原始的各种单一指标根据其历史序列计算出各自当前干（湿）状况的百分位数，然后进行加权平均，形成最终的用于划分干旱等级的数值。

4.2.2.3 干旱影响类型

美国干旱监测业务产品（“the Drought Monitor”）在图上用字母A，W，F标出正在出现或即将到来的干旱影响类型（表4.5），A表示干旱对该区域农业有影响，例如对作物、牲畜、放牧或牧草生长等的影响；H表示对该区域水资源有影响，例如对径流、积雪、地下水和水库蓄水量等的影响；F表示该区域伴随干旱的发生，存在高火险。监测图上没有符号的阴影区表示3种干旱影响都存在。也可能有其他的影响，但上面3种干旱影响类型相当明显，并且对于农业和水资源影响，可能代表不同的时间尺度。监测图上用粗黑实线画出干旱影响区域。

表4.5 干旱监测业务系统中干旱级别及其对农业、水资源及火险的影响

干旱级别	农业（A）	水资源（H）	火险（F）
D0	耕种活动及作物、牧草生长受影响减缓	径流量低于正常	火险高于正常情况
D1	作物和牧草一定程度受灾	径流、水库蓄水量减少、井水高度降低；水短缺出现	高火险
D2	部分作物和牧草可能死亡	水资源短缺现象普遍；用水受限制	火险非常高
D3	大部分作物、牧草减产	出现大范围水资源短缺现象；用水普遍受限制	火险极高
D4	非同寻常的大范围作物和牧草死亡	径流、水库、井水大幅减少，出现危急情况	火险异常高

4.2.2.4 干旱监测业务系统中的文字产品

干旱监测文字产品与干旱监测图同时发布。主要是总结过去一周的干旱状况和目前全国不同地区的干旱影响种类，以及下一周干旱发展趋势的预测。同时，文字产品也起到一个很重要的作用，它综合了该领域的专家意见，反映了正在发生的干旱影响状况。在有些情况下，还对监测图上没有反映出的状况给予详细的解释说明。简而言之，文字产品有助于干旱的定性说明，这在图上不容易定量地表示。

4.2.3 澳大利亚国家农业监测系统

澳大利亚岛国横跨亚热带南部，其大陆北起 11°S 附近，东南部延伸到 39°S。北部地区是季节性热带区；东部、东北部和西南沿岸以及接近内陆地区水分条件良好，但年际和季节性降水变率较大。内陆地区大多为干旱和半干旱地区。大范围的干旱经常发生。2002—2003 年澳大利亚经历了一次强度大、范围广的干旱，一些地区还伴随高温事件。在干旱的高峰期，澳大利亚 57%大陆遭受了 10 个月甚至更长时间的严重到非常严重的水分亏缺，90%地区的累计降水量低于中位数。为了更客观、公平和透明地处理极端事件，2005 年澳大利亚工业理事会委托成立国家农业监测系统。

4.2.3.1 NAMS 说明

NAMS（National Agricultural Monitoring System）系统由气象和国家科学、工业研究机构（CSIRO）的合作完成。NAMS 信息显示主要农业产品系统的目前状况和近期生长季产品预测。NAMS 最初的目的进行气候监测为旱地工业提供数据，之后 NAMS 延伸到覆盖澳大利亚灌溉区和集约化工业，例如园艺。

4.2.3.2 NAMS 指标及方法

（1）降水百分位

降水百分位指将长时间的降水量序列按大小顺序排列分组，以实际降水量在长时间序列中所占的分位数来判定旱涝的发生和程度。澳大利亚的降水百分位所用数据是 25×25 km 的格点格式。

（2）降水历史评估指标及显著性

降水历史评估指标是通过分析降水量/气温和热带太平洋和印度洋海域的海平面气温计算得出一定时期内某地发生干/湿的概率。该概率的显著性即为降水历史评估指标显著性。显著性高表明历史评估值与观测值相关性强。

（3）降水可信度

降水可信度指某地区超过目标降水量年份占所有年份的比例。目标降水量用的数据是时间尺度超过100年的格点月均值降水量。如果定义50%格点降水量为目标降水量，那么不同地区的目标降水量是不同的。因为澳大利亚作物生长的关键制约因子是降水，所以降水可信度越高，作物生长环境越优越。25%的可信度意味着仅达到目标降水量的1/4，70%的可信度意味着大多数季节能够达到目标降水量。

目标降水量＝50%×格点月均值降水量

降水可信度＝目标降水量的年份/历史序列年份

（4）*NDVI* 指数距平

NDVI 指数用来评估气候风险对牧场及作物产量的影响。*NDVI* 使用的是卫星数据。*NDVI* 指近红外光波段（*NIR*）与红光段（*R*）的差值除以两者之和：

$$NDVI = (NIR - R) / (NIR + R) \tag{4.3}$$

$-1 \leqslant NDVI \leqslant 1$，负值表示地面覆盖为云、水、雪等，对可见光高反射；0表示有岩石或裸土等，*NIR* 和 *R* 近似相等；正值，表示有植被覆盖，且随覆盖度增大而增大；*NDVI* 能反映出植物冠层的背景影响，如土壤、潮湿地面、雪、枯叶、粗糙度等，且与植被覆盖有关。

（5）牧草产量模拟值

澳大利亚使用AussieGRASS模型模拟的牧草产量。AussieGRASS需要输入历史日降水量及其他气候数据、土壤类型、林木密度、树干比例和季节气候预测。模型的核心模块是GRASS牧草产量模型，它在20世纪80年代后期由QDNRME（昆士兰州自然资源、矿业和能源部）和QDPI（昆士兰州初级产业部）开发的。该模型能预测地表径流和土壤湿度，而土壤湿度对牧草生产非常关键。

（6）作物产量模拟值

澳大利亚使用STIN（胁迫指数）模型模拟小麦和玉米产量。STIN模型基于FAO（联合国粮农组织）一种作物监测方法——作物产量和累计湿度胁迫相关性。STIN计算作物可利用水分然后在降水量、土壤湿度和一周水分需求的基础上计算作物周胁迫指数。STIN已经用1983—1997年的小麦数据进行验证。

4.2.3.3 NAMS 产品

NAMS系统监测和分析的时间和空间具有可选择性，其中空间上，可以选择按照行政区划单元、流域、种植带及其他划分方法划分的地区，空间上也有一定的选择性。NAMS的产品有地区概况、降水、气温、植被覆盖、牧草产量、作物产量及农作物价格等。具体如下表（表4.6）。

表4.6 NAMS产品

产品类型	产品名称	时间段
地区概况	土地利用、气候带、田间持水量、土壤类型及水资源分布图	—
降水产品	降水百分位分布图	月、季、6个月、任意时段
	降水均值分布图	季
	降水评估及显著性分布图	季
	降水可信度分布图	3个月、6个月
气温产品	最高、最低气温及距平分布图	月、季
	未来气温分布图及显著性分布图	季
植被覆盖	*NDVI*分布图	月，最近3个月，历史上各季距平
牧草产量	相对生长百分位	最近3、6、12个月空间分布，历史上每3、6、12个月空间分布
作物产量	高粱产量百分位	任意时段
	小麦产量百分位	任意时段
市场信息	小麦的历年价格	自1999年开始
	大麦的历年价格	自1999年开始
	黑小麦的历年价格	自1999年开始

读者如果需要更多信息，可以登陆NAMS网址http：//www.nams.gov.au。此外，澳大利亚国家干旱援助措施的详细信息（包括异常情形的说明）在http：//www.daff.gov.au/droughtassist可以查到，降水量亏量监测系统的信息可以在http：//www.bom.gov.au/climate/drought/drought.shtml查到。

4.2.4 ICPAC系统监测系统

1984—1985从毛星塔尼亚到埃塞俄比亚发生严重干旱，连续的干旱使埃塞俄比亚、吉布提、厄立特里亚、肯尼亚、索马里、苏丹、坦桑尼亚和乌干达1600万人口面临饥饿。为了减轻极端气候事件的负面影响，WMO和联合国发展项目于1989年在肯尼亚首都内罗毕（Nairobi）成立区域气候监测中心（DMC），区域气候监测中心覆盖24个东非和南非国家地区。2003年内罗毕DMC成为政府间发展管理局的专门机构，重新命名为东－南非地区气候预测和应用研究中心（ICPAC）。该研究中心负责气候监测、预测、早期预警和应用，旨在降低与气候相关的风险。ICPAC提供常规气候咨询，包括10天、月和季气候公报以及实时的气候极端事件和相关影响的预警信息。汛期前组织召开气候展望论坛提供气候展望和制定减灾方案。下面是ICPAC开展的一些工作：

- 区域和国家经过质量控制气候数据库的开发和存档；
- 数据处理，包括基本气候统计分析；
- 实时气候和遥感数据的及时获取；
- 监测天气气候极端事件的地区时空演变；
- 气候预测预警产品制作；
- 与极端气候事件相关的风险带的描述；
- 早期预警产品的及时发布；
- 生成和应用气候产品的能力建设工作；
- 东一南非地区气候展望论坛的组织；
- 和航天工程用户互动；
- 气候变化的监测、识别和解释。

4.2.4.1 监测指标及方法

ICPAC的主要目标是早期预警和减缓极端气候事件对区域各种社会经济部门（例如农业产品、食品安全、水资源、能源和健康）的负面影响进行气候监测和预测服务。

ICPAC的监测指标有降水强度指数，累积降水量，日最高、最低气温和降水异常，SST距平，标准化植被指数等。具体指标如下表（表4.7）。

表4.7 ICPAC系统监测指标

指标名称	统计时段	备注
10日累积降水量	10日	
1月累积降水量	1月	
1季累积降水量	1季	
累积降水量	当年1月1日到当前日期	
10日干旱强度	10日	降水量<历史平均值25%为干，>历史平均值75%为湿
1月干旱强度	1月	降水量<历史平均值25%为干，>历史平均值75%为湿

续表

指标名称	统计时段	备注
1 季干旱强度	1 季	降水量<历史平均值 25%为干，>历史平均值 75%为湿
10 日平均最低/高气温异常	10 日	用与历史同期平均值的差值表示
1 月平均最低/高气温异常	1 月	用与历史同期平均值的差值表示
1 季平均最低/高气温异常	1 季	用与历史同期平均值的差值表示
降水量异常	多月	用与历史平均值的比值表示
1 月 SST	1 月	用与历史同期平均值的差值表示
多月 SST	多月	用与历史同期平均值的差值表示
1 月流场	1 月	用与历史同期平均值的差值表示
多月流场	多月	用与历史同期平均值的差值表示

4.2.4.2 ICPAC 产品

ICPAC 产品有 3 大部分：气候预测与应用月报、10 日报告和气候观测。①气候预测与应用月报包括当月的降水量分布、干旱强度、气候异常、天气回顾和农业气候状况等。②气候预测与应用 10 日报告包括概要、10 日滚动降水形势、累积降水量、与历史同期比较以及对植被和社会经济部门的影响。③气候观测包括拉尼娜和厄尔尼诺事件及对 GHA 国家的影响、最近气候状况及对社会经济的影响。产品对各种指标的时空分布图做了较详尽的描述，补充说明监测图上没有反映出的状况。

热带气候带常发生各种各样的疾病，如疟疾、霍乱等。这些疾病的发生与气象条件密切相关。因此医学与气象领域的交叉研究得到 ICPAC 的重视。ICPAC 已经或正在开展气候与医学资源共享、疾病风险分析和脆弱带区划等研究。除气候对人体健康影响研究外，ICPAC 在旅游业、水资源、能源、灾害管理、渔业等领域都开展了不同程度的工作。

4.3 干旱的卫星遥感监测与评估

4.3.1 概述

对于干旱监测而言，地面观测资料由于受空间和时间采样的限制，往往不能及时得到大范围的干旱监测结果。而卫星遥感数据则基本不受空间和时间的限制，同时具有较高的空间分辨率。随着遥感技术的不断发展，遥感在干旱监测方面已取得了卓有成效的研究成果，并在实际应用中发挥重大作用。

我国在“七五”和“八五”期间已进行了大量的技术试验，取得了初步的成果。在“九五”期间，结合不同部门的业务需要，又分别设立了国家重中之重科技攻关课题“重大自然灾害遥感监测与评估的业务化系统的建立”和“基本农情遥感速报系统”，旨在建立我国自然灾害遥感监测的运行系统。

但是，干旱是一个涉及很多相关学科的复杂现象，干旱遥感监测还存在一些亟待解决问题：定量遥感的模型涉及地表温度、叶面积指数、植被指数等参数的获取，由于混合像元、大气校正、光谱间断性等带来的参数不确定性，对干旱指数反演有一定的影响。另外，国内外大多数遥感干旱监测模型侧重于机理研究，随着新遥感数据和崭新监测手段的出现，如何利用最新数据和遥感方法应用于干旱监测，是目前研究的热点之一。同时，干旱监测的实际需求是能够实时了解土壤的水分状况和作物需水量，得到干旱的实时分布特征，以便及时采取防旱抗旱措施，但是目前还没有一种方法可以对农田干旱及其发展趋势进行实时观测。干旱遥感监测也没有深入到农业干旱领域中，因此，干旱遥感监测与实际应用相结合非常必要，目前尚有许多研究工作需要开展。

4.3.2 干旱遥感监测模型

干旱的发生往往与地球表面的植被生长状况相联系，而植被生长又与土壤湿度、作物蒸散、温度等直接相关。卫星遥感干旱监测技术则是通过对植被生长状况的好坏、土壤湿度、作物蒸散、温度等方面的定量遥感，研究干旱的发生情况。常用的遥感监测模型主要有以下几种。

4.3.2.1 热惯量方法

热惯量是地物阻止其温度变化的一种特性，在地物温度的变化中，热惯量起着决定性的作用。土壤热惯量与土壤的热传导率、比热容等有关，而这些特性与土壤含水量密切相关，因此可以通过推算不同形式的土壤热惯量反演土壤水分。热惯量法反演土壤水分的精度取决于三个方面：一是卫星资料的处理和有关参数的反演；二是热惯量计算模型设计与计算；三是建立热惯量与土壤水分含量关系式来反演土壤水分。

利用遥感方法进行土壤水分监测的可行性研究始于 20 世纪 60 年代末。进入 70 年代初 Waston 等首次提出一个简单的热惯量模式，Rosema 和 Bijleveld（1978）进一步发展了他们的工作，提出了计算热惯量、每日蒸发的模型。

土壤热惯量是土壤的一种热特性，它是引起土壤表层温度变化的内在因素，与土壤含水量有密切相关，通过卫星遥感资料获得区域土壤温度，从而能够使用热惯量法来研究区域土壤水分。

干旱

热惯量可以表示为：

$$P=\sqrt{\lambda\rho C} \tag{4.4}$$

式中，P 为热惯量 J/（m^2 · K · $s^{\frac{1}{2}}$），λ 为热导率（J/（m · s · K）），ρ 为土壤密度（kg/m^3），C 为比热（J/（kg · K））。

在实际应用时，常用表观热惯量 ATI 来代替热惯量 P：

$$ATI=\frac{1-A}{T_d-T_n} \tag{4.5}$$

式中，T_d，T_n分别为昼夜温度，可分别由下午轨道 NOAA/AVHRR 资料热红外通道（通道 4）的昼夜亮温得到，A 为全波段反照率，可由 1、2 通道的反射率联合反演计算得到。有了表观热惯量 ATI 后，根据地面土壤湿度观测资料建立土壤湿度的统计遥感模型。实验表明，线性模型和幂函数模型结果最好，计算的土壤水分 W 可用下列算式表示，即：

$$W=\alpha\times ATI+b \tag{4.6}$$

或

$$W=\alpha ATI^b \tag{4.7}$$

式中，a 和 b 均为经验回归系数。在业务应用中为了简化计算直接使用土壤温度日较差 ΔT，拟合公式变成：

$$W=\alpha+b\Delta T \text{ 或 } W=\alpha\Delta T^{-b} \tag{4.8}$$

热惯量法从土壤本身的热特性出发反演土壤水分，要求获取纯土壤单元的温度信息，当有植被覆盖时，受混合像元分解技术的限制精度将降低，因此热惯量法主要应用于裸土和植被稀疏的地区。

4.3.2.2 基于归一化差分植被指数（*NDVI*）和温度的方法

当植被受水分胁迫时，反映植被生长状况的遥感植被指数会发生相应变化，可通过这种变化来间接监测土壤水分状况，如用距平植被指数来判断旱灾程度对全国的旱情进行监测等。

以单一植被指数作为监测指标时，它对旱情的反应往往具有滞后性。由蒸发引起的土壤、冠层温度的升高现象对水分胁迫的反应更具时效性。所以就有研究将植被指数和各种温度综合起来构造干旱监测指标。其中最常用的是归一化植被指数 $NDVI$、地表温度或冠层温度的组合。

（1）植被指数与植被冠层温度的组合方法

水分充足时植被指数和冠层温度都保持在一定范围内，相反，若出现旱情植被指数会降低，冠层温度也会因作物气孔被迫关闭而升高。可以利用这种响应关系定义旱情监测指标。如：植被供水指数法，其表达式如下：

$$VSWI=T_s/NDVI \tag{4.9}$$

其中，T_s是作物冠层温度，由 NOAA/AVHHR 热红外通道计算得到。当干旱发生时，$NDVI$ 值变小，T_s上升，$VSWI$ 值变小。所以，对同一区域而言 $VSWI$ 值越小，则表示越旱。

该模型在小区域内有一定的实用价值，但对大区域而言，由于各自下垫面特性的不同，其得到的 $VSWI$ 值有较大的差异，同时也很难定量描述干旱的程度。

此外，该模型需要植被冠层温度，而热红外遥感图像的空间分辨率较低，普遍存在混合像元问题，当部分植被覆盖情况下就涉及从混合像元中分解出冠层温度的技术问题。

(2) 长时间序列植被指数与亮温的统计方法

干旱发生的一个重要现象是下垫面温度较正常情况下偏高，而植被指数则偏低。通过对近 20 年时间序列卫星资料与降水距平研究表明，卫星得到的亮度温度距平与降水距平有很好的负相关关系。

为了方便遥感资料定量计算，同时结合干旱研究的需要，这里引入温度状况指数和植被状况指数。状况指数是指在较长时间序列内，通过对参数的归一化处理，形成的一个相对变化量。

温度状况指数（$DTCI$）计算式为：

$$DTCI = 100\times(T_{b\max}-T_b)/(T_{b\max}-T_{b\min}) \tag{4.10}$$

植被状况指数（$DVCI$）计算式为：

$$DVCI = 100\times(NDVI-NDVI_{\min})/(NDVI_{\max}-NDVI_{\min}) \tag{4.11}$$

式中，T_b和 $NDVI$ 分别为某旬的亮温和归一化差分植被指数，$T_{b\max}$和 $T_{b\min}$分别为长时间序列亮温的最大值和最小值，$NDVI_{\max}$和 $NDVI_{\min}$则为该时间序列期间归一化差分植被指数的最大值和最小值。

对于干旱指数（DI）而言，如果考虑若干个独立因子对其产生作用，各因子指数分别为 D_1，D_2，D_3，…，D_i，则其综合指数可表示为：

$$DI=r_1\times D_1+r_2\times D_2+r_3\times D_3+\cdots+r_i\times D_i \tag{4.12}$$

$$r_1+r_2+r_3+\cdots+r_i=1$$

其中，r_1，r_2，r_3，…，r_i分别为各因子的权重系数。

本模型中，其考虑的因子是植被指数、地表亮温。利用归一化处理后的结果，遥感干旱指数可表示为：

$$DI=r_1\times DVCI+r_2\times DTCI \tag{4.13}$$

$$r_1+r_2=1$$

r_1，r_2由下垫面的作物类型、植被状况等因子确定。

以上模型直接利用亮温，避免了反演地表真实温度或冠层温度造成的误差。但是物体温度由其热特性和几何结构共同决定，同时还受气象条件、生态环境等的影响，直接用亮度温度代替物体温度缺乏一定的科学性，但方法实用性强，具有较好的应用前景。

基于植被指数和温度的干旱监测方法，是根据植被覆盖状况的变化来进行的，不适于裸土情况。

4.3.2.3　基于研究区蒸散量计算的方法

地表蒸散包括土壤蒸发和植物蒸腾两部分，是土壤-植被-大气间能量相互作用和交换的表现，与土壤水分含量有着明显的相关关系。基于地区蒸散量计算的方法兼顾能量守恒原理、气象学原理和植物水分生理学原理，科学性较强。

1998年中荷合作项目“建立用于中国荒漠化和粮食保障的能量与水平衡监测系统（CEWBMS）”启动，2000年“中国能量与水平衡系统(CEWBMS)”在国家卫星气象中心安装并一直运行至今。该系统包括降水估计、能量监测、荒漠化监测、农作物估产四个模块，基于Andries Rosema发展的算法，首先使用静止气象卫星的可见光和红外通道数据估算出地表的反照率、温度、总辐射、净辐射、显热通量、实际蒸散、潜在蒸散、相对蒸散以及1.5 m气温和旬降水估计等物理量，随后进一步可以生成土壤湿润指数(*SMI*)、气候湿润指数（*CMI*）以及农作物估产相关产品。具体生成相对蒸散产品的能量平衡监测模型原理如下：

能量平衡监测模块原理。能量平衡监测模块中的能量平衡关系可以简单表达为：

$$I_n = H + LE + G \tag{4.14}$$

其中 I_n 为地表净辐射，H 为显热通量，LE 为潜热通量，G 为土壤热通量。

首先以二流大气传输模型为基础，使用可见光通道数据估算出大气透过率 t 和地表反照率 A，进而求出地表总辐射 I_g，I_g 可表示为：

$$I_g = tS\cos(i_s) \tag{4.15}$$

式中，S 为太阳常数，i_s为太阳天顶角

然后对红外通道数据进行大气校正计算求出地表温度 T_0，同时求出边界层顶的空气温度 T_a，最后根据下列关系式求出地表净长波辐射 L_n、净辐射 I_n、显热通量、实际蒸散、潜在蒸散等物理量，其表达式为：

$$L_n = \varepsilon_0 \sigma T_a{}^4 + \varepsilon_a \sigma T_0{}^4 \tag{4.16}$$

式中，σ 为斯蒂芬一波尔兹曼常数，ε_0为地表发射率，ε_a为空气发射率。

$$I_n = (1-A)\ I_g + L_n \tag{4.17}$$

$$H = \alpha\ (T_0 - T_a) \tag{4.18}$$

式中，α 为热交换系数。

在日平均情况下，认为土壤热通量 G 为零。

$$L_E = I_n - H \tag{4.19}$$

其中，L_E 为潜热通量，也就是以能量单位表示的实际蒸散量

CEWBMS 系统的算法模型物理含义清晰明确，且使用的静止气象卫星数据具有覆盖范围广和时间分辨率高的特点，适用于大范围的宏观监测，在干旱监测和气候变化中具有广阔的应用前景。

4.3.2.4 微波遥感土壤水分

微波遥感用于土壤水分研究具有对土壤水分十分敏感、对云和地物具有一定的穿透能力以及全天时、全天候的成像能力等优势。由于土壤介电常数强烈依赖于土壤含水量，所以裸露地表后向散射特性及辐射特性也强烈依赖于土壤含水量。除土壤含水量外，表面粗糙度和植被覆盖也是影响后向散射系数、发射率的重要因素。

目前，被动微波的土壤水分反演得到了广泛的重视，搭载有 20 GHz 以下通道被动微波传感器的卫星都或多或少被用于土壤水分反演研究中。其中最为瞩目的是搭载于 EOS-Aqua 卫星的传感器——先进的微波扫描辐射计(AMSU-E)。针对该传感器，世界各国的相关机构进行了大量的联合试验，地点涵盖了各大洲的不同地表类型，为 AMSU-E 资料土壤水分算法的改进及精度检验服务。当前，AMSU-E 土壤水分算法主要分为两大类，一类为理论算法，另一类为经验算法。理论算法主要代表是 Njoku（2003）提出的地表参数反演算法，该算法基于一个前向的辐射传输模型，其中地表部分使用经验的微波地表辐射模型，植被部分使用水云模型，同时加入了大气校正。利用前向辐射传输模型的模拟结果与卫星观测进行比对，通过迭代使代价函数达到最小，即可获取相应的地表参数（包括土壤水分、陆表温度及植被含水量）。

在利用微波成像仪（SSM/I）资料反演地表温度特征时，Basist 等人从地表微波比辐射率随土壤含水量的微弱变化信息中，借助湿度指数（BWI）有效提取到地表湿度信息，并成功用于全球地表湿度信息气候分析中。其湿度指数的公式可表示为：

$$BWI = C_1 \times [T_b(v_2) - T_b(v_1)] + C_2 \times [T_b(v_3) - T_b(v_2)] \tag{4.20}$$

式中，$T_b(v_1)$，$T_b(v_2)$，$T_b(v_3)$ 分别为 SSMI 在中心波数为 19、22 和 37 GHz的亮度温度；C_1 和 C_2 为常数，一般由经验计算获取。

由于主动微波传感器与被动微波传感器在土壤水分反演方面分别有其优缺点，因此，目前国际上更加关注如何将主动微波遥感与被动微波遥感相结

合反演土壤水分。当前的主被动微波遥感反演土壤水分方法大体可以分为两类，第一类是将主动微波数据与被动微波数据融合在一起，共同对地表参数进行反演；第二类是首先用被动微波数据获取低分辨率的地表土壤水分结果，随后利用主动微波数据在此基础上进行进一步处理，获取高分辨率的土壤水分结果。

4.3.3 干旱遥感评估与应用

干旱的遥感监测在全球已得到较好的开展，并且部分产品已投入实际应用中，同时所采用的方法和评估标准也各有不同。

(1) 热惯量法

在我国，针对 20 cm 土层的土壤相对湿度做出了干旱的等级划分。当土壤相对湿度小于 30%时为特旱，小于 40%为重旱，小于 50%为中旱，小于 60%为轻旱，大于 60%为正常或湿润。

在热惯量法监测土壤湿度中，根据目前收集到的资料，对局部地区的干旱标准进行了修正，把干旱判别标准修改为 10 cm、20 cm 两个层次的土壤相对湿度平均值≤65%、55%、45%作为轻、中、重旱的标准。此外，由于荒漠和沙漠地区在气候上是常年干旱，利用土地类型数据，将这类地区进行屏蔽。

其处理流程一般为：首先获取白天和夜间覆盖中国区域的卫星等角投影数据；其次，计算每日各像素白天和夜间温差，使用农气资料中的土壤湿度拟合曲线，建立模型；第三，根据模型，计算各点旬土壤湿度；最后，根据农业气象观测规范，给出土壤干旱的绝对等级。

图 4.4 为 2007 年 5 月中旬干旱卫星遥感监测图。由图可见，旱区主要分布在黑龙江西南部局部、吉林西部局部、辽宁西部、内蒙古东南部和中部、河北中部和北部、山西大部、山东半岛和中部部分地区、河南北部和西部、陕西北部、宁夏大部、甘肃东部和中部、青海东部。

(2) 长时间序列植被指数与亮温的统计方法

该方法的干旱等级评估标准参考了美国干旱划分标准，同时结合常规干旱结果的比对分析。具体划分如下：

重旱：$DI<5$；中旱：$DI<20$；轻旱：$DI<40$；正常：$DI>40$。

图 4.5 为 2006 年 8 月中旬利用长时间序列卫星资料方法获取的全国干旱分布情况。由图可以清楚地看到，我国西南（四川、重庆等地）局部地区发生严重干旱。

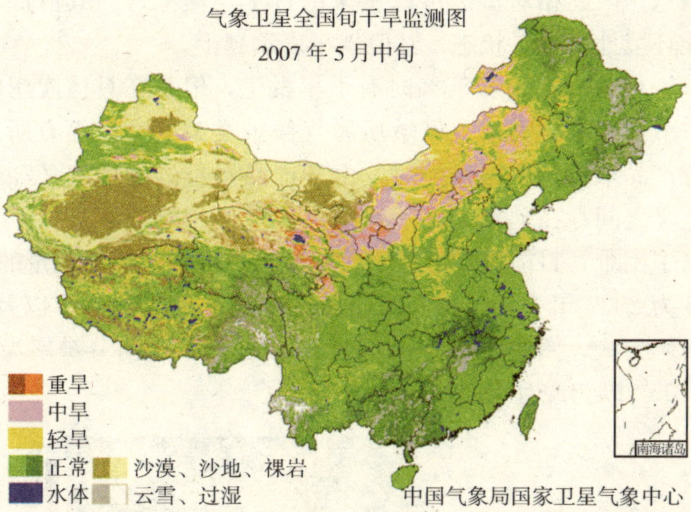

图 4.4 热惯量方法干旱监测中国区域图像（2007年5月中旬）

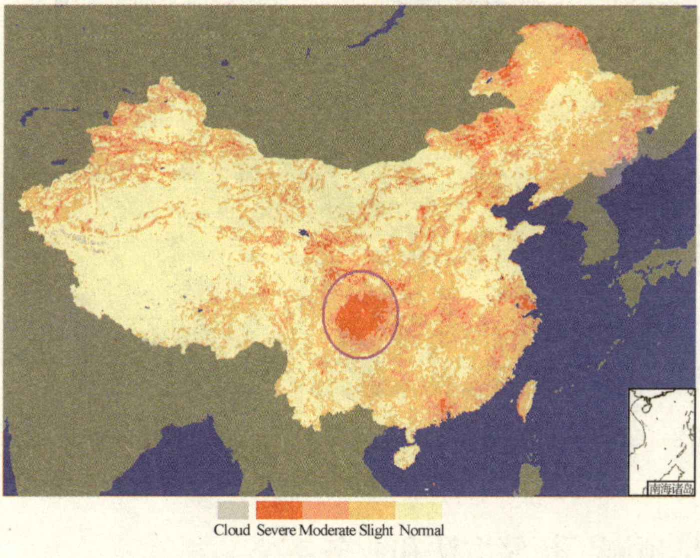

图 4.5 长时间序列卫星资料干旱监测图像（2006年8月中旬）

（3）相对蒸散产品

实际蒸散是由于地表的蒸发和植物的蒸腾（合称蒸散）而导致的实际失水量，相对蒸散（%）是实际蒸散和潜在蒸散的比值，它包含了土壤和植被的供水信息，值得注意的是，由于植物的蒸腾作用，相对蒸散还包括了深层土壤的供水信息。因此相对蒸散可以用来进行干旱监测，当其值低于某一阈值时表示当地环境处于干旱状态，其值越小表示越干。

一般认为相对蒸散低于55%时有干旱发生，但是在具体应用中发现这一标准随着季节和地表类型以及区域所属气候带类型的变化而有所变化。在利用卫星遥感产品来进行干旱监测时，由于产品本身的物理定义和通常所说的农业干旱定义之间存在差别。以上这些都给使用相对蒸散进行干旱监测的等级划分带来了困难，目前已经进行了一些尝试，但是还需要大量的工作。

图4.6为2007年6月中旬相对蒸散图。该产品覆盖中国以及周边地区，等经纬度投影方式，图像大小为1024×1024像素，经向分辨率为0.06°，纬向分辨率为0.05°，以旬或月为时间单位发布。

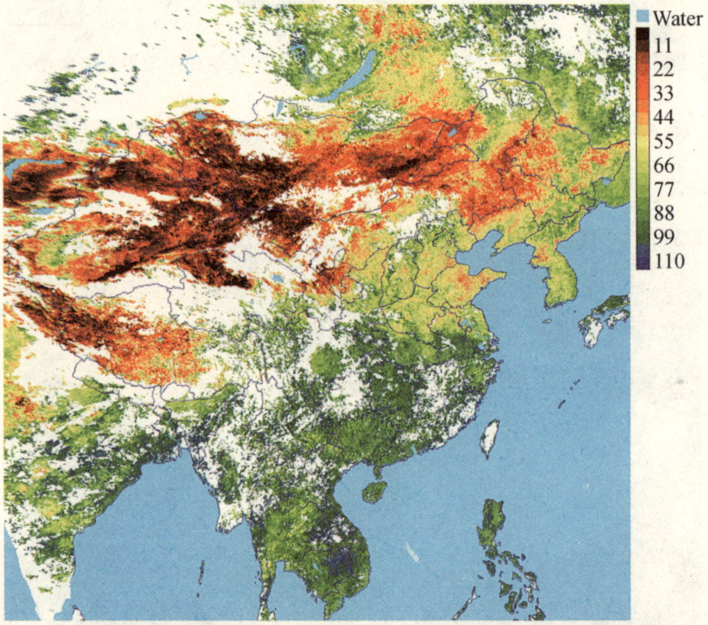

图4.6　2007年6月中旬相对蒸散图（单位：%），图中白色区域表示有云

4.4 干旱预测、预警方法和业务系统

4.4.1 短期气候预测方法

干旱灾害具有持续时间长、发生范围广、灾害损失重等特点，对农业生产、能源需求、生态环境保护和经济建设的影响日益增加。全世界有5亿以上人口生活在干旱地区，整个地球有30%的陆地面积受干旱或土地沙漠化的

侵扰。我国干旱区和半干旱区占国土面积的50%以上，西北地区干旱及半干旱区的面积占全区总面积约90%。气象灾害对我国造成的直接经济损失已占GDP的3%～6%，而干旱又占气象灾害损失的55%左右。因此，干旱预测预警对经济和环境的可持续发展，对人民生活的改善具有重要意义。

4.4.1.1 国外最先进预报技术和准确性

（1）美国国家航空航天局（NASA）

美国国家航空航天局（NASA）戈达德空间飞行研究中心的气象科学家开发了一种利用土壤湿度变化提前数月预测干旱的新方法。首先利用安置在陆地上的“热点”传感器用来探测土壤湿度；然后，通过分析土壤湿度的变化，可以预测是否将有干旱或洪水来临。

NASA科学家指出，新方法的工作原理在于：从土壤中蒸发的水是生成云与雨的重要来源，土壤越干燥，干旱的可能性就越大，反之发生洪水的可能性就越大。这一现象在撒哈拉沙漠南端、印度北部以及北美大平原最敏感，是预测干旱与洪水的最好的试验区。

与目前使用的干旱和洪水预测方法相比，NASA的新方法可将预测工作提前几个月时间，而且不受大气预测的影响。到目前为止，提前10天的时间来预测干旱与洪水均是不可能的事。新预测方法将有助于人类有效防御干旱和洪水等灾害。

（2）澳大利亚

澳大利亚近年来持续干旱，南部地区过去7年雨量减少了将近20%。美、英、澳科学家正联手研究南极涡的特性和运动规律，认为，澳大利亚将面临持续的干旱，因为围绕南极的涡旋正在加强，加快旋转的涡旋和急流结合在一起，使气候带南移，降雨区南移到澳大利亚以南的海洋中。有些学者认为是由于全球变暖和南极上空臭氧洞的影响。

4.4.1.2 国内最先进预报技术和准确性

干旱问题十分复杂，涉及的面也很广，可分为气象干旱、农业干旱、水文干旱以及经济社会干旱等，气象干旱是其他类型干旱研究和业务的基础。《气象干旱等级》标准所制定的气象干旱等级，是目前国内外干旱监测与评估业务中使用较为普遍、简便、操作性较强的，适用于气象、水文、农林和社会经济等行业从事干旱监测和评估的部门使用。气象干旱等级标准划分为五个等级，分别为无旱、轻旱、中旱、重旱和特旱。

近年来，我国气象、农牧业、水利、林业等部门的专家对干旱形成的原因、地域分布、变化规律、减灾技术，以及干旱气候预测等进行了大量的研究。而干旱预警方面的研究工作较少，社会预警体系建设相对薄弱。

对干旱指数的气候预测，分别采用统计方法、动力模式预评估方法、动力产品解释应用方法来制作。

1. 统计方法

把降水 Z 指数作为分析和预报的对象。Z 指数的计算公式如下：

$$Z=\frac{6}{C_s}\left(\frac{C_s}{2}R+1\right)^{1/3}-\frac{6}{C_s}+\frac{C_s}{6} \tag{4.21}$$

式中，R 为降水的标准化变量，C_s 为偏态系数。

(1) 均生函数预测模型

对西北地区东部夏季降水量场进行 EOF 展开，取前 10 个特征向量场，用相应的时间系数建立均生函数预报模型，在 1961—1990 年的各时间系数拟合的基础上，预测 1991 年至 1996 年的时间系数，最后用计算出的前 10 个时间系数与前 10 个特征向量场合成，得到拟合和预报的降水量场（张存杰等，1999）。

均生函数 EOF 模型拟合和预报的西北东部夏季降水量场，用均方根误差、距平相关系数和趋势一致率等检验预测准确率表明，均生函数 EOF 模型对 1961—1990 年夏季降水量场的模拟效果较好，距平相关系数达到 0.76，正负趋势准确率也接近 80%。独立预测效果除 1991 年较好外，其余年份相关系数较差，正负趋势预测效果也一般。这说明，单独依靠西北地区东部夏季降水量场自身演变的周期性不能很好地预测干旱趋势，需要考虑影响西北降水量变化的因子。

(2) 多元回归 EOF 预测模型

由于影响降水量变化的因素很多，气候系统的五大圈层（大气圈、水圈、冰冻圈、岩石圈、生物圈）甚至人类活动都可能影响降水量的变化。因此，必须考虑到影响因子的多元性。多元回归 EOF 模型就是取前几个降水的 EOF 展开场的时间系数，筛选与各个时间系数高相关的影响因子，建立逐步回归预报方程，预报时间系数，最后将几个特征向量场合成，得到降水场的预报。影响因子所处时段为前一年 1 月至当年 2 月（张存杰等，1999）。

第一时间系数与大气环流和海温、第二时间系数与极涡、第三时间系数与降水场本身相关性较好，用逐步回归法对前 10 个时间系数都建立了预报方程，对 1961—1990 年进行回报拟合，对 1991—1996 年进行预报试验。将回报和预报的时间系数与特征向量场进行合成，得到回报和预报的降水量场。

多元回归 EOF 模型预报的西北地区东部夏季降水，用均方差、距平相关系数和趋势一致率等检验预测准确率表明，多元回归 EOF 模型回报准确率和预报准确率比均生函数模型均有所提高，特别是预报的距平相关系数平均达 0.47，正负趋势一致率达 70%。这说明多元回归 EOF 模型对西北地区东部夏季降水量变化趋势有一定的预报能力，预报效果也较好。

(3) 韵律相似预测模型

气象干旱综合指数 C_i 是以标准化降水指数、相对湿润指数和降水量为基础建立的一种综合指数：

$$C_i=\alpha Z_3+\gamma M_3+\beta Z_9 \tag{4.22}$$

式中，Z_3，Z_9 为近 30 和 90 天标准化降水指数，M_3 为近 30 天相对湿润度指数，α，γ，β 为权重系数，分别取 0.4、0.8、0.4。

国家气候中心利用气象干旱综合指数进行干旱监测预测业务。韵律相似预测模型中，取每月前 25 天逐日干旱指数，建立序列。在历史上同期序列中，用当前序列与历史序列求平均误差，取误差最小的 3 a，合成下个月 1～30 天干旱指数，作为干旱预测结果。

由于干旱具有面积大、持续时间长的特点，韵律相似预测就是利用了上述特点，取前期相似的干旱演变过程，外推未来月尺度干旱趋势。

从近 4 年预测试验结果来看，空间平均相关系数（ACC）反映出，整体上冬春季预测效果好于春夏季（图 4.7），9 月最好，平均相关系数达到 0.37，而 7 月最差，平均相关系数接近 0。而表 4.8 的逐年预测检验情况显示出，2001—2002 年预测效果略好于 2003—2004 年，6—7 月总体效果较差，12 月次之。

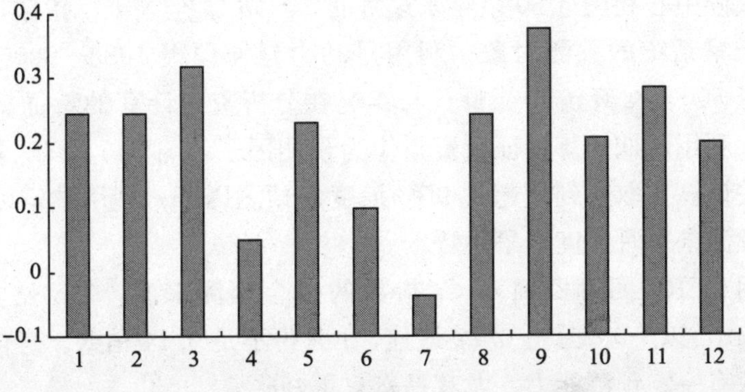

图 4.7　2001—2004 年平均的逐月草原区 110 站预测指数与实况的相关系数

表 4.8 2001—2004 年逐年逐月草原区 110 站预测指数与实况的相关系数

(0.30 以上表示异常显著)

年＼月	1	2	3	4	5	6	7	8	9	10	11	12
2001	0.28	0.30	0.24	−0.05	0.26	0.19	−0.18	0.30	0.35	0.36	0.44	0.17
2002	0.16	0.33	0.52	−0.15	0.32	−0.03	0.05	0.39	0.28	0.10	0.41	0.17
2003	0.30	0.03	0.33	−0.03	0.04	0.12	0.09	0.12	0.46	0.22	0.06	0.18
2004	0.24	0.32	0.18	0.43	0.30	0.11	−0.11	0.16	0.41	0.15	0.23	0.28

2. 动力产品解释应用

(1) 典型相关（CCA）模型

利用典型相关模型来建立动力气候模式 7 月份 500 hPa 环流预报场与西北地区东部 7 月份降水量场之间的预报模型。步骤如下（张存杰等，1999）：

(a) 对 1961—1990 年 7 月的东亚区域（50°～140°E，20°～65°N）的 500 hPa位势高度场和西北地区东部 30 个代表站的降水场分别进行 EOF 分析，取前几个时间系数进行 CCA 分析（高度场和降水场的累计方差超过 80%）。

(b) 利用 CCA 方法建立 1961—1990 年期间高度场时间系数和降水场的时间系数之间的回归方程。

(c) 利用 1991 年至 1996 年 7 月份 500 hPa 高度场资料，计算其相应的时间系数。

(d) 用已建立的回归方程，计算相应的降水场时间系数。

(e) 合成降水场，得到最终降水量预报场。

(2) 环流特征量回归模型

国家气候中心利用近 50 余年来逐月的 545 站 C_i 全国干旱指数，作为国家级月尺度干旱系统的预测对象；利用月动力延伸预报 1982—2005 年回报结果，计算了 500 hPa 环流特征量；与实况在分析资料计算的特征量之间进行误差订正；利用同期回算特征量资料作为预测因子，与 545 站 C_i 干旱指数之间进行相关计算，取达到或超过 95%信度的预测因子；利用选定因子进行回归计算，预测未来月尺度干旱趋势。

从利用 DERF 回算资料对 C_i 指数的拟合预测来看，545 站 24 年平均 ACC 为 0.18，以 7—8 月份 0.22 最佳，1 月份不足 0.14 稍差。总体上对月尺度干旱指数有一定预测能力，尤其是盛夏更好些。

3. 动力模式预评估

国家级逐候滚动的月 C_i 干旱指数预评估系统，将月动力延伸预报

(DERF）模式输出的1982—2005年回算数据整理为逐候滚动的月尺度资料。资料格式为自然月每月6候（每月第一天进行订正），每年72候；逐候滚动1982—2005年观测的545个台站的降水和温度月尺度资料；将逐候滚动的地面要素回算格点资料以双线性插值的方法插值到545个站站点上；将插值到545站站点的地面要素回算资料进行逐候滚动订正；用模式回算和观测的545站地面要素资料逐候滚动预评估545站的月 C_i 干旱指数。

4.4.2 干旱气候预测系统

4.4.2.1 中国短期气候预测业务系统

短期气候预测主要是指月、季、年时间尺度的气候预测。我国从20世纪50年代末开展短期气候预测业务，至今已有近50年的历史，是开展短期气候预测业务和科研较早的国家之一。短期气候预测技术方法随着观测事实的积累、短期气候预测理论和计算机技术的发展而不断发展、改进和提高，短期气候预测业务系统也在不断建设和完善。

“七五”期间，由于计算机普及，大量资料的信息化、预报因子的选择、统计方法的应用都可以在计算机上实现，短期气候预测资料库和程序库也由此建立。它集资料库、因子库、程序库、图形库等多个子系统于一体，短期气候预测向自动化、定量、客观预测业务迈出一大步，为短期气候预测综合业务系统的建立奠定了良好的统计基础。

20世纪80年代中期以来，随着短期气候预测理论研究的发展和观测事实不断被揭示，对影响大气环流变化和气候异常的物理因子的分析受到极大重视。对它的研究无论从广度还是深度上都有很大发展，如海气相互作用、陆地热状况、低频振荡、遥相关型等。这些研究增强了短期气候预测的物理基础和预测能力。“八五”期间建立的月尺度旱涝预测概念模型，为物理统计方法在短期气候预测中的应用奠定了基础。

“九五”期间，基于ENSO、东亚阻塞高压、西太平洋副高、东亚季风和青藏高原热状况与中国夏季三类雨型的相互关系提出的中国汛期旱涝预报的概念模型，使短期气候预测的物理基础大大加强。短期气候预测由以数理统计方法为主的阶段进入到以物理统计方法为主的阶段，从而预测能力和水平有了较大提高，建立了新一代短期气候预测业务系统。该系统包括4个库（资料库、因子库、方法库、图形库）和7个子系统（每月气候预测、汛期旱涝预测、年度气候预测、专题气候预测、预报综合集成、综合信息调阅、预报质量检验），同时对过去的一些动力气候模式，如OSU、IAP等进行了业务预报和集成决策试验，在综合集成决策系统中，初步实现了动力气候模式产品与物理统计模型产品的结合。另一方面移植引进了月、季、年际动力气候模式系列，包括 T63 月动力延伸预报模式、T63 全球海气耦合模式 (CGCM)、高分辨区域气候模式（RegCM)。这些模式经过业务试验都表现出了一定的预报技巧，月动力延伸预报模式对东亚中高纬度月尺度环流形势的预报、海气耦合模式和区域气候模式对夏季旱涝的预测，为短期气候预测产品的发布提供了参考。另外，我国还在研究动力产品释用技术和方法，为动力产品的业务应用特别是在区域气候中心和省级气象部门的业务应用提供了条件。

短期气候预测业务系统的发展，尤其是月、季、年旱涝预测能力的逐步提高，为干旱气候预测提供了方法借鉴和基础。

4.4.2.2 干旱预警现状

我国始终坚持不懈为防御与减轻自然灾害而努力。我国政府成立的国家防汛抗旱总指挥部，负责组织领导全国防汛抗旱、防灾减灾工作。气象部门根据经济建设的需要，从 1958 年起发布长期预报（即短期气候预测），并逐步开展了干旱监测、预报预测等工作，为政府部门提供防灾减灾的决策服务。2001 年“中国气候大会”通过了《中国国家气候计划纲要（2001—2010 年)》和《中国气候系统观测计划（2001—2010 年)》，确定了“十・五”、“十一・五”期间我国气候与气候变化工作的发展目标。特别是国家短期气候预测业务系统一期工程建设，极大地提升了我国气候监测、气候预测、气候影响评价、气候资源应用水平。2004 年，国家气候中心和中国干旱气象网站分别发布全国逐日和旬旱涝滚动监测公报。另外，农牧业、水利等部门和科研院校也开展了干旱监测预测、干旱区生态安全等研究。

4.4.2.3 干旱预测预警系统

根据系统工程学理论，综合干旱形成时间、孕灾环境、致灾因子、承灾体的特征，以及减灾技术和救灾方式等要求，干旱预测预警系统包括干旱观测站网、预测预警技术、通信网络设备、防灾减灾科研、预警指挥、预警指标体系、应急保障与响应、公共应急法制建设等内容（徐启运等，2005)。中国干旱预警系统主要由干旱预警指挥、干旱监测与预测预警、信息网络、预警科研、综合服务五部分构成（图 4.8)。

(1) 干旱预测预警子系统

包括干旱灾害数据库；考虑了气象、农业、水利等部门预警特点的干旱预警指标库；干旱预测预警平台，包括高分率的干旱预测预警数值模式，以及大气、海洋、冰雪、陆面、植被等耦合模型。物理统计和动力释用相结合、地面观测与卫星遥感干旱监测相配套，科学预测评价干旱严重程度和所处阶段，制作发布监测、评估、预测预警等各类干旱服务产品。

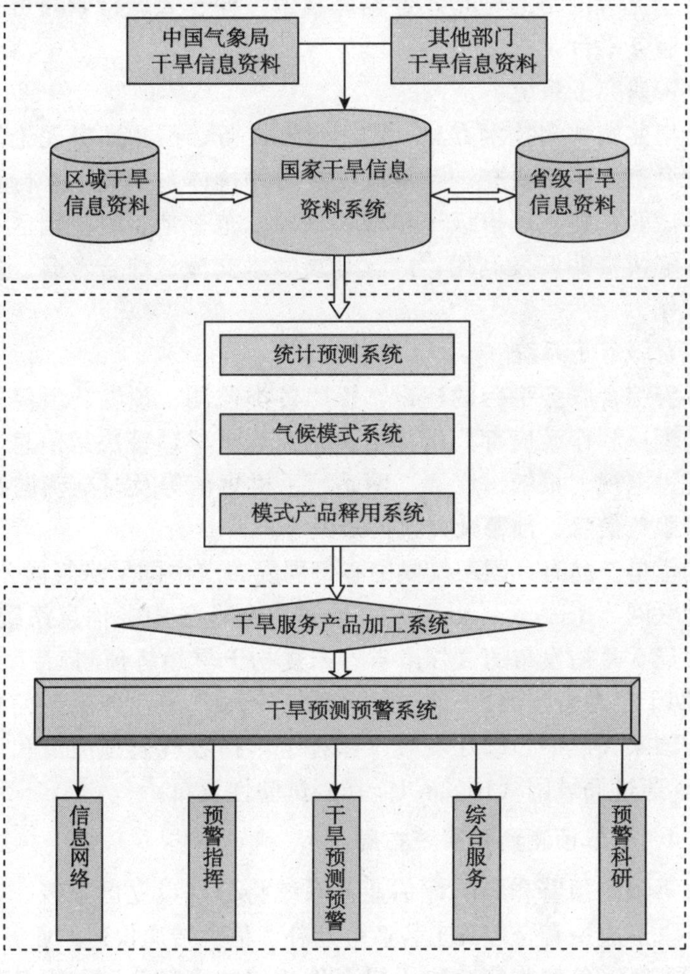

图 4.8　中国干旱预警系统示意图

(2) 预警指挥子系统

统一领导和指挥全国干旱预警，管理预警行业与法规，共享信息资源；组建国家干旱预警决策系统，确保干旱信息的采集、汇总、共享、评估、检索，服务于科学预警决策；协调预警保障和应急响应，组织人员的防灾、减灾、救灾知识培训等；负责预警效益评估、预警技能建设、减灾知识宣传、减灾技术推广等。制定国家级干旱监测和干旱预警标准体系。

(3) 信息网络子系统

国家干旱预警通信系统，包括基本信息、干旱灾害信息、水文信息、土壤墒情信息、卫星遥感信息、地理信息（GIS）、气象监测预警信息、政府预警指挥信息、防灾减灾信息、减灾技术信息、救灾应急信息、预警效益评估信息等；基于宽带网络的分布式数据库技术，构建数据检索与可视化、产品分发与共享服务平台。

（4）预警研究子系统

国家干旱监测预测技术方法、监测仪器设备、预测预警理论研究；国家干旱预警综合指标体系研究；干旱减灾能力评价体系研究。进行各类干旱减灾工程科学试验；建立国家级干旱减灾试验示范基地、科技园区等，研究干旱区风能等气候资源开发利用；广泛开展学术交流、综合考察、技术培训和推广应用工作。

（5）综合服务子系统

干旱预警综合服务平台的建设，保障各类监测、预测、预警指挥服务产品的加工处理；制作政府部门干旱监测信息、干旱预警决策信息、动态评估信息等；通过电视、报纸、广播、网站、手机短信等及时准确向社会公众提供干旱预警服务信息、预警减灾救灾知识等。

目前的干旱产品有：国家气候中心每周发布《中国旱涝气候公报》，通过纸介质、互联网（ncc. cma. gov. cn）、全国气象业务服务信息系统公开发布；甘肃省气象局5月初发布的《甘肃省春末夏初干旱趋势预测》、7月初发布的《甘肃省伏期干旱趋势预测》，通过纸介质、全国气象业务服务信息系统、局域网发布；国家气候中心每月发布《综合干旱指数气候预测》和《草原火险气候预测》，通过局域网（10.28.16.18）试验性发布。

4.4.2.4 干旱预测预警系统布局

干旱灾害预测预警和影响评估业务系统将分别设立国家级、区域级、省级三级业务，形成一套合理分工、业务互补、信息传递快速的业务平台。

（1）国家级：负责收集全国干旱事件相关的资料信息和服务产品，建立全国干旱事件资料、信息和灾情数据库，组织研发干旱事件预测、定量评估模型和技术方法，建立相应的预测预警系统和指标体系，向区域级和省级相关业务提供全面的信息和操作性强的技术方法，开展国家级干旱事件预测预警业务，并对区域级和省级相关业务的开展提供业务技术和产品指导，组织全国干旱事件预测和气象灾害评估信息、方法和经验交流，开展全国干旱事件预测、影响评估业务信息使用、技术开发和人员能力培训，向中央政府及有关部门提供干旱事件预测预警、影响评估业务服务产品和决策服务产品，向政府和社会公众提供干旱事件预测预警、影响评估服务信息，与相关国际组织交流中国干旱事件相关业务服务产品。开展月、季尺度干旱气候趋势统计和动力相结合的预测方法研究，对全国不同区域干旱成因开展诊断分析。

（2）区域级：负责收集区域干旱事件相关的资料信息和服务产品，结合区域气候状况和区域干旱事件发生特点，参照国家级业务提供的指标体系和技术、产品，研发、改进有区域特色的干旱事件预测、影响定量评估模型和技术方法，开展区域级干旱事件预测、影响评估业务，向国家级提供本区域干旱事件相关业务产品，向省级相关业务提供技术和产品指导，组织区域干旱事件预测、影响评估信息、方法和经验交流，开展区域干旱事件预测、影响评估业务信息使用、技术开发和人员能力培训。参考并改进国家级在本区域的预测预警结果，对本区域所在省（市、区）的防旱抗旱工作进行指导。

（3）省级：负责收集本省干旱事件相关的资料信息和服务产品，根据本省气候状况和干旱事件发生特点，研发、改进有本省特色的干旱事件预测、影响定量评估模型和技术方法，参照国家级和区域级业务提供的指标体系和技术、产品指导，开展省级干旱事件预测、影响评估业务，向省政府及有关部门提供干旱事件预测、影响评估决策服务产品，向省政府和社会公众提供干旱事件预测、影响评估服务信息，向国家级和区域级提供本省干旱事件预测、影响评估业务和服务产品。

第5章 干旱对国民经济的影响

5.1 干旱对水资源的影响

5.1.1 水循环与水资源

地球上具有生命物质存在的条件，除空气外，最重要的是水。水是地球上分布最广泛的物质之一。地球的表面积约 5.1×10^{8} km^2，其中被水覆盖的面积约为 3.61×10^{8} km^2，占地球表面积的71%。地球上的水以气态、液态和固态三种形式存在于空中、地表与地下，成为海洋水、河流水、湖泊水、沼泽水、土壤水、地下水、冰川水、大气水以及存在于动、植物有机体内的生物水。这些水体，通过水循环组成了一个统一的、相互联系的包围地球的水圈。在这其中，海洋水约占地球总水量的96%～97%，是地球水圈的最大组成，也是陆地水的最大源地和最终归宿；其次是分布在极地及陆地上的冰川固态水，包括大陆冰盖和高山冰川、高寒地区的积雪和冻土、海洋浮冰等，约为 3×10^{16} m^3；而陆地上的河、湖、土壤水、地下水等约为 4×10^{12} m^3。

水对人类有着直接或间接的利用价值，所以地球上的水资源，从广义来说是指水圈内水量的总体。海水是咸水，不能直接饮用和用于农业等生产过程，所以通常所说的水资源主要是指陆地上的淡水资源，如河流水、淡水湖泊水、地下水和冰川等。陆地上的淡水资源只占地球上水体总量2.78%，其中大部分（近77%）是固体冰川，即分布在两极地区和中、低纬度地区的高山冰川，还很难加以利用。目前人类比较容易利用的淡水资源，主要是河流水、淡水湖泊水，以及浅层地下水，储量约占全球淡水总储量的0.3%，只占全球总储水量的十万分之七。据研究，从水循环的观点来看，全世界真正有效利用的淡水资源每年约有9000 km^3。一般采用地表径流量和部分积极参与水循环的地下水径流量来衡量水资源量的多少。一般说来，降水丰富的地区，水资源丰富；降水量少的地区，水资源贫乏。反映一个国家或地区水资源的丰歉程度，通常以多年平均径流总量和人均占有量为主要指标。全世界河川径流总量为47000亿km^3，按人平均不足8000 m^3（按世界人口60亿计算）。我国河川径流总量约27000亿m^3，按人口平均每人占有量约为2000 m^3，大大低于世界人均占有量。

水资源有许多不同于其他自然资源的特性。这些特性包括补给的循环性、变化的复杂性、利用的广泛性、利与害的两重性和不可替代性。这里从水分循环的角度重点介绍水分补给的循环性。

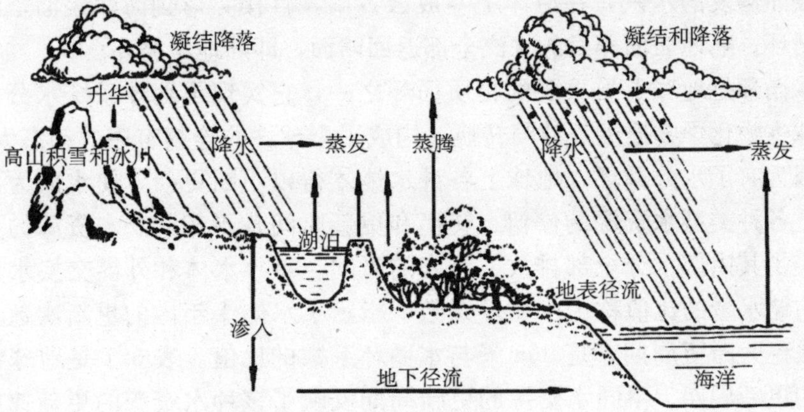

图5.1 水循环示意图

地表的各种水体，包括海洋、河川、湖泊、沼泽、冰雪，以及土壤、岩石、植被乃至动物和人类，它们内部的水都在不断地更新之中，这种更新就是水分的循环，图5.1为全球水循环示意图。在太阳辐射的作用下，水分从地面各种水体表面开始蒸发，也从植物体中蒸腾。蒸发或蒸腾的水汽（大部分来自海洋的蒸发）升入空中，在大气环流的控制下，进行着海洋与陆地、低纬度与高纬度之间的交换。水汽遇冷凝结成云而降水（包括雪等固态水）。落到海洋表面的降水直接回归海洋。落到陆地表面的降水可以有多种途径：一部分水（地表水体、湿润的植被和土壤等）重新蒸发返回空中；另一部分水在土壤、岩石中不断下渗，直至达到饱和，形成壤中流和地下水径流；进入土壤中的水又有部分被植物吸收，通过蒸腾作用重新回到空中；落到地面的水，经过植物的截留、土壤中的下渗、吸收、地面蓄积之后，剩余的水才形成地表径流；在这些过程中，还包括动物和人类对水的攫取和排泄。地下和地表径流受地势高低的影响，在重力的作用下不断汇集，最终归入海洋；重新返回空中的水汽又重复着输送、降水、蒸发、下渗、径流的全过程。平均来说，全球每年降水量约为488×10^{12} m^3，其中78%降落到海洋上，其余

22%降落到陆地上。总蒸发量的14%来自陆地，86%来自海洋。总降水量中的8%成为由陆地流入海洋的径流（朱瑞兆等，2005）。

水循环按照不同途径和规模，分为大循环和小循环，其差别在于水汽输送是否跨越了海陆的界线。大循环又称为外循环或海陆循环，它是发生在海洋与陆地之间的水分交换过程。海洋（或陆地）表面蒸发的水汽，随着气流运动被输送到陆地（或海洋）上空成云致雨，降落到陆地（或海洋）表面。陆地表面的部分降水流回海洋，维持着海陆间水量的相对平衡。小循环又称为内部循环，是发生在海洋与大气（或陆地与大气）之间的水分交换过程。海洋表面蒸发的水汽，在海洋上空成云致雨，直接降落到海洋表面，即为海洋小循环。陆地表面蒸发的水汽全部返回陆面，即陆地小循环。

水循环是地球上最重要的物质循环之一，它实现了地球系统水分、能量和地球生物化学物质的迁移与转换，构成了全球性的连续有序的动态大系统。正是因为有了水分循环，地球上各种水体才得以不断更新，使水成为可再生资源。各种类型水资源的停留、转换和更新时间各不相同。水资源的更新周期代表了其内部水分全部排放、充满的时间。每年水体和外界交换水量与水体平均储水量的比值称为水循环系数，指示了水体1年内的更新次数。更新周期也称为滞留周期，是365天与水循环系数的比值。表5.1是地球各类水资源的更新周期。不同水资源的更新周期反映了该种水资源的更新速度，也反映了该种水资源被取用后能否快速得到补充，是否能成为可再生水资源的关键因素。

表5.1 地球水资源的更新周期

水资源类型	更新周期（a）	水资源类型	更新周期
多年冻土的底冰	10000	湖泊水	17 a
极地冰和多年积雪	9700	沼泽水	5 a
海洋水	2500	土壤水	1 a
山地冰川	1600	河川水	16 d
深层地下水	1400	大气水	8 d
		生物水	数小时

地球系统的各类水体在不断更新之中（引自《地球水环境学》239页），这种更新是连续有序的动态过程，并具有相对的稳定性。地球上的总水量接近于一个常数，即全球水量是平衡的。从质量守恒定律的角度研究全球水分循环过程，这就是水量平衡，它和水循环是对同一过程的不同描述。水圈描述的是地球系统的水体总和，水资源则描述了水体的静态特征，水循环描述的是水体更新的动态过程，水量平衡则利用水文观测的事实解释这一动态过程的界面特征，因此，水量的平衡不仅是水文研究的核心问题，更是决定一

个地区能有多少可利用的水资源的关键因子。

全球水分循环过程中各要素变化影响到区域水资源的总量，而水分循环过程受到大气环流的控制，水循环必须通过大气环流来实现，从而达到全球水量的平衡。水循环的三个环节（蒸发、降水及水分输送）与大气环流关系密切，水源充足的条件下，蒸发的快慢、大小受环流方向和速度的影响，海洋上年平均蒸发量最大值出现在风向、风速都很稳定的信风带（15°～20°N 和 10°～20°S）。辐合上升气流（赤道低压带）和冷暖气团交绥（中纬度西风带）的地区形成多雨带，盛行下沉气流的地区（副热带高压带）形成少雨带。大气环流将水汽从盈余地区（中低纬度地区）输送到亏损地区（赤道和中高纬度地区），实现了全球尺度的水汽输送，使水循环和全球水量平衡成为可能。不同地区大气环流的强弱、方向存在差异，同一个地方的大气环流在一年中也会存在季节性的差异，这就使得全球降水量存在明显的地区差异，同一个地方的降水量也会存在明显的季节性差异。降水是地面各种水体水量的最重要的补给方式，如果一个地区降水少，且降水量小于蒸发量，地表处于水分亏缺状态，河川径流量也小，形成干旱气候区；在降水较多，平均状况下不缺水的地区，在某些时期也会由于降水稀少，形成气候干旱期。不管是干旱气候区还是干旱气候期，都会对地球水圈的各个组成部分，对水资源造成极大的影响。气候干旱使蒸散增加，也同样导致水资源减少。所以，区域降水减少、蒸散增加和地面与地下径流输入减少，都会导致水资源量减少，从而引发干旱。

5.1.2 干旱对内陆湖泊的影响

湖泊是指终年蓄积了水，又不直接与海洋相连的天然洼地。湖泊具有调节河川径流和气候的作用，同时也是人类生活和生产的重要水源。按湖水最终是否能汇入大海分为外流湖和内陆湖。内陆湖与海隔绝，湖水不能外流入海。高山湖泊处于自然状态，受人类活动影响较小，能真实地反映气候状况，而内陆河尾闾湖变化受自然和人类活动的共同影响。

气候是影响湖泊面积和深度变化的最重要因素之一。区域降水量、蒸散量和人类活动共同决定湖泊的变化和存亡。由于温度增加和用水量增加，中国北方干旱半干旱地区的湖泊、山塘和水库大多数都存在水量减少的风险，有许多小型水域已经逐渐干涸，成为沙尘暴的沙尘源地。下面以一些典型湖泊为例，说明干旱和气候与湖泊变化的关系。

（1）乍得湖

乍得湖是一个内陆淡水湖，为非洲第四大湖。位于非洲中北部，乍得、喀麦隆、尼日尔和尼日利亚4国交界处，乍得盆地的中央。由大陆局部凹陷而成，为第四纪古乍得海的残余。

受一年中不同季节气候变化的影响，乍得湖的面积不是固定不变的，而是随着季节的不同，一年之内要发生两次较大的变化。每年的6月雨季到来的时候，湖面上升，湖水漫过低平的湖岸，向四周扩展，湖区面积达到2.5万 km^2，淹没的土地大部分在尼日尔和尼日利亚两国境内。而当11月旱季到来的时候，乍得湖的湖面便渐渐缩小，变成一个长方形的湖泊，其长度约200多千米，宽度约70 km，湖水面积约为1.3万多平方千米，大部分在乍得境内。乍得湖海拔283 m，湖水很浅，平均水深2 m左右，最深处也只不过12 m上下，湖边长满芦苇和荠草，像沼泽一样。湖面水位年变幅0.6～0.9 m。流域面积100万 km^2。沿湖为重要灌溉农业区。

乍得湖的水源来自降水和河流来水，湖区年平均降雨量为200到500 mm，湖水流入主要为沙里河径流，流入量影响着乍得湖水体和面积变化。乍得湖没有水流流出，湖水一部分渗漏成为地下水或者蒸发掉了，由于这里炎热少雨，蒸发量又极大，地下水就成为周围干旱地区居民生活和牲畜用水的重要来源。

近年由于连续干旱，乍得湖的面积在进一步缩小（图5.2），而大约在5400多年前，乍得湖面积达30至40万 km^2，除了里海以外，比世界上所有的湖泊都要大。法国科学家通过研究认为，是人为和自然因素的双重作用导致乍得湖严重萎缩。据法国《科学与未来》杂志报道，法国发展研究院的专家认为，20世纪60年代以来，由于人们过度放牧、砍伐森林以及进行大规模灌溉，湖水面积在几十年中急剧减少。1972年和1982年的两次大旱灾，使此后乍得湖得到的水源补给急剧减少。再加上乍得湖的水源河流之一的科马杜古约贝河上新修了两个水库，使这条河对乍得湖的水源补给能力削弱，也是导致乍得湖面积缩小的原因之一。

乍得湖对于沿湖国家民众的生活至关重要，乍得湖的萎缩是全球气候变暖的一个重要例证，同时也是水资源保护不利的后果。对于乍得湖的研究有助于人们更加清醒地认识所面临的自然环境问题。

(2) 罗布泊

罗布泊位于新疆维吾尔自治区若羌县境东北部，曾是我国第二大内陆湖，海拔780 m，面积约2400～3000 km^2，因地处塔里木盆地东部的古“丝绸之路”要冲而著称于世。

古罗布泊诞生于第三纪末、第四纪初，距今已有200万a，面积约2万 km^2以上，在新构造运动影响下，湖盆地自南向北倾斜抬升，分割成几块洼地。现在罗布泊是位于北面最低、最大的一个洼地，曾经是塔里木盆地的积水中心，古代发源于天山、昆仑山和阿尔金山流域的水源，源源注入罗布洼地形成湖泊。

(a) 1972 年的乍得湖

(b) 2004 年的乍得湖

图 5.2　1972 年（a）和 2004 年（b）乍得湖卫星图片对比（图片来自 Google Earth 网站）

近百年内，罗布泊因来水断绝，渐趋缩小，直至干涸。1921 年，塔里木河在尉犁县改道涌入孔雀河，东注罗布泊洼地，形成了近代罗布泊。1921 年至 1931 年，罗布泊南北长约 100 km，东西宽 55 km，面积在 3200 km²，呈不规则椭圆形。1942 年以后，孔雀河水径流减少，罗布泊湖体收缩。1952 年，尉犁县拉伊河口英曼里一带筑起大坝，塔里木河入故道东南注入台特马湖。至 20 世纪 60 年代初期，塔里木河下游修筑水库，孔雀河上先后筑起多道堤坝，罗布泊断绝来水日趋干枯，1972 年全部干涸。

注入罗布泊的诸水，主要有塔里木河、孔雀河、车尔臣河和米兰河等，同时也部分地受到祁连山冰川融水的补给，融水从东南通过疏勒河流入湖中。

(3) 艾丁湖

艾丁湖位于新疆维吾尔自治区吐鲁番市南 50 km 处，是吐鲁番盆地水系的尾闾和最后归宿地，湖面海拔－154.4 米，是中国海拔最低的地方，也是世界第二低地。在地质历史上，艾丁湖曾经是一个相当大的淡水湖泊，形成于 24900 万年前晚更新世晚期，是喜马拉雅山造山运动的产物。受地质构造和气候及人类活动的共同作用，艾丁湖逐渐变成盐水湖，湖面也不断缩小。1949 年，丰水期的艾丁湖，东西有 40 km 长，南北有 8 km 宽，呈椭圆形，总面积 152 km² 以上。随着工农业生产规模的扩大和地下水的进一步利用，到 1958 年，根据航拍照片测算，湖长已不到 7.5 km，宽不过 3 km。水深不足0.8 m，总面积急骤减至 22.5 km²，周围已变成盐渍沼泽地。到 20 世纪 80 年代，随着工农业生产规模的扩大和地表地下水的利用，艾丁湖湖水几近枯竭。1994

年，当时湖水面积不到 3 km^2。

艾丁湖面积不断萎缩和当地干旱的气候不无关系。湖区北面托克逊县、吐鲁番市和鄯善县的年平均降水量分别为 6.9 mm、16.4 mm 和 25.3 mm，而年平均蒸发量却高达 3723 mm、2837 mm 和 2727 mm。蒸发量是降水量的 110～500 倍。艾丁湖海拔低，且多干热风，蒸发量更大，生态环境严酷，再加上 20 世纪 60～80 年代，吐鲁番基本上属于枯水年，这使得艾丁湖面不断萎缩。20 世纪 90 年代吐鲁番地区进入丰水期，降水量比 80 年代增加了 20%～50%，艾丁湖源流区降水量普遍偏多 5%～10%，夏季降水量偏多 20%多。阿拉沟 1998 年、1999 年和 2000 年连续三年来水量偏多 75%到 124%，年径流量几乎比过去翻了 1 倍。再加上气候变暖，新疆地区气温升高，导致艾丁湖周围高山冰川融化，大量的冰雪融水流入艾丁湖中。如今的艾丁湖面大约为 75 km^2，是过去艾丁湖面的 20 多倍。

(4) 青海湖

青海湖地处青海高原的东北部，湖区介于 97°50′～101°20′E，36°15′～38°20′N 之间，湖面积达 4456 km^2，环湖周长 360 多千米，流域面积 29661 km^2。流域地势为西北高东南低，形成了四周群山环抱的封闭式的山间内陆盆地。

湖区全年降水量偏少。但东部和南部稍高于北部和西部，东部全年降水量是 412.8 mm，南部是 359.4 mm，西北部 370.3 mm，西部 360.4 mm 和 324.5 mm。全年蒸发量达 1502 mm，蒸发量远远超过降水量。湖区降水量季节变化大，降水多集中在 5—9 月份，雨热同季。

青海湖水位每年平均以 12.1 cm 的速度下降，水位下降最快的 2000 年，一年内下降了 21 cm，以这样的速度，青海湖年平均减少湖水 4.36 亿 m^3，正在从单一的高原大湖泊分裂为“一大数小”的湖泊群。造成青海湖不断缩减的因素主要有气候变暖、人类活动加剧以及降雨量减少等原因，特别是在青海湖周边盲目开荒，破坏了注水河流的水源，目前青海湖 50%的注水河流已经干涸。据统计，由于水源补给河流大量减少，与 20 年前相比，入湖水量也因此减少了 60%。

许何也等（2007）对青海湖流域内及临近 7 个气象站点 1959—2005 年的降水和气温数据进行分析，发现近 47 年来青海湖降水存在明显的阶段性变化，20 世纪 60 年代、80 年代、90 年代降水都呈上升的趋势，70 年代为下降趋势；同时全年、夏季降水有增加的趋势。径流呈下降的态势与其总补给源降水的变化趋势相反，产生这种现象的原因一个可能是农业用水增加，形成的入湖有效径流减少；另一个原因是生态环境恶化，水源的涵养能力下降，加之地形平坦，陆地蒸发量增大。

有专家预测，如果按照现在的速度不断萎缩，平均水深 18 m 的青海湖将在 200 年后完全消失。目前来看，由于气候暖干和全流域生态系统退化，青海湖水位下降的总趋势在短期内难以改变。

5.1.3 干旱对冰川积雪影响

冰川是陆地上由终年积雪积累演化而成，是具有可塑性、能缓慢自行流动的天然冰体。据《World Glacier Inventory》和《中国冰川目录》的最新统计，全球的冰川面积为 1587.5 万 km^2，极不均衡的分布在各大洲。其中，96.6％是在南极洲和格陵兰，其次为北美洲（1.7％）和亚洲（1.2％），其他各洲数量极少。

高纬度和高山地区，气候寒冷，年平均气温在 0℃以下，因此，降落的固体降水（雪）不能在一年内全部融化，而是常年积累，这种地区称为终年积雪区。终年积雪区的下部界限称为雪线。雪线是一个过渡带，在这个带内，年平均固体降水量恰好等于年融化量和蒸发量。雪线以上年平均降水量超过年融化量和蒸发量，固体降水才能不断积累，形成终年积雪；雪线以下正好相反，不能形成终年积雪。

雪线控制着冰川的发育和分布，只有山地海拔超过该地雪线的高度，才会有固体降水的积累，才能成为终年积雪和形成冰川。雪线的高度首先受气温的支配，与气温成正比，温度越高雪线高度也越高，温度越低雪线也低；其次，雪线的高度与降水量成反比，降水量越多，雪线越低，降水量越小，雪线越高。

冰川发源于雪线之上，现代冰川包括积雪区和消融区两个部分。如果冰川的年补给量大于年消融量，则冰川厚度增加，呈前进状态；相反，当年补给量小于消融量时，冰川厚度变薄，流速减慢，呈衰退状态。

虽然全世界的冰川绝大多数存在于两极，我们不能直接使用这部分淡水资源，但冰川却在积极地参与全球水分循环过程。每年冰川消融补给河流的水量达到 3000 km^3，几乎等同于全世界河槽储水量的 1.42 倍。冰川从积累区向消融区运动的结果，使长期处于固态的水转化为液态水。在低温而湿润的年份，冰川融水受到抑制；而在高温干旱的年份，消融就加强，从而对河川径流起到调节的作用。

在我国西北内部干旱区，冰川是该地区水资源的重要组成部分。根据 2005 年出版的《简明中国冰川目录》，中国共有现代冰川 46377 条，冰川面积 59425 km^2，占我国陆地面积的 0.6％。按水系划分，西北内陆河水系共 27024 条，冰川面积 35469 km^2，冰川条数和面积分别占全国的 58.27％和

59.69%。据姚檀栋（2003）研究，我国西部地区冰川从20世纪50年代冰川开始明显退缩以来，西部的冰川就一直处于萎缩状态。20世纪50—60年代，我国西部冰川出现大规模退缩，但并未形成冰川的全面退缩。当时大约有2/3的冰川退缩，其余冰川处于稳定或前进状态。20世纪60年代末至70年代初，原处于退缩状态的冰川放慢退缩速度，前进冰川比例增大。20世纪80年代以后，冰川退缩重新开始，而20世纪90年代以后，冰川退缩幅度急剧增加，强于20世纪以来的任何一个时期。西部冰川全面退缩的根本原因是冰川物质平衡的巨额“赤字”—— 冰川物质负平衡引起的。所谓冰川物质平衡就是冰川系统内物质的收入（主要以冰川区降水为主）和物质的支出（主要以冰川消融为主）的代数和。我国西部大多数地区的气温在明显升高，而气温变化是冰川物质平衡主要支出项——冰川消融的主要因子。因此，我国西部冰川全面退缩的核心原因还是全球变暖。

我国西部冰川退缩已对西北干旱区的水资源产生重大影响。在真正意义上的西北地区（即甘肃、青海、新疆三省区）共有冰川24752条，冰川面积31351.09 km^2，冰川储量3107.8 km^3。在干旱缺水的西北地区，冰川水资源就是绿洲生命线，哪里的山上有冰川，哪里的山前平原就有绿洲。因此，西北地区的这些冰川就是西北可持续发展的生命线。但由于20世纪的冰川退缩，特别是20世纪80年代以来的冰川退缩，冰川上储存的固体水资源已全面亏损。以最新研究所得到的结果，20世纪下半叶以来，由于冰川退缩造成冰川水资源的净损失量估计最大可达5869.24亿 m^3。这正好相当于10条黄河的水量。这个亏损数对干旱的西北地区是一个重要的信号。这一信号有它的短期意义，也有它的长期意义；有它的正面影响，也有它的负面影响。其短期意义是由于冰川的强烈退缩和冰川储存水资源的短期内大量释放，使得西北地区大部分冰川补给河流径流量在近期和不远的将来仍然增加。但其长远意义却是严重的。随着冰川的不断退缩和冰川储存水资源的长期缺损，最终会出现一个冰川径流量由现在的逐渐增加达到顶峰后转入逐渐减少的临界点，此后冰川径流的减少会逐渐加剧，直到冰川完全消失，冰川融水径流完全消失。

据预测，今后较长时期内，西北干旱区的冰川仍呈退缩趋势。根据小冰期以来冰川退缩规律和未来夏季气温和降水量变化的预测结果，到2050年西部冰川面积将减少27.2%，折合冰量约16184 km^2，其中海洋性冰川减少最显著，为52.5%，6925 km^2，亚大陆型冰川次之，为24.4%，6631 km^2，极大陆型冰川最少，为13.8%，2629 km^2。

季节性积雪是西北内陆区重要的淡水资源。新疆是中国积雪水资源最为丰富的地区，冬季积雪时期平均雪贮量（水当量）达361.0亿 m^3，其中北疆

211.6 亿 m^3，南疆 130.5 亿 m^3，祁连山区 18.9 亿 m^3。积雪一般从 11 月下旬开始形成，于 2 月下旬至 3 月上旬达到峰值，消融期集中于 3 月中旬至 4 月上旬，这种循环过程及其特点为积雪水资源的充分利用及作物春灌提供了保障。近 50 年来，随着冬季气温显著增高，积雪年际变化较大，但仍属于围绕平均值的正常年际波动。1987 年以来全球变暖导致的北半球积雪显著减少，春季积雪提前消融。相反，由于冬季降水量的增加，新疆年积雪日数、消融期积雪日数和年累积积雪深度近 50 年来分别增加了 8.9 d、1.6 d 和 20.8 d。从总体上说，西北内陆区积雪水资源丰富而稳定。

总之，年度降水特别是冬季降水多少是影响冰雪圈水分补给的主要因素，气候变暖促进冰雪消融和冰川退化。所以，干旱和暖干化将导致冰雪融化增加，使得以冰雪融水为主要来源的河川流量增大，增加当年的水分供给，减轻旱情；但长期高温干旱导致的冰雪消退不利于长期持续的水分供给，甚至最终造成水源枯竭。

5.1.4 干旱对河川径流影响

径流是指大气降水达到陆地上，除掉蒸发而余存在地表或地下，从高处向低处流动的水流。径流可分为地表径流和地下径流。而从地表和地下汇入河川后，向流域出口断面汇集的水流称为河川径流。由不同形式的降水（固态和液态）形成的径流，可分为降水径流和冰雪融水径流。河川径流是水循环的基本环节，是人类可长期开发利用的水资源。

气候是影响河川径流的最基本和最重要的因素，气候因素中的降水和蒸发直接影响径流的大小和变化。降水多、蒸发少则径流多，反之则少。在降水总量相同的情况下，降水的季节分配、强度、历时、雨区分布都会影响径流的大小和变化。夏季多雨，冬季少雨，则径流夏多冬少。强度大，历时短、雨区广的暴雨，下渗少，往往形成洪水。气温、湿度、风等气候因素是通过影响降水和蒸发影响径流的。如气温高，蒸发量就大，径流则少；而在积雪区，气温越高，融雪量越多补给河流的径流量越大。

黄河从源头到内蒙古自治区托克托县河口镇为上游，河长 3472 km；河口镇至河南郑州桃花峪为中游，河长 1206 km；桃花峪以下为下游，河长 786 km（黄河上、中、下游的分界有多种说法，这里采用黄河水利委员会的划分方案）。黄河横贯中国东西，流域东西长 1900 km，南北宽 1100 km，总面积达 752443 km^2。

黄河上游地处中纬度的内陆高原，属典型的大陆性气候。河源区年平均降水量 300 mm 左右，主要产流区吉迈到玛曲年平均降水量为 500～600 mm，区间内有降水丰沛且终年积雪的阿尼玛卿雪山，其春夏融雪对径流量有一定的补充。

进入20世纪80年代以来，由于气候变暖的原因，我国北方存在着干暖化趋势，黄河流域体现得也很明显。20世纪90年代以来，黄河流域气温明显升高，降水量（尤其是秋季的降水量）显著减少，再加上黄河上游用水量增加，导致黄河流域各区来水量明显偏少，各代表站平均年径流量与其多年平均值比较，兰州站偏少24%，华县站偏少34%，黑石关站偏少55%。从1990—2002年的13年中，黄河出山口流量除1999、1993年外，其余11年均为少水年。其中汛期（5—10月）的枯水年占了38.5%，而1736—1998年期间，枯水年只占6.5%。

20世纪90年代以来，黄河流域干旱化趋势明显加强，降水量显著减少。整个流域内除泾洛渭区间和黄河下游河段降雨量基本与多年平均值持平外，其余各区降水量均偏少。其中，黄河上游兰州以上降雨量比多年平均值偏少12%左右，三花区间偏少约15%。兰州以上区域降水量仅偏少5%，但兰州站径流量偏少达24%；泾洛渭区间降雨量接近多年平均值，但华县径流量偏少34%；三花区间降雨量偏少11%，而黑石关站平均年径流量偏少达55%。从径流量的变化与降雨量的对比分析中可以看到，径流量的减少远远超过了降水的减少，降水量的减少程度只是径流量减少的10%～30%，这是由于20世纪90年代以来，黄河流域气温明显上升，升幅达到0.6～1.5℃，上升最明显的为兰托区间，平均气温升高1.5℃。气温升高，蒸发量增大，造成农业灌溉等用水量增加，从而使河川径流量减少。再加上上游来水减少，使上游水库汛期蓄水量减少，非汛期水库向下游的补水也较少，因而造成黄河下游断流频繁发生。

黄河下游历史上罕有断流的记载，然而从1972年到1998年的27年中，共有21年发生断流，累计断流1048 d，平均每年断流49.9 d。其中，20世纪70年代有6年断流，平均每年断流天数为14.3 d；80年代有7年断流，平均每年断流天数为15 d；进入90年代后，从1991—1998年每年均发生断流，且断流时间不断增长，平均每年断流107.4 d。在这期间黄河下游断流有以下特点：其一，主汛期断流历时逐年猛增：在20世纪70—80年代，每年7—9月份平均断流历时分别为3.3 d和2.1 d，进入20世纪90年代则为20.5 d，其中仅1997年7—9月份断流时间长达79 d，是有资料记录以来主汛期断流时间最长的一年。其二，断流时间逐年提前：1997年利津水文站2月份便开始断流，1998年元月就开始断流，并且首次出现跨年度断流。其三，断流次数增多，断流时间增长；20世纪70年代共断流86 d；20世纪80年代共断流

105 d；20世纪90年代的1995—1998年，平均每年断流达155 d。断流次数20世纪90年代初为每年4～5次，1997年断流13次，1998年达到16次之多。其四，断流河段增长：1997年断流上端到达开封柳园口附近，长度约700 km，超过历史最长记录。

据王爱军（2002）研究，黄河断流并不是现在才有的，在很多历史文献中都有过黄河断流的记载。《晋书怀帝纪》记载：公元309年3月“大旱；江、汉、河，洛皆竭”；又有1372年黄河流域大旱，《怀庆府志》、《武涉县志》、《明史五行志》上都记有“河南黄河竭，行人可涉”；再有《西宁府新志》记1602年“贵德黄河水竭至河州，凡廿七日”；《睢宁县志》记1640年“天下大旱，黄河水涸，流亡载道”等这些都说明黄河断流早已存在，它的出现是与流域大旱、连旱相对应的。

黄河断流是自然变化和人类活动共同作用的结果。对黄河断流的历史进行分析发现，黄河断流问题由来已久，并非是现代人类活动的产物。黄河断流是全球气候周期性变化的产物。黄河断流并不全是由人类活动造成的，它的出现是对全球变化的一种响应。黄河流域大部分属于干旱、半干旱区，降水稀少，多年平均天然径流量为580亿 m^3，只占全国径流量的2%；流域内人均水量593 m^3，为全国人均水量的2%。所以，黄河流域是我国的缺水地区，这决定了黄河水资源的先天不足。由于全球气候异常变化，导致黄河流域大部分地区降水减少并集中分布，是造成黄河断流的基本原因。统计分析，黄河水资源的主要产流区在兰州以上区域，多年平均降雨量为488 mm，20世纪80年代减少到458 mm，1990—1997年平均降雨量仅为355 mm。黄河上中游地区20世纪70年代—20世纪80年代降雨量较20世纪50年代—20世纪60年代减少5%；1991—1995年减少12%。下游地区降雨也同样减少，有的地区个别年份降雨量只有常年的一半。1996—1997年又是全流域性干旱。同时，由于气温增高，地表土壤含水量减少，增大了地表水的下渗率，使径流量减少。水土流失的加剧也使得黄河下游水量减少并最终断流。自20世纪60年代以来，引水量不断增加，加大了黄河流域的干旱程度；在黄河流域修建的大量水利工程设施，使得水流蒸发量和下渗量增加；加之水资源的浪费程度非常严重；这些都进一步加剧了黄河的断流。

黄河断流对下游生态环境和经济发展都带来诸多不利的影响。为了解决黄河断流问题，黄河水利委员会采取了上下游按指标有限用水的措施，减少上游取水量，有效地减少了黄河断流的时间。进入21世纪后，由于人为调蓄得当，黄河断流的事件大为减少。但随着气候变暖，仍存在河湖干枯断流的风险。

5.1.5 干旱对地下水影响

地下水，就是埋藏在地面以下，土壤、岩石空隙中的各种状态的水。地下水主要来源于大气降水和地表水的渗漏；在干旱的沙漠地区，大气中的水汽也会流入地下，在土壤、岩石的孔隙中直接凝结而成地下水，有些地方凝结量可以达到当地的地下水水量的20%；此外，岩浆中分离出来的气体也能化合而成地下水，不过这种水的水量是很少的。

地下水积极地参与全球水循环过程，它不仅主要来源于大气降水和地表水的渗漏，同时它也是河流主要的补给源之一，特别是在水资源匮乏的干旱、半干旱地区和枯水季节。地下水也是人类一项宝贵的自然资源，它可以直接作为都市给水、灌溉用水、工矿业用水的水源。过量的开采和不合理的利用，会引发严重的后果，地下水位下降，形成地下漏斗区，甚至造成地面下沉，海水倒灌，导致地下水水质变坏。工业废水和生活污水渗入地下水中，会造成地下水资源的污染。

按照埋藏条件，地下水可以划分为三种类型。（1）上层滞水，是存在于包气带中局部隔水层上的重力水，它是大气降水或地表水在下渗途中，遇到局部不透水层的阻挡后，在其上聚积而成的地下水。（2）潜水，是埋藏在地表以下第一个稳定隔水层之上，具有自由表面的重力水。（3）承压水，是充满于两个稳定隔水层之间含水层中具有压力的地下水（图5.3）。

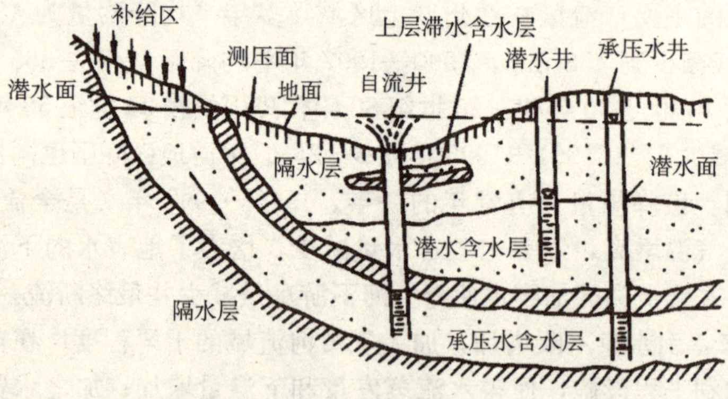

图5.3 地下水类型的划分（引自《水文学与水资源》）

干旱会对地下水产生显著影响。降水量和蒸发量的大小直接或间接地影响到地下水水位的升降变化。慕山等（2001）分析了大庆市2000年5—7月的旱情对地下水位的影响。2000年5—7月近百天时间里，大庆市持续高温少雨，旱情持续发展。大庆市降水量只有93.9 mm，比历史同期多年平均降水量少147.1 mm，是历史同期降水最少的一年。潜水水位的变化直接受大气降水的影响。降水比较集中时，潜水水位迅速抬升，降水少时，潜水水位则表现为下降趋势。从2000年前几个月份的水位动态变化情况来看，由于持续的干旱，使得潜水水位持续下降。全区域潜水水位年内变化一般都在1 m左右，局部地区水位最大变幅达2 m以上（图5.4）。从年际变化上来看，浅层地下水明显存在着丰水年水位埋深小，枯水年份水位埋深大的特点。承压水的主要补给来源有两个：一是浅层水的垂直入渗补给或深层地下水的跃流补给，二是承压水侧向补给。大庆市2000年遭遇的那次干旱过程，由于2000年上半年降水量严重偏少，所以承压水接受浅层水的垂向补给量明显减少，深层地下水接受上部含水层补给量不足（图5.5）。另外，随着旱情的加剧，局部区域也加大了对深层水的开采，地下水的开采量与往年相比增大的趋势，使地下水含水系统开采量大于补给量，这样不可避免地下造成深层地下水水位持续下降。2000年上半年大庆市深层地下水水位与平水年份相比下降一般在2～5 m，局部区域可达8 m。在干旱的地区或干旱的季节，大量抽取地下水尤其是承压水，会导致地下水压力减低，而作用在岩土颗粒骨架上的有效应力加大，这种固结作用导致含水层的压实，压实逐渐发展到地表面，其后果就是地面沉陷。

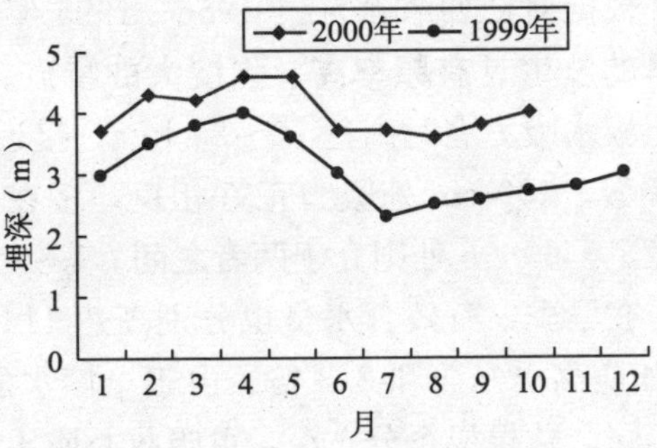

图5.4　大庆市2000年潜水水位历时曲线图（慕山等，2001）

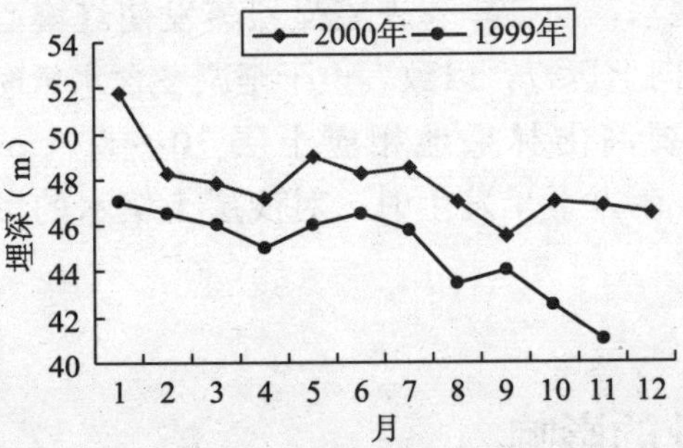

图5.5　大庆市2000年承压水水位历时曲线图（慕山等，2001）

5.1.6 干旱对土壤水的影响

土壤学中的土壤水是指在一个大气压下，在105℃条件下能从土壤中分离出来的水分。土壤中液态水数量最多，对植物的生长关系最为密切，是陆地植物赖以生存的最基本条件。根据水分受力的情况，可以将土壤水划分为吸湿水、膜状水、毛管水、重力水。

土壤水分状况受气候、植被、地形和水文条件、土壤的物理性质及人为等因素的影响。在气候因子中，降雨量和蒸发量是两个相互矛盾的重要因素，干旱也会影响土壤水分状况。陕北地区1997—2001年连续五年干旱，旱情和持续时间超过民国年间1928—1931年，有关专家对干旱造成的旱灾进行了调查，调查不同立地条件下不同植物在干旱条件下存活情况。以绥德县为基点的调查结果显示这次连续干旱造成草地、农耕地0～100 cm以内土壤含水量均低于4.2%（干土重），林地0～180 cm内仅3.6%，刺槐林地0～500 cm平均仅4.2%，其直接后果是以林草地地力衰退为特征的人工林草地土壤干化日益严重，导致群落衰败以致大片死亡（付明胜等，2002年）。导致这次干旱发生的原因一是降水总量减少，二是降水有效性差，此外气候变暖也加剧了干旱的程度。

王明珠（1997）根据对江西省余江县1956—1995年气象资料分析得出，我国南方季节性干旱的发生具有频率高、强度大的特点。干旱多出现在表土0～20 cm处，表层土壤水吸力有时高达70～80 kPa，接近于土壤凋萎含水量，且晴雨间变幅大而频繁。100 cm处吸力正好相反，多在0～40 kPa范围内，变幅相对小而比较稳定。60 cm处则介于两者之间。1～2 m和2～3 m土层内水分更为丰富，即使在旱季，有效含水量也分别高达114.6和162.5 mm，比0～1 m土层含水量相应高出0.5和2.2倍。由于土壤水的垂直分布差异，植物对其利用率也不相同。林果根系分布深，可吸收心底土水分，70～90 cm土层处吸力常升高至40～70 kPa，有效水利用率达31.9%～36.3%。旱作根系浅，主要是利用表层水，而且旱季表层强烈蒸发使红壤心土层很快形成“自然幂”，抑制深层水向上运行，以致表土干至凋萎含水量时，50～100 cm处的土壤容积水含量仍要高出林果地相应土层10～20 cm，有效水利用率仅28.0%。也就是说，南方干旱发生时，对浅层土壤水的影响要远远大于深层土壤水。

5.2 干旱对农业的影响

气象条件影响作物的分布、生长发育、产量及品质的形成，而水分条件是决定农业发展类型分布的主要条件，在年平均降水量 400 mm 以下的地区以放牧业为主，400 mm 以上的地区以种植业为主，并且降水量不同地区发展种植业的类型也有所不同。

干旱由于其发生频率高、持续时间长、影响范围广、后延影响大，成为影响我国农业生产最严重的气象灾害。

5.2.1 干旱对粮食作物生产的影响

作物发育的不同阶段需水量也不同，一般前期小，中期达最高峰，后期又减小。生殖生长时期，往往是需水临界期。缺水对作物生长发育和产量的影响，一方面与作物的种类和品种有关，另一方面与缺水的程度和缺水发生的时间有关。一般来说，作物在出苗、开花和产品形成初期比生长初期（营养生长期）和生长末期（成熟期）对缺水更加敏感（王世耆，程延年，1991）。

粮食作物是稻、小麦和杂粮作物的统称，主要种类有禾谷类作物、豆类作物和薯类作物，是人类的主要食物来源，包括小麦、水稻、玉米、大豆、豌豆、蚕豆、甘薯、马铃薯、山药、芋头等，其中小麦、水稻和玉米是最主要的粮食作物，占世界上食物的一半以上。

各种粮食作物中，小麦喜干燥气候，主要集中在降水量为 300～1100 mm 的地方，而水稻较喜欢湿润气候，一般分布在年降水量 800 mm 的地区或具备灌溉条件的地区。玉米、大豆、水稻多种植于多雨的季节。

（1）干旱对小麦生产的影响

小麦相对来说对降水需求较少，但在年降水量＜200 mm 的地区，小麦产量低，春小麦在年降水≥750 mm 的地区较为适宜。

对于小麦生产，干旱发生具有一定的季节性，华北和东北地区，春季以晴天为主，气温回升快，降水少且多风，春旱较常发生，春夏连旱也有发生；干旱发生的频率和轻重程度全国各地各不相同，豫北、冀南、鲁西北三角地带是有名的重旱区。西北地区深处内陆，是水汽所能输送到达的尾闾，旱情最严重的是陕北榆林、延安地区、甘肃中部、宁夏的固原西部和同心、盐池一线带状地区（气候变化与作物产量课题组，1992）。

在细胞、分子水平上，干旱条件下小麦叶肉细胞叶绿体的超微结构发生变化，而且水分胁迫越重，变化越大；叶绿体及类囊体的膜对土壤水分胁迫最敏感，土壤水分胁迫能引起叶绿体类囊体肿胀，在严重土壤水分胁迫下，它还会使类囊体进一步泡状化和逐渐解体，最终叶绿体被膜破裂和基质外溢，使叶绿体完全丧失活性；作为光合器官的叶绿体受到伤害，必然导致光合速率下降（武玉叶，李德全，2001）。

在外部表现和作物产量上，土壤干旱影响了植株各器官的生长，使叶面积和叶绿素含量降低，同时水分状况变差，影响了一系列生理代谢功能，使光合产物减少，又进一步限制了生长。起身期土壤水分不足，会显著地减少植株和各器官的干物质含量，加速了绿叶干重的急剧降低；拔节或孕穗期土壤干旱对穗粒数、经济系数的影响较大，小麦生育中后期随着土壤干旱程度的加剧和干旱时间的延长，小麦叶片的光合强度、冠层蒸腾强度降低，生长明显受到抑制，导致籽粒产量减少。图 5.6 和图 5.7 表现了植株器官干物重和水分含量的变化关系。

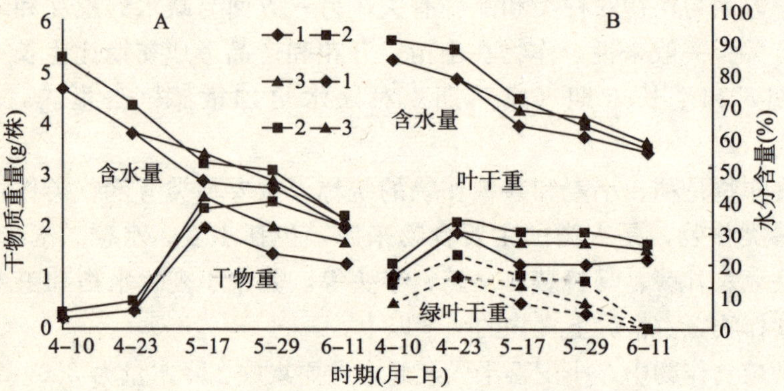

图 5.6　茎和叶片的干物重及水分含量的变化

A：茎的干物重和水分含量；　B：叶的干物重和水分含量

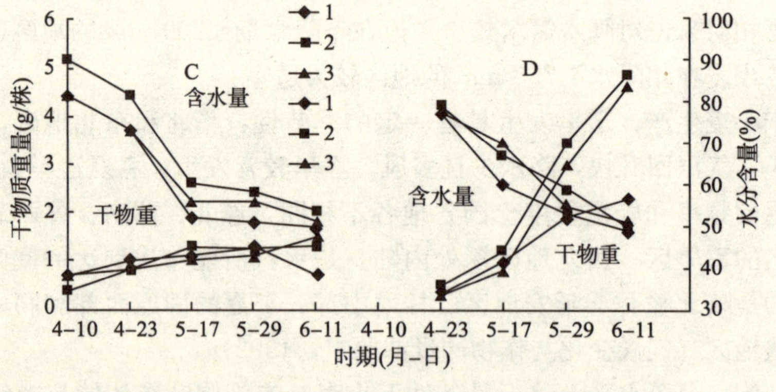

图 5.7　鞘和穗的干物重及水分含量的变化

C：鞘的干物重和水分含量；　D：穗的干物重和水分含量

（2）干旱对玉米生产的影响

玉米相对喜好高温高湿气候，多种植于多降水季节。玉米不仅需水较多，而且对水分胁迫比较敏感，世界上很多地方干旱是限制玉米产量的最主要因素。

在我国，旱灾也是影响玉米生产的最大的自然灾害，平均三年发生一次比较严重的干旱灾害，不同地区干旱多发时期不同。黄淮海地区，干旱频繁发生于6月份，经常影响夏玉米的播种和造成春玉米的“卡脖旱”，西南地区常发生伏旱影响玉米抽雄、吐丝，导致玉米减产，西北地区玉米易发生全生育期干旱（气候变化与作物产量课题组，1992）。

干旱胁迫使玉米根系和地上部的生物量降低，叶片中的叶绿素含量显著降低、叶片光合面积减小，光合功能降低，初始荧光升高，初始光系统Ⅱ（PSⅡ）的原初光能转换效率、PSⅡ潜在活性、潜在光合作用活力均受到抑制。图5.8和图5.9显示出干旱对玉米绿叶面积和叶绿素含量的影响。

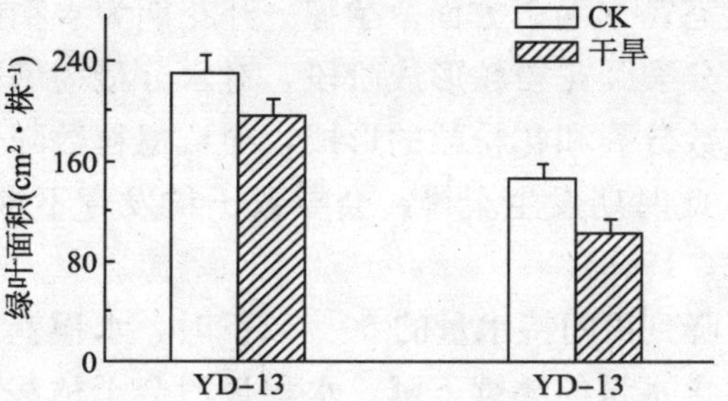

图5.8　干旱胁迫对绿叶面积的影响

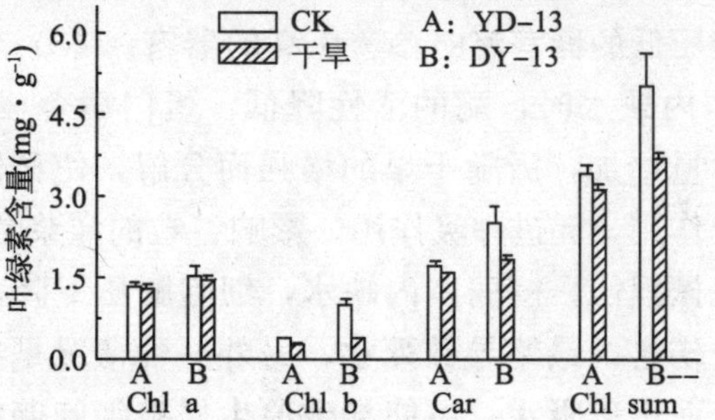

图5.9　干旱胁迫对叶片叶绿素含量的影响（齐健等，2006）

在玉米生殖生长阶段，干旱影响雄穗、雌穗的发育和授粉的进行。干旱导致穗分化不良，花粉量减少且生活力降低，散粉时父本花粉数量和质量的变化影响了母本的结实（马春友，骆志山1992），干旱还引起生理代谢紊乱，使可溶性糖和游离氨基酸含量增加，淀粉和蛋白质含量下降，阻碍雌穗发育，雌穗短小，穗粒数减少，引起减产（宋凤斌等，1996）。在授粉过程中，干旱抑制花粉管萌发，花丝接受花粉能力减弱，结实率降低（马春友，骆志山，1992）。

(3) 干旱对水稻生产的影响

我国各地水稻种植区域都有不同程度和起止时期的干旱发生，在我国北方，春季气温回升快，降水相对不足，往往形成比较严重的干旱，西南山区和高原以及两湖山区由于地形复杂，灌溉条件差，径流量又大，连续无降雨就会形成春旱，受单一气团控制的两广和海南地区春季不能形成大量的降水而发生干旱，长江中下游地区、两湖和江西等地，夏季受太平洋副热带气团控制，天气炎热，蒸发大于降水，易缺水形成严重伏旱，若连续发生秋旱则损失更大，广大西北地区，地处大陆腹地，海洋上的水汽很难输送到那里，伏旱和秋旱更为严重，水稻生产主要依靠灌溉。

水稻是由野生稻演化而来的，野生稻是生长在沼泽地区的沼泽植物，但当前的水稻虽然不要求一生都生活在水中，但水分条件是一个极重要的因子，分为生理需水和生态需水两个方面。孕穗—开花期为水稻的水分临界期，其中花粉母细胞减数分裂到花粉粒形成阶段，对水分最为敏感，此时缺水会抑制花粉母细胞的减数分裂和花粉粒的形成，导致穗粒数降低，开花灌浆期对水分要求也较高，此时期发生干旱，会导致子粒发育不饱满，千粒重下降，产量降低（龚绍先，1988）。

当土壤水分下降到田间持水量的60%以下时，水稻就表现为生长及发育受到影响，随土壤含水量的继续下降，水稻最后会干枯甚至死亡。水稻受到旱害后在生理上的表现形式可以归纳为以下几点：（1）水稻各部分器官水分分配的协调性遭到破坏。植株缺水后会导致水分在各器官内及器官间的重新分配，水分从渗透压低的器官流向渗透压高的器官。（2）新陈代谢的协调性遭到破坏。植株体内缺水时，酶的活性降低，蛋白质合成受阻，分解加强，糖分和半纤维素含量增加，后随干旱的增强而分解，使稻体内可溶性物质大量积累，抑制光合作用，促进呼吸作用，影响谷粒的灌浆和贮藏物质的积累。(3) 原生质受到机械损伤。植株体内缺水，细胞膨压下降，原生质易受折皱的细胞壁挤压而受伤害，最终导致死亡，另外一种情况是在细胞未死亡之前突然供应充足水分而迅速吸水，可能导致原生质被细胞壁的黏着拉力而被撕破（气候变化与作物产量课题组，1992）。

5.2.2 干旱对经济作物生产的影响

经济作物又称技术作物、工业原料作物。指具有某种特定经济用途的农作物。

按其用途分为：纤维作物（棉花、麻类、蚕桑）、油料作物（花生、油菜、芝麻、大豆、向日葵等）、糖料作物（甜菜、甘蔗）、饮料作物（茶叶、咖啡、可可）、嗜好作物（烟叶）、药用作物（人参、贝母等）、热带作物（橡胶、椰子、油棕、剑麻）。

（1）干旱对棉花生产的影响

经济作物具有地域性强、技术性高、经济价值大和商品率高的特点，对自然条件要求较严格。自然气候条件下降水对棉花生产的影响很大。总铃数是棉花产量的重要决定因素，水分是棉铃脱落的一个重要气象因子。中国主要棉区蕾铃脱落十分普遍，脱落率在60%～80%左右，长江流域棉岭脱落集中于8月份伏旱时期。当土壤水分在20%以下时，脱落与土壤水分呈负相关。前人研究表明，干旱严重影响棉花的生长发育，具体表现为降低株高、总干物量和叶面积，而且开花期干旱对分枝数、果节数、吐絮铃数和总铃数影响最大；叶片是光合作用的器官，是有机营养物质的供应者，在棉花的各个生育时期，棉叶的生长受水分的影响都很大，水分胁迫还降低叶片光合速率和同化物的输出率（刘灵娣等，2007），都会导致棉花产量降低。

（2）干旱对油菜生产的影响

油菜是越冬作物，我国由于受季风气候的影响，冬季干旱少雨，即油菜的生育时期经历一个相对寒冷干旱期。冬季土壤干旱，即油菜苗期干旱，往往还会引发缺素症状的发生，叶片发红，养分运输受阻，根系发育不良，植株生长停滞，出现早苔、早花现象，苗小体弱。受水比热高的影响，冬季土壤含水量高低直接关系到土壤温度高低。若冬季发生干旱，土壤温度过低，则容易引起油菜冬季冻害的发生（罗俊，1999）。冬后油菜逐渐由营养生长期进入生殖生长期，需水量也有所变化。进入苔期后，油菜的需水量增大，田间土壤要求保持湿润。苔期是花芽分化、分枝，主花序和分枝花序发育的重要时期，干旱则会抑制花芽分化和分枝形成，影响主花序和分枝花序的发育，近而使有效角果数目减少，产量降低（张楚珍，1999）。

（3）干旱对甘蔗生产的影响

春季是春植蔗下种及幼苗生长期和宿根蔗发株、秋冬植蔗分蘖和茎伸长时期，这时期的干旱缺水，轻者影响甘蔗下种、发芽及幼苗生长，影响甘蔗分蘖及幼苗对必要水分的取得；重者则导致蔗株死亡，造成缺苗断垄，植株减少；夏季甘蔗处于茎大伸长期，是甘蔗需水量最多的时期，这时期的干旱，土壤含水率降低，会降低甘蔗光合作用强度，影响甘蔗生长发育，轻则使甘蔗生长缓慢，影响产量；重则叶片干枯，生长停滞，植株矮小，严重降低产量。秋季为春植蔗的成熟期，按理轻度秋旱有利于甘蔗成熟和蔗糖分累积，使蔗汁含糖量高；但若降水量过少，同样会影响甘蔗生长，不利于甘蔗生长发育和产量形成（梁立延，2007）。

(4) 干旱对茶叶生产的影响

中国的茶文化历史悠久，是茶文化的发源地，而现代的气候变化对茶树的种植也带来了一定的影响。茶树在每年的生长期内，要经过几次采摘。在经过春季的成长和春茶及二茶的采摘后，茶树的营养物质被大量消耗，但树体一方面要进行营养生长保证秋茶的供应，一方面又要进行生殖生长，故必须有充足的水分及养分条件供应。在夏季连续干旱后，茶树新梢水分、叶绿素含量、根系活力、根重、芽重等指标均与正常情况下有所不同。在干旱条件下，茶树个体受到严重的制约，新梢不能正常生长，产生的光合产物数量减少，又较多的积累在芽内，叶片的衰老与脱落过程加快，且芽叶分化慢，干物质向产品器官分配的比例下降，向地下部分分配比例增加，使营养物质在根部得以积累，茶树减产（田永辉等，2006）。

5.2.3 干旱对园艺作物生产的影响

园艺作物包括蔬菜、瓜果和花卉，与小麦、大豆、玉米等粮油作物相比，生产园艺产品需要更多的劳动力和更密集的技术，园艺作物对水分的需求条件也相应的更为严格。

(1) 干旱对蔬菜生产的影响

蔬菜在苗期对水分要求很严格，一方面要控水蹲苗，另一方面不能有干旱现象发生，以防植株组织木栓化或成为老苗。

辣椒营养丰富，含有大量的维生素 C 和微量元素，可以控制一些疾病的发生；其味道辛辣，可以刺激味觉，增加食欲；又是女性一种良好的美容保健品，因此辣椒广泛受到人们的欢迎，在全国各地均有栽培。辣椒属于浅根性植物，根系比较细弱，吸收少，木栓化程度高，如果受到水分胁迫，很容易造成重大伤害（郑若良，宋志容，2003）。辣椒一般大型果品种的需水量较大，小型果品种的需水量较小。种子发芽需要吸收水分，在果实膨大期也需要充足的水分，否则易导致畸形果增多（汪圣洪，吴丹，2004）。在生殖生长旺盛时期，土壤和空气干燥易使供水不足或花粉失水太多呈畸形而失去活性，不能正常受粉而落花（包雪英，2004）。

高温、日照较多、干旱少雨的天气条件有利于辣椒病毒病的发生和流行，它不但有利于传毒蚜虫的繁殖、迁飞传毒，而且还会降低寄主的抗病性，促进病毒在寄主体内的增殖，加速显症，尤其在土壤干旱时阻碍根系的发育会明显降低抗病力（李宏，李友莲，2004）。

(2) 干旱对瓜类生产的影响

西瓜一直被人们视为清凉、消暑、解渴的上乘之品，它有利尿和消耗热量的作用。西瓜含水量高达95%以上，故在西瓜生产上对水分条件要求也比较严格。同其他植物类似，西瓜生育时期内对水分反应较为敏感。干旱不利于植株对营养的吸收和转化，影响植株正常生长，导致果实生长不良。在雌花芽分化期，若发生干旱又遇到高温，就会使花芽分化畸形，这一时期的异常变化将导致以后开花结果产生畸形或生长不良。若在坐果期发生干旱，则会导致瓜发育不良甚至化果，若果实生育前期和后期发生干旱分别会导致“细把瓜”和“尖头瓜”的出现。膨瓜期是西瓜一生中需水最大的一个时期，也是对缺水反应最为敏感的时期，若在果实膨大期水分供应不足，就会导致果肉细胞膨大速度过慢，导致瓜肉变质，甚至果肉的膨胀速度跟不上果皮的膨胀速度，引起“空心”现象的发生（贺申魁，王红梅，2005）。

（3）干旱对果树生产的影响

果树的分布、生长发育和果品的运输及病虫害的发生发展等与气象条件关系密切，水分不足会加速果树的衰老，缩短结果年限。通常落叶果树在春季水分不足时，会延迟萌芽或萌芽不整齐，花期干旱常引起落花落果，大气湿度不足可缩短花期，影响授粉，受精。新梢生长期为需水临界期，如供水不足，则削弱生长，以致提前停止生长。幼果期缺水，影响果实肥大，引起落果。冬季缺水，则往往会使幼树枝条因缺水而干枯，出现“抽条”现象。高温经常伴随干旱一起发生，高温干旱对果树生长影响更为严重。过度高温和干旱会使果树根系的吸收能力减弱，叶片的光合效率降低，果树的呼吸作用加强，营养积累减少，且生长点的生长激素合成减少，抑制细胞分裂，不利花芽分化。高温干旱天气若发生在花期，则会抑制果树花粉萌发和花粉管生长，使受粉受精难以进行，坐果率降低。如果幼果期干旱缺水，果实的生长会受到严重的抑制，以后即使水分充足果实也不会长的很大。高温干旱会导致果树失水严重，蒸腾作用减弱，果树体温急剧上升，造成日灼，使树体严重衰弱，果品产量和质量下降。高温干旱情况下叶片的呼吸作用加强而光合作用降低，叶片衰老加速后逐渐变黄脱落。果树吸收能力减弱，可能会导致缺素症状的发生，树体水分含量降低，营养积累少，消耗多，树势衰弱，极易发生腐烂病、干腐病等（李敏，马悦荣，2006）。

（4）干旱对花卉生产的影响

各种花卉挺立的枝条，舒展的叶片和丰满的花朵，都是靠充足的水分供应而形成的，所以水分的丰缺在花卉上有直观的表现。花卉种类很多，由于植物种类的不同，需水量有极大差别，根据对水分的要求不同，一般分为旱生花卉、中生花卉、湿生花卉和水生花卉四大类，这四类花卉对水分的要求依次增强。

花卉不同生育阶段对水分的需求各不相同。一般来说，种子萌发时需要水分较多，此时若发生干旱，会影响种皮的解体，不利于胚根抽出。幼苗期，植株根系弱小，吸水能力弱，抗旱能力弱，发生干旱容易导致枯萎。在花卉的整个生长过程中，当水分供应不足时，叶片与叶柄皱缩下垂，出现萎蔫现象，此时若经过一定处理能够很快恢复正常，若干旱情况长期发生，植株长期处于萎蔫状态，老叶与下部叶片先脱落，最后整个植株死亡。多数草本类花卉在干旱发生时，植株各部分木质化程度增加，叶片粗糙，失去光泽，观赏价值下降（刘庆华，王奎玲，2001）。

5.2.4 干旱对牧业生产的影响

在地理分布上，我国的畜牧业大致可以分为草原畜牧业、农区畜牧业、半农半牧畜牧业和城郊及工矿区周围的畜牧业四种类型，其中前两种占比较重要的地位。

水分条件是影响我国天然草场产量的最主要气候因素，这种依赖关系在干旱、半干旱和半湿润易干区表现尤为明显。在干旱条件下，由于地表覆盖度小，蒸发量增加，导致水分的利用率降低，使生产每单位质量牧草产品的耗水量增加，据统计，在半干旱区生产 1 kg 牧草的需水量明显高于湿润、半湿润高山草场，而且发生干旱后生产 1 kg 牧草的需水量有明显增加。

气象条件是家畜和牧草赖以生存的重要环境因子，不同地区、不同年份、季节的光、热、水、风气象因子的变化状况直接影响家畜的生存、生长发育和繁殖，也通过影响草料的产量和质量，间接影响牧业生产。

草场水分是牧场和家畜有机体不可缺少的组成部分，又是新陈代谢的重要物质基地，牧草和家畜没有水就不能生存。在牧场中，疾病的发生在所难免，而且疾病的发生受到气候条件的影响。干旱条件下，容易发生线虫病等一些寄生虫病，疥癣是一种由体表寄生虫疥螨和痒螨引发的一种易发于绵羊群内的寄生虫病，病畜表现奇痒，皮肤粗糙，增厚，畜体脱毛并消瘦，常因极度虚弱抵御不住寒潮等恶劣天气的袭击而大批死亡。就疥癣病原体的习性而言，干旱是引发其发生的重要因素之一。

干旱是我国主要畜牧气象灾害，具有范围广，几率大，持续时间长的特点。干旱对畜牧业生产的危害大致可以归纳为三点：

一是影响牧草。春旱影响天然牧草的正常返青和人工栽培牧草的播种和出苗，导致青草期相对缩短，而且干旱是一个不断积累的过程，干旱对牧草生长的影响会不断加重。夏季是牧草产量形成的关键时期，6—7 月降水量的多少与牧草常量密切相关。而连旱往往导致牧草产量降低，品质变劣，适口性也相应变差。

二是影响畜产品和家畜的生存。家畜从自然界第一性产品（牧草）中获得能量，大量消耗于寻找水源、维持机体基本生命活动的过程，由第一性产品向第二性产品（肉、乳、蛋、皮、毛）的转化过程受到抑制，表现为产品产量降低。连续发生干旱将使地表可供家畜饮用的水量减少，严重时导致畜体含水量下降，下降到一定程度后继续下降将导致家畜依次出现严重干渴感觉、食欲减退、抗病能力下降，严重代谢紊乱甚至死亡现象。

三是加剧草场退化和沙漠化。连续干旱会加剧草场退化和草原沙质土壤沙化过程，对人工草场建设、天然草场改良带来不利。沙漠化是各种有机生命形式解体，植物生物量、土壤载畜量和作物产量下降（屠樑，李永昌，1992）。

5.2.5 干旱对渔业生产的影响

渔业生产的基础是水体，养殖水域有两大类：陆地水域和海洋水域。水分的丰缺状况对渔业生产有很重要的影响，大气自然降水与渔业生产的关系主要是通过改变水域生态环境来间接影响水生生物的生长发育、繁殖和分布。

降水的多少及其季节变化影响着内陆水域所需要的水源和水的肥沃程度，从而影响水生生物的生长发育和繁殖。雨水大，水体交换频繁，地表径流丰富，随径流进入江、河、湖、库的有机质和无机盐类多，水质肥沃。然而在干旱情况下，水体交换少，水分消耗方式主要是蒸发，故水质盐碱化普遍，有的水体盐分含量过高，抑制水中动植物的生长及生存，对渔业生产危害极大。

降水对家鱼产卵具有间接作用。家鱼繁殖季节，降水能使江、河等天然产卵场流速适当增加，从而刺激成年鱼产卵，而且水位的上升和“生水”的加入都有利于促进家鱼产卵。相反，干旱发生时，没有充足的降水及时补充水体，在一定程度上阻碍了家鱼的产卵行为。在海洋中，降水的多少直接影响海水盐度的高低。干旱发生时，海洋中水分的支出大于收入，海水盐度增加。某些鱼类的某些特定时期对水体盐分含量要求严格，如大黄鱼产卵洄游则喜栖于水浑、流急、含盐低的水域，整体水域盐度的增加则不利于生育和生存（杨柏松，1991）。

5.3 干旱对城市发展的影响

城市是人类社会发展、进步的重要标志，城市化反映了一个国家现代化水平。新中国成立以来，特别是改革开放以来，我国城市化进程加快，城市数量由1978年的191个，发展到目前的660多个，城市人口约占全国总人口的30%，而城市的国内生产总值占到全国的72%，工业产值约占70%，利税约占80%。离开了水的充足供给，经济发展和人民生活都会受到显著的影响。

5.3.1 城市干旱评价方法

干旱缺水是近几年全球面临的一个非常重要的问题。根据世界银行最新提供的报告：世界上近40%的人口难保有足够的洁净用水。随着中国城市的发展，全国城市日供水能力由新中国成立初期的240万m^3增加到2002年的2.35亿m^3，为城市经济社会发展提供了基础性保障。但自20世纪70年代以来，我国旱灾问题日趋突出，中国许多城市普遍面临缺水的严重危机。据统计，我国现有667个城市，其中有400个城市缺水，所占比例高达70%，严重缺水的城市有110个，城市年缺水总量达60亿m^3。

5.3.1.1 城市干旱分类

城市缺水是自然和人为因素造成的供水不能满足用水需要。城市干旱取决于可供水量与需水量之间的平衡，当可供水量不能满足城市生活和各行业需水时发生城市干旱，即城市缺水。根据缺水性质及成因，城市干旱缺水可分为：资源型、工程型、水质型及综合型缺水。资源型缺水是指城市水资源量不能满足人民生活、经济发展和生态环境保护的需要而超过当地水资源承受能力所造成的缺水，是我国城市缺水最主要的因素；工程型缺水是指当地具备一定的水资源条件，但因缺少供水工程和输配水设施，或工程设施得不到充分发挥而造成的城市缺水；水质型缺水是因为水资源保护不利而造成的水质低于工业、生活等用水标准，使城市可利用水资源量减少造成的缺水，如2007年夏季的太湖蓝藻污染，使生活用水和旅游业都受到影响。由多种因素综合作用造成缺水的城市属于混合型缺水城市。根据抽样273座缺水城市的分析结果，资源型缺水占46%，工程型缺水占29%，水质型缺水占7%，混合型缺水占18%。缺水城市遭遇干旱，不仅居民生活、工业生产受到直接影响，还对服务业、城市投资环境造成影响，有的由于超采地下水造成地面沉降等影响生态安全。

5.3.1.2 城市干旱评价方法

城市干旱是影响城市甚至整个国家政治、文化、经济、国际交流等重大事件的重要内容，是城市干旱评价的核心。但由于目前影响城市干旱程度的因素很多，而且各影响因素与城市干旱等级之间的关系非常复杂，较难定量，所以在评价城市干旱等级上尚未形成统一、确定的方法。

(1) 城市干旱评价判别指标

干旱指标是反映干旱成因和程度的度量，这些指标应能反映出城市居民生活、工业、农业和生态环境几方面的用水量和可供水量之间的余缺关系。因此必须恰当地选择干旱评价指标，才能对城市干旱程度作出准确的评价。

由于城市所处的位置不同，城市供水来源不同，对城市干旱的判定应采用不同的指标。对于以河流、水库等地表水为主要供水源地的地方，天气气候干旱、河川流量和水库蓄水量是重要的指标，而对以地下水为主要供水源地的城市，降水量影响到浅层地下水的补给和地下水位变化；而对于深层地下水，短期气候的影响则不大。

根据中国农业大学等研究的《北京市抗旱预案研究专题报告》，特殊干旱期判定标准包括以下各类指标：

①气象指标：以年降水量为主要指标，参考年季平均气温来确定。

以北京为例，年降水量少于 350 mm 或连续两年以上平均少于 400 mm 为严重干旱年或严重连旱年，年降水量由高到低的百分位为 5%，即相当于 20 年一遇。年降水量少于 300 mm 或连续两年以上平均少于 400 mm 为极严重干旱年或极严重连旱年，年降水量由高到低的百分位为 2%，即相当于 50 年一遇。1999 年为极严重干旱年，1999—2003 年为极严重连旱年，属百年不遇。

考虑到气温对蒸发力的影响，年平均气温比常年偏低或偏高 1℃，上述年降水量指标分别下调或上调 50 mm。1999—2002 年均比常年偏暖，平均偏高 0.8℃。表明近几年的实际旱情要比年降水量所反映的更加严重。

②水文指标：以城市的主要水库来水量、蓄水水位及蓄水量为评价指标，或以河川流量为评价指标。

根据《21 世纪初期（2001—2005）首都水资源可持续利用规划》，提出以密云水库年来水 5.0 亿 m^3 为特枯水年指标。在保证城市正常供水情况下，模拟建库以来的逐年来水过程，密云水库备用库容为 11.0 亿 m^3，加上 4.4 亿 m^3 死库容的蓄水量为 15.4 亿 m^3，相应的蓄水水位为 141.1 m。

根据近年来的极严重干旱年的水库可利用来水状况，确定密云水库来水 2.0 亿 m^3 为极枯水年指标。按密云水库备用库容 6 亿 m^3 计，加上 4.4 亿 m^3 死库容的蓄水量为 10.4 亿 m^3，相应的蓄水水位为 136.0 m。

③平原区地下水动态指标：严重干旱年平原区年末地下水埋深平均比上年末下降 0.8 m 以上，极严重干旱年年末地下水埋深平均比上年末下降 1 m 以上。

对于以地下水为主要供水源的地区，如干旱半干旱地区，地下水位下降，虽然短期内还不足以造成供水短缺，但应引起注意和警惕，应及早采用节水措施，准备备用水源地。一旦地下水位持续下降，将会使水井废弃，供水受到威胁，此时再寻求解决问题的办法为时已晚。

④生态指标：根据城市和周边植物对干旱的响应提出相应的指标。

当长期干旱少雨又缺少灌溉水源时，城市林草植被会呈现出生长不良和枯萎等受旱迹象，可参考林草植被生物量、城市水系水质状况、土壤水分含量等提出相应的指标。

（2）城市干旱等级

城市干旱缺水率是指城市日缺水量与城市正常日供水量的比值，计算公式如下：

$$P_g=\frac{Q_z-Q_s}{Q_z}\times100\%$$

式中，P_g 为城市干旱缺水率（%）；Q_z 为城市正常日供水量（万 m^3）；Q_s 为城市实际日供水量（万 m^3）。

依据城市干旱缺水率将城市干旱分为四个等级，即特大干旱、严重干旱、中度干旱、轻度干旱，见表 5.2。

表 5.2　城市干旱等级划分标准

城市干旱判别指标	干旱等级			
	特大干旱	严重干旱	中度干旱	轻度干旱
城市干旱缺水率（%）	$P_g>30$	$20<P_g\leqslant30$	$10<P_g\leqslant20$	$5<P_g\leqslant10$

（3）城市干旱评价方法

首先，历史旱情分析。可运用历史文献分析、统计资料分析和典型旱年分析的方法进行历史旱情分析。

其次，运用遥感旱情监测解译。包括气象卫星资料解译（NOAA）和资源卫星资料解译（LANDSAT MSS 波段及 SPOT TM 波段），地面水系、土壤湿度、植被指数、干旱指数分析判定。

第三，遥感旱情监测 GIS 图件分析：基于 RSIM（遥感影像地图）的旱情信息在 GIS（地理信息系统）空间拓扑，形成可视化城市旱情时空分布情景图，并分别套叠于行政图及地形图上

第四，进行旱情监测资料分析：农田土壤水分监测网络，配合水电中心监测系统进行；流域水文观测资料分析，气象站网观测资料分析，农情监测资料分析。

第五，对旱情与灾情的综合分析：干旱直接经济损失的综合评估；干旱

社会、经济、生态综合影响的评估；干旱灾情的综合评估。

最后，建立干旱评估模型：提出建立评估模型的前提条件；评估模型的建立；模型参数的选择和确定；模型的调试与检验。

5.3.2 干旱缺水对城市发展的影响与反馈

我国多数城市水资源配置都遵循“先城市、后农村，先生活、后生产”的原则。《中华人民共和国水法》第十四条规定：“开发利用水资源，应当首先满足城乡居民的生活用水，统筹兼顾农业、工业用水和航运需要，在水源不足地区，应当限制城市规模和耗水量大的工业、农业的发展”。因此，在发生一般性干旱，出现供水源不足时，首先考虑的是减少农业灌溉用水和生态环境用水，以保证居民生活用水和工业用水；当发生严重持续性干旱时，优先保证居民生活用水，适当减少工业用水，压缩农业用水和减少生态环境用水来缓解水资源供需矛盾。因此干旱缺水对城市发展影响最大的是农业生产和城市生态环境，其次是工业生产和居民生活。

5.3.2.1 干旱缺水对城市生产的影响

（1）对工业生产的影响

城市是工业建设的载体，拥有较为雄厚的工业基础，门类齐全，技术水平和专业化程度高，一些关系国计民生的重要工业绝大部分集中在城市。干旱缺水对城市工业的影响主要体现在，一方面工业布局和发展受到影响。缺水城市一般都要限制高耗水工业的发展，有些工业规划项目往往因水源不能满足而难以实施甚至停止；第二，工业企业正常生产也会受到影响，工业生产能力闲置、产品产量下降；第三，产品的市场竞争力受到影响。供水不足和工业用水水价过高增加了生产成本，无形中降低了企业的市场竞争力。如北京市工业用水量曾在 1992 年达 15.51 亿 m^3 的历史最大值。后因水资源制约，不得不调整产业结构，压缩冶金、纺织等耗水产业和易污染水环境的化工业，大力发展高新技术产业、第三产业和知识经济，使本市的产业结构进一步轻型化，1999 年工业用水量已减少到 10.56 亿 m^3。尽管如此，在严重干旱年仍需临时关闭或压缩部分企业的生产。

（2）对第三产业的影响

尽管水资源紧缺对第三产业的影响轻于工农业，对其危害仍不可忽视。河流、湖泊、水库等水体的萎缩和因灌溉不足使绿地质量下降，都严重影响了景观价值，从而影响到旅游业的发展。洗浴业、洗车业等高耗水服务业更受到极大的制约。

5.3.2.2 干旱缺水对城市居民生活的影响

一般在发生干旱时城市供水都得以优先保证，但是由于一些地区连年发生严重旱灾，水利工程蓄水普遍不足，干旱逐步影响到北方一些大中城市，导致城市生产、生活用水出现短缺，工矿企业减产或停产，严重制约城市经济社会的发展，这种趋势在20世纪80年代以后表现得更为明显。

由于水资源匮乏，或是由于水资源的短缺引起的城市污染加重、城市热岛效应加剧、生态环境退化等问题，使得城市居民并没有充分的享受到经济快速发展带来的益处，在某种程度上却降低了居民的生活质量，使得城市居民生活用水受到了一定的限制。在我国北方的大部分城市人均生活用水定额要低于全国平均水平，尤其在特殊的干旱年，生活用水只能定时限量供应，给居民生活造成极大的不便。上世纪90年代以来，我国北方地区遭遇连年干旱，城市干旱缺水日趋严重。如2000年全国大旱，先后有20多个省、自治区、直辖市遭受干旱灾害，18个省、自治区、直辖市的620座城镇供水严重不足，城市供水频频告急，不得不采取应急措施，受影响的城镇人口达2635万，直接经济损失470亿元。天津、烟台、威海、长春、承德、大连、鞍山、营口等北方大中城市不得不采取一些强制性节水措施，大量削减城市生活和工业用水量。2002年的春季发生的严重旱灾又造成北京等24个省（区、市）769座县以上城镇（包括县政府所在镇）缺水，影响人口3069万人，其中地级以上缺水城市118座，日缺水1159万t，影响人口1686万人（刘颖秋等，2005）。在一些干旱缺水的城市，如北京、天津、济南等城市水价也要比水资源丰富的广州、上海等高得多，加重了居民生活的负担。

由于有些地区长期饱受缺水之苦，当地的人们一直保持着“一水三用”甚至“一水多用”的习惯。近20年来全民节水意识不断增强，但缺水仍然对社会生活带来种种不便。游泳、滑冰、划船等体育运动项目的开展受到很大制约，夏季高温高层住宅自来水常出现压力不足而影响人民生活。

由于城市人口规模大、住宅楼层高，一旦因水源不足或水源污染发生供水短缺，会引起比乡村干旱更为严重的社会问题。所以，保障城市生活供水有十分重要的社会意义。

5.3.2.3 干旱缺水对城市生态环境的影响

干旱和水资源紧缺对城市生态环境造成了不利的影响。其影响是多方面的。

持续干旱少雨不但使地表径流和地下水储量减少，地面下沉，小泉水干涸，而且造成土地沙化、树木枯死、草场退化、冰川退缩、湖泊干涸、风蚀加剧，生态环境恶化。据有关部门统计，近年来我国土地沙化面积以年均 2460 km^2 的速度扩张，全国水土流失面积已经达到 367 万 km^2，占国土面积的 38%，其中水力侵蚀面积 179 万 km^2，风力侵蚀面积 188 万 km^2，每年流失地表土壤 50 亿 t，导致大量耕地、草场废弃。2000 年和 2002 年春季我国北方地区多次出现大范围的沙尘暴天气，就是生态环境恶化的一个重要信号。

（1）干旱导致地表水匮乏，河道断流、湖泊干涸

由于我国北方地区普遍的蒸发量较大，加之在干旱年天然降水大幅度减少，导致土壤含水量下降，地表水资源出现不同程度的短缺。遇到旱情严重时更会出现河道断流、湖泊干涸，水库蓄水量大大减少和干枯。如我国最长的内陆河塔里木河主河道已缩短了 300 km。西北最大的淡水湖新疆艾比湖水面已从 20 世纪 20 年代的 1200 km^2 萎缩成现在的 50 余平方千米。黄河源区有不少的湖泊已经干涸，湿地大量减少和消失，对生物也有很多不利的影响。

（2）干旱导致地下水过度开发，引发城市地质灾害

由于干旱缺水造成地表水源补给不足，只能依靠大量超采地下水来维持城市居民生活和工农业发展，然而超采地下水又导致了地下水位下降、漏斗区面积扩大、地面沉降、海水入侵等一系列的生态环境问题。

地下水超采，诱发地面沉降。北方地区地下水处于严重超采状态，到 2001 年，海河流域已累计超采地下水约 900 亿 m^3。北京平原区 1980—1984 年连续 5 年地下水开采量大于补给量，累计亏损达 47 亿 m^3，地下水位下降平均达 4.43 m。到 2001 年北京市已累计超采地下水 60 亿 m^3。全国有 40 多座城市由于过度开发地下水而诱发了地面沉降，其中累计沉降量超过 2 m 的有上海、天津、太原等城市。河北平原的城市、西安及大同等地，还因开采过度导致了地裂缝，对城市基础设施构成了严重的威胁。

地下水位下降，漏斗区面积扩大。京津城市群出现了不同程度的地面沉降和裂缝。北京门头沟永定镇地区地下水位埋深 20 世纪 60—70 年代为 20 m 左右，80 年代降到 46 m 左右，到了 2000 年深达 55 m 左右。天津滨海地区塘沽、汉沽、大港、海河下游工业区、经济技术开发区为中心，形成了大面积的沉降漏斗区，天津最大沉降量达 2.46 m，范围达 10 km^2。河北省已形成了 20 多个漏斗区，总面积超过 3.6 万 km^2，其中以沧州市最为严重。以上海为中心的城市群也出现了地面沉降。苏州、无锡、常州的地面沉降量都在 1 m 以上，上海多年累计地面沉降也达到 2 m（宋新山等，2004）。

地下水位下降，导致海水入侵。滨海地区由于地下水严重超采，使滨海平原的地下水位大幅度的低于海平面，引发海水入侵，其后果是大片的滨海地区的地下水质咸化而失去利用价值，土壤盐碱化，良田变为盐碱荒地，给

工农业生产造成巨大的损失。如大连市 20 世纪 80 年代初海水入侵面积只有 130 km^2，至 1992 年年底达到 434 km^2，平均每年增加 30 km^2。此外秦皇岛、沧州、青岛、北海等城市也因地下水位下降，而引起了不同程度的海水入侵，如秦皇岛的海水入侵距离达 6～8 km，已造成地下水咸化。珠江口也因供水流量减少多次发生咸潮。

地下水位下降，导致泉水消失。济南一直以来以泉水著称，20 世纪 60 年代流量大于 0.1 m^3/s 的泉眼有 20 多处，70 年代后泉水流量不断下降，到 90 年代已所剩无几。世界闻名的趵突泉日涌量最高时曾达 40 万 m^3，90 年代出现了多年的断流。

(3) 干旱使水资源的水质恶化加剧

发生干旱使地表径流量大幅度减少，而河流、湖泊的地表水体的自净能力下降，水中的矿化度增高，湖泊内的生物群落发生明显的变化。如北京原是相对丰水的地区，郊区许多地名都以湖泊洼淀沟河命名。人口超载后对水资源的掠夺性开采和气候干暖化导致本市湿地萎缩和消失，多数河流常年断流，水生和两栖生物锐减。大量抽取地下水导致东郊地面下沉，水厂附近树木枯死，平原地区基本长不出成材树木，植被类型向旱生演替。1949 年以后北京地区沙尘天气总体呈减少趋势，但近年来明显反弹。除与西北地区植被退化，荒漠化蔓延有关外，本地沙源的增加也是一个重要原因，这与在水资源制约下越冬作物面积减少导致冬春裸露农田增加及灌溉面积的缩小不无关系。水源不足也使得街道洒水次数和数量受到很大限制。由于缺水，城市水系的水体不能及时更新，致使一些湖面数次出现由有机污染物形成的水华。

5.3.3 城市发展对干旱缺水的影响

城市人口集中、产业聚集，通常是区域经济、政治、文化的中心。随着城市化水平的提高，区域经济资源逐渐向经济优势区域——城市集聚，使城市真正成为区域经济发展的增长极，处于区域经济发展的主导地位。因此，城市对水资源的供应和利用提出了更高的要求。

城市化的进程加快，是国家兴旺发达的标志，但是城市规模的扩大和经济建设的发展，城市人口的急剧膨胀，使我国水资源供需面临非常严峻的形势，水危机越来越向我们逼近。

(1) 城市化将使水循环的下垫面发生变化。楼房、道路、广场等大量人工建筑的修建使透水地面减少，截断了雨水通过地表下渗土壤的途径。

(2) 随着城市的扩大和居民生活质量的提高，城市用水量不断增加，对现有水资源造成巨大的压力，发生城市干旱的机会增多。北京市 1949 年以来辖区内常住人口从400余万增加到2000年的1278万，普查人口达1382万，加上流动人口，实际人口承载量超过1500万。经济总量增长了数百倍，全市总用水量稳定在40亿m^3左右。

(3) 近年来工业发展迅速，与之相应的工业用水量也大幅度的提高。由于城市生产、生活用水量逐年增加，使城市水资源供需矛盾日益尖锐。工业污水、生活污水、固体废弃物增多，对城区河流等地表水源的污染使原本紧张的水资源供应更加紧张，水环境恶化。

(4) 在工业化、城市化的进程中，对水的竞争使用越来越激烈，一旦旱情发生，在水资源的开发利用中极易形成这样的格局，即城市用水和工业用水挤占农业用水，农业用水又挤占生态用水，使得农业缺水问题更加突出，造成自然植被衰退（如西北胡杨林衰退），加速土地荒漠化的形成。

(5) 随着人们生态环境意识的提高，对城市自然景观及生态系统的恢复有了更高的期望，必然要从城市水资源中留出部分水量用于生态环境建设，为筹办2008年奥运，北京还对城市水环境质量提出了更高的要求。不仅城市河湖用水量增加，而且绿地面积也要相应扩大，因此环境用水要显著增加。

5.3.4 干旱与城市用水管理

20世纪80年代以来，随着国民经济的发展和体制改革的深入，城市规模和人口呈快速增长的势头。水资源对城市发展的重要意义，并不取决于水资源给城市带来的绝对利益，而是由水资源短缺程度对城市发展的影响决定的。工业化和城市化发展到一定程度，水环境的恶化和水资源的短缺对城市经济发展和社会福利的制约作用日益加强，水环境将由传统经济发展过程中的外部因素转化为决定城市经济可持续发展的内部因素，这一历史发展的规律将随着人们对生态环境的重新认识而成为共识。如果在水资源开发利用上没有大的突破，在管理上不能适应这种残酷的现实，水资源很难支持国民经济迅速发展的需求，而且会引起社会秩序的混乱。

针对我国水资源现状，缓解城市干旱缺水的对策主要有以下几个方面：

(1) 制定城市水资源综合开发利用规划

争取做到统一管理、合理调配和充分利用各类水资源，进一步加强城市水资源管理。

城市地下水资源的管理。限制开发地下水资源，以控制地下水的盲目超量开采，从而最大程度地涵养地下水源，实现城市水资源的可持续发展。

据不同用途，按水质用水。外引水和河水主要用于工业生产，优质地下水主要用于城市居民生活用水，经处理的污水可用于工业生产、城市景观绿化等原则，合理利用与优化配置各类水资源，做到物尽其用，实现科学高效用水。

调整城市用水结构，形成节水型的经济结构，实现水资源可持续发展的布局。城市用水各行业中，工业企业用水是大户，占整个城市用水量的70%～80%，以往那种用水量大，浪费严重的用水不合理现象是与现代化工业发展不相适应的，淘汰耗水量大、技术落后的工艺、设备和产品势在必行。开展节水技术改造是城市工业及第三产业加强节水管理的重要方面。生活用水在城市中也占有较大的份额，生活节水的关键在于提高居民节水意识，推广科技节水，应用节水型用水器具，制定用水器具标准等，倡导城市居民提高用水效率。

（2）建立合理的水费体系

国内外实践表明，在各种节水手段中，经济手段是实现城市水资源科学管理的关键。水价对水资源的配置和管理都起着重要的导向作用。

提高城市用水的水费基准，促进用水单位和个人自觉提高用水效率，从而提高城市节约用水水平。确定用水水价标准时应考虑不同用水制定不同的水价，还应实行地区差价，季节差价等促进合理用水，节约用水。

恢复水的特殊商品属性，把水价列入生产成本，充分发挥经济杠杆的调节作用，引导生产者合理配置水资源。

制定有利于污水资源化的价格政策，以利于污水的回用。利用再生水是实现水资源供需平衡的重要因素，为鼓励使用再生水，不对再生水征收水资源费，工业用再生水价格每立方米为地表水供工业用水价格的50%左右，农业用再生水为地表水供农业用水价格30%左右。

（3）健全节水法规体系和加大节水监察力度

城市节水管理工作应当走法制化、规范化道路。城市节水法规是深入持久地开展节约用水工作的法律保证，也是用法律手段实现水资源合理利用的有效形式。根据各城市水资源的特殊情况，进一步制定和完善地方性节水法规条例，以明确职责，规范行为，强化水资源的管理。同时，应制定分质用水、循环用水、重复用水等方面的技术标准和科学、合理的用水定额，使水资源管理和节水工作在各个环节上有法可依、有章可循。

完善的节水法规体系为实现水资源的合理分配和优化利用提供了必要的前提条件，但还须加大执法力度，才能使节水法规的各项规定落到实处。因此在今后一段时间内，要进一步加强节水监察工作，依照法律程序对违章用水和浪费用水行为进行监察和处罚，强化节约用水行政执法和对违纪行为的查办执法力度，从而真正做到有法必依、违法必究。

（4）深入开展节水教育宣传

广泛开展节水宣传教育工作，提高群众对节水的重要意义，使广大群众明确认识到节水是我国的一项基本政策，保护水资源、水环境是每个公民的责任，树立全民水忧患意识，形成节约用水、合理用水的社会风气。

这些城市用水的综合管理措施将有效的缓解城市干旱缺水的问题，对城市的可持续发展具有重要的意义。

5.4 干旱对生态环境的影响

无论是人类活动导致的土地退化、沙化，还是全球变化导致的气候异常，干旱问题已经越来越严重地威胁到人类的生存环境。在地球中纬度的很多地区，因持续干旱和不适宜的人类活动，使脆弱的生态环境进一步恶化，出现大面积土地退化沙化、土壤盐渍化和水土流失，生态与环境的破坏速度已远远超过自然生态恢复与重建的速度。在中纬度地区，无论是森林还是草地，干旱都对其造成了很大的影响。尤其是中国北方的农牧交错带，干旱对其的影响更是引发了一系列的环境问题。而占国土面积40%的北方地区的干旱化，是目前我国最为严峻的生存环境问题之一。

5.4.1 干旱对森林和草地植被的影响

世界上植被呈现地带性分布，以降水量的多少划分则为：年降水量400～2000 mm、年干燥度<1.5的地区适于森林生长，年降水量300～500 mm，年干燥度1.5～4.0的地方为半干旱地区，适合牧草的生长，是典型草原所在的区域，而年降水量150～300 mm，年干燥度4.0～16.0的地区则为荒漠草原或荒漠区。

根据联合国粮农组织1998年公布的《世界森林资源评估报告》，中国的森林面积为1.34亿hm^2，占世界森林总面积的3.9%。中国人均森林面积列世界第119位。中国拥有草地近4亿hm^2，约占国土面积的40%，居世界第二位。但人均占有草地仅0.33 hm^2，为世界人均草地面积0.64 hm^2的一半。由于长期乱砍滥伐和毁林开荒，中国宝贵的天然林面积大量减少。占国土面积50%的西部干旱、半干旱地区，森林覆盖率不足1%，许多地区无林可言。

中国的草地资源以天然草地为主，84%的草地分布在西部，面积约3.31亿hm^2。草地由于不合理开垦、超载放牧，以及长期对草原缺乏管理使草地植被遭到破坏，90%的可利用天然草地不同程度地发生退化。目前全国草地退化、沙化、盐渍化的面积已达1.35亿hm^2，全国草地的退化使平均产草量下降了30%～50%。

我国大部分地区处于干旱半干旱和亚湿润的生态脆弱地带，气候特点为夏季盛行东南季风，雨热同季，降水主要发生在每年的4—9月。北方地区雨季虽然也是每年的4—9月，但存在着很大的空间异质性，有十年九旱的特点。由于气候环境因素的变迁和不合理的人为干扰活动，导致了植被严重退化，进入21世纪以后，连续几年，干旱有加重的趋势，而且是春夏秋连旱，对脆弱生态系统非常不利。

森林的大面积消失，除了会造成洪水灾害，而且也会导致气候干旱、河道断流、沙尘暴肆虐和土地沙漠化。

一般认为森林具有很好的水土保持的作用。森林可以固定水土减少径流量，同时还可以调节枯水径流，具有削减洪峰等作用。覆盖良好的草地对保持水土与覆盖良好的林地有同等重要的作用，而且，在干旱半干旱地区，覆盖良好的草地比覆盖率低的林地保土作用更好。很多试验研究资料表明，森林能够大幅度增加水平降水。因为森林的多层次结构和茂密的枝叶，可从雾中凝聚相当多的水，形成树雨。森林能够降低林地土壤的水分蒸发量，但林地却存在林木蒸腾耗水的问题，且随着树种、树龄、密度等的不同而差异很大。在降水量充足、土壤供水充分的条件下，林地与非林地的土壤蒸发主要发生在表层，分别占其蒸散总量的90.1 %和99.8 %；林冠的蒸散量（包括叶面截留蒸发量和蒸腾量）是林下土壤蒸发量的146.0%，二者之和（林地蒸散总量）比非林地少19.8%。在降水量小、土壤干旱和极度干旱的条件下，影响林地与非林地土壤蒸发和树木蒸腾的因素增多，包括立地条件（土壤含水量、土壤质地、类型、结构等）、气候（温度、风速等）、林木特性（林种、树种、密度等）在内的多因素综合作用，使对林地与非林地土壤蒸发和树木蒸腾的考察难度加大，尤其在林木覆盖率很高的地区或流域，遇到降水稀少、气候干旱的季节或年份，林木的存在是否会加重土壤干旱的程度，目前不清楚。但是，干旱却能使树木无法成活或者不能满足其生长要求，当土壤含水量持续低于树木蒸腾所需的临界含水量时，树木便会萎蔫（叶片气孔关闭、蒸腾作用停止）甚至死亡，不会再有因蒸腾而加重土壤干旱的机会。我国幅员辽阔，在干旱地区造林是非常困难的，只有从科学选择耐旱的植物种类入手，甚至从种草开始，再通过改革造林方式，采取集雨节灌、地膜覆盖等旱作技术手段，降低降水的无效消耗，提高降水的利用率，循序渐进地推动干旱地区造林绿化工作的开展。

5.4.2 干旱对森林草地火灾的影响

自2000年以来，由于全球气温的不断升高，导致北方地区气候偏旱，林地地温偏高，草地枯草期长，森林地下火和草原火灾有增长的趋势。从火灾统计数据来看，我国特大森林火灾都发生在黑龙江和内蒙古大兴安岭林区，4起过火面积超过35万 hm^2 的森林火灾中的3起与厄尔尼诺现象有关。这也表明我国东北林区的气候受气候异常的影响很大。从统计数据中可以看出，20世纪60、70和80年代只发生1～2起森林大火，而90年代发生5起森林大火，2000年发生2起森林大火，似乎与近年来全球气温升高和异常天气频繁发生有关。

我国是世界上发生草地火灾比较严重的国家，在392万 km^2 的草地中易发生火灾的占1/3，频繁发生火灾的占1/6。草地火灾发生最频繁区域在内蒙古草原区，其中，锡林浩特市的东乌珠穆沁旗、呼伦贝尔市的陈巴尔虎旗和新巴尔虎旗为草地火灾的高发区。火灾发生有两个时段，一个是在3—6月份，另一个为11—12月份。从1949年以来的近50年中，我国牧区共发生火灾5万多次，受灾草地面积200万 km^2。在火灾中烧死423人，烧伤1500人，造成经济损失约600多亿元。1987年以后，我国加强了草地防火工作，通过增加资金投入、加强法规和机构建设、提高防扑灭装备水平和科技水平、推广配套的防扑火技术，取得了很好的效果。近年来，由于起火原因增多，火源管理难度大，境外火源频频过境，给草地防火工作带来很大的难度。目前，草地火灾损失仍然很大，每年草地火灾受灾面积仍是森林火灾受灾面积的几倍至几十倍，而且大部分重特大森林火灾是由于草地火灾蔓延所引起的。草原火灾的发生受到很多因素的影响，其中包括稳定因子（如地形等）、半稳定因子（如可燃物特征等）和天气因子（气象要素等）。全球气温升高和气候异常会打破地球的水循环，引起局部地区的洪涝和干旱，而干旱会直接影响到森林火灾的发生，洪涝也常常会引起可燃物量增加，进而增加森林火灾的发生概率。

森林火灾可划分为树冠火、地表火和地下火。地下火也叫土壤层火；土壤层包括森林中接近土壤层的细小可燃物、腐殖层可燃物和泥炭层可燃物。在腐殖质中燃烧的火称为腐殖质地下火；在泥炭层中燃烧的火称为泥炭地下火。地下火作为森林中一种难以控制的燃烧现象，其形成机理极为复杂。丰富的近土壤层和地下可燃物是森林地下火发生的物质条件，气象条件促进了森林地下火的发生。特别是遇到降水少、长期干旱、地面温度增加，相对湿度降低，可燃物干燥的情况，就很容易引起地下火灾。地下火一般燃烧速度慢、持续时间长、燃烧充分，具有隐蔽性强、燃烧不连续、方向易变等特点。地下火在所有火灾中对森林危害最大，特别是对落叶松、樟子松、云冷杉等的破坏更为严重。

雷暴天气也可以引发森林草原火灾。我国绝大部分地区在春、夏、秋三季为雷暴季节，从南到北随着纬度的增加，四季越明显，雨水也越少。干雷暴多发生在北方地区，因此森林雷击火多分布在我国北方。大兴安岭林区雷击火发生时间一般在 4 月中旬至 7 月中旬，个别年份秋季 9 月也有发生，4 月极少，5 月占 11%，6 月占 83%，7 月占 2%，9 月占 4%。在一天中雷击火大都发生在上午 9 时至晚 8 时，午后为高峰时段，主要集中在下午 3—4 时，早晨和夜间基本不发生干雷暴。

综合研究资料表明，雷暴天气，特别是“干雷暴”加上长期干旱和高气温是产生林区雷击火的气象条件，纬度、海拔和有利的地形是雷击火发生的地理因素。降水、连旱日数以及相对湿度、气温、日照等气象要素对火灾的发生有着明显的影响，这些要素综合地影响着林内可燃物质的干湿程度。连旱日数是一个很重要的前期气象因子，因为连旱使可燃物含水率进一步减少，可燃性相应增大。

5.4.3 干旱对荒漠化影响

第四纪环境为人类提供了良好的栖息场所—森林、草原、土地和水资源，也不断地给人类带来各种灾难，如严寒、冰冻、干旱、风暴、洪水等。从工业革命到现在，尤其是 20 世纪人类对大气圈、岩石圈、生物圈和水圈造成了空前的破坏，人类在“征服”自然的过程中取得了“辉煌”的成就，同时也受到了自然界的报复，其中最突出的反应是温室效应和全球性荒漠化，几乎 90%的荒漠化主要是人为因素引起的。

当前全球变化对地球中纬度地区的影响和人类活动等因素使我国干旱半干旱地区生态环境恶化，如大面积土地沙化、沙尘天气、土壤盐渍化及水土流失。人类对生态环境的破坏速度已远远超过了自然生态恢复与重建的速度，人类赖以生存的自然服务功能正在下降。

中国干旱、半干旱、半湿润区的面积为 256.6 万 km^2，占国土面积的 26.7%。该区拥有丰富的土地、生物和地下水资源，因此人类活动也比较频繁，土地退化沙化，乃至形成荒漠化也最为严重。

在自然因素、人为因素或自然—人为因素的综合作用下，土地的结构和组成、物理性状及化学组分发生变化，从而导致沙质荒漠化、盐碱荒漠化、水蚀荒漠化、石漠化以及其他类型的荒漠化，使土地退化，生态系统退化，土地生产力下降，甚至丧失。在特定的生态环境中，在自然和人为因素的作用下，非荒漠化景观可以发展为荒漠化景观，甚至可形成典型的荒漠景观；干旱缺水，植被退化，水土流失，沙尘暴灾害频繁，气候演变的趋势有利于荒漠化的发展。20 世纪 80 年代中后期，中国北方农牧交错带荒漠化发展迅速，其面积占全国沙质荒漠化面积的 64%。荒漠化发展的年平均速率为 1.39%，最高可达 4.66%。

荒漠化加重了干旱的影响，增加了该地区的蒸发量以及农业、人口、牲畜的用水量，因而减少了地表径流和地下水含量。地表径流的减少以及地下水位的下降容易造成海湾地带淤积、咸水侵入、水源污染、淡水鱼种类减少等现象，同时增加了海岸侵蚀，对人类和牲畜的健康带来不良影响。荒漠化的发生必将加速人类对地下天然水库无节制的利用，最后使之逐渐被废弃。荒漠化是各种自然、生物、政治、社会、文化和经济因素的复杂作用相互而成，但最直接的成因是 4 种人类活动：即过度种植使土壤衰竭，过度放牧毁掉防止土壤退化的植被，砍伐森林砍掉固定陆地土壤的树木，排水不良的灌溉方式使土壤盐碱化。

荒漠化往往因为干旱而加剧或爆发，干旱是荒漠化发生的催化剂。荒漠化增加辐射的反射，改变地表辐射平衡，加热空气的热量减少，有冷高压增加的倾向，使荒漠化与干旱化形成正反馈效应。

5.4.4 人类活动与干旱缺水

随着人类社会的发展、人口的快速增长和生活水平的提高，人类对自然界利用的广度和深度愈来愈高，为满足对粮食的需求，大量砍伐森林、开垦土地；而在很多地区为满足燃料的需求，则要砍烧天然植被，导致地面覆盖的天然植被被破坏。在生态环境比较脆弱的干旱半干旱地区，自然环境本身比较脆弱，在没有人类干扰情况下，短时间出现不利影响生态系统尚有自我恢复的能力，但是当人类过度利用后，就发生严重的退化和沙化现象。人类一方面享受科技进步带来的物质文明，同时不得不面临生态环境失衡后带来的一系列的资源问题，干旱缺水是当今全球面临的最大的生态危机。

社会经济干旱由供水和用水不平衡产生，从多年平均状况看，干旱严重化主要由人类活动引起，即在大的区域上降水量等可更新水资源总量变化不大的情况下，干旱主要由用水量增加所致。随着人口增加，人均水资源量减少；随着社会经济的发展和粮食需求增加，农业灌溉用水量大幅度增加、工业化使工业用水量大幅度增加，城市化使生活用水量大幅度增加，同时使水污染增加，总体上造成清洁水来源减少、而社会用水总量增加，必然导致出现干旱加剧的趋势。

按 1997 年的统计，中国水资源人均占有量只有 2200 m^3，为世界平均水平的 1/4、美国的 1/5，在世界上名列 121 位，是全球 13 个人均水资源最贫乏的国家之一。另外，从人口和水资源分布来看，南北差异非常大。长江流域及其以南地区人口占中国的54%，水资源却占了81%。北方人口占46%，水资源却只有19%。由于自然因素和人为因素，北方的水资源在减少，南方水资源在增加，这个趋势在20世纪80年代中后期尤为明显，这就意味着南北水资源的短缺和不均衡。而且，受大陆季风气候的影响，中国水资源在季节上分布极不均匀，近年来极端气候事件有增多的趋势，表现为不是长期干旱，就是暴雨连连。

人类砍伐森林和开垦土地，破坏植被和进行耕作可以直接造成土壤侵蚀；人类活动可以通过影响坡地、流水方向变化；风沙过程引起块体、河流、岸线侵蚀和沙丘活化，加速土壤侵蚀；而人口增长的压力、牲畜增长的压力、土地利用结构变化等因素成为土地荒漠化的驱动力。

人类活动对草地的影响则包括对草地的超载过牧、超负荷刈割，使草地植被再生能力下降，从而导致草地生物量减少、群落稀疏矮化、优良牧草减少、劣质牧草增加；在草地上采樵、挖药材、搂发菜等活动对草地植被均有一定的影响，使气流活动的下垫面发生改变，加重干旱，也是草地退化的重要原因；人类活动还有工程建设、城市化、战争、采矿等。所有这些因素都会导致地面植被覆盖率的变化和对大气的反馈作用，加重干旱化，从而引起更严重的水资源不均衡分配和短缺。

针对干旱加剧，需根据区域水资源状况，调整经济布局，在水资源不足的地区限制发展高耗水工业和农业，发展少耗水的产业，保障生活用水，协调经济发展。

5.5 干旱对经济可持续发展的影响

干旱是我国很多地区面临的主要问题，现已成为制约经济可持续发展和社会进步的重要因素。干旱对我国经济可持续发展的影响表现在多个方面，主要是干旱灾害引起地区种植业结构的调整、影响地区产业布局的分布，以及对地区特色经济模式的影响，地区经济可持续发展在干旱区很大程度上依赖于合理地利用现有的气候、环境资源，因地制宜的发展特色区域经济。

5.5.1 干旱对种植业结构的影响

农业生产结构中的种植业比重与灾害损失之间有着密切的关系，农业生产结构中种植业比重高的地区，遭受干旱灾害产生的经济损失较大。为了减少旱灾的损失，决策部门应当指导调整种植业结构以适应气候条件的变化。

（1）区域干旱发生分布特征

长期以来，我国农业生产在地域上已经形成了不同的熟制和作物种类分布，因此干旱灾害的发生分布特征也各有不同。华北是我国的冬小麦的主产区，其小麦产量占全国总产量的50%左右。而该区域4—10月的降水量占到全年的85%～90%，冬春季的降水量稀少，仅占全年的2%～7%，春季降水占全年的10%～12%。因此，华北是冬小麦春旱、秋播旱的多发区。据统计，华北春旱的发生率是70%左右，常出现连年春旱，如1970—1975年连续发生6年的春旱。南方是水稻的主产区，该区是水稻伏旱、伏秋旱的多发区。据统计，长江中下游地区7—8月份降水变率40%左右，多年平均降水量比蒸发量少70～130 mm。几乎每年都有一个月的伏旱期，个别地方2个月，并且伏旱率为90%。我国北方是秋收作物夏旱的多发区。北方地区种植的玉米、棉花、高粱等靠自然降水供应水分的秋收作物，经常遭受夏旱灾害。

（2）干旱对种植业比重的影响

随着气候变化的不断加剧，干旱出现的频率和破坏都在增加，据统计资料显示，1949年以来，我国每年的受灾面积中，旱灾占了62%，其对种植业的危害自1949—2001年，粮食减产总计7360.52亿kg。50多年来，总体上我国的旱灾粮食减产都在呈大幅度的增加趋势。特别是2006年发生在川渝的干旱，造成四川作物受旱面积140万hm^2，占旱区播种面积的35%，绝收面积26.4万hm^2，干旱造成的直接经济损失达61亿元，造成重庆农作物受灾面积已达131.0万hm^2，直接经济损失达到60.2亿元。为了应对旱灾引起的灾害损失，近25年来，国家逐步降低种植业在农业生产上的比重，从而客观上减少干旱造成对农业生产的损失，自1979年到2001年，种植业在农业生产上的比重从80.0%已经降到了65%。

（3）针对干旱调整种植业结构

针对我国干旱灾害发生的情况，要从不同的角度和区域调整种植业结构，合理利用资源优势和气候特点，促进地区农业的可持续发展。

调整产品结构，扩大种植耐旱、稳产作物，充分发挥作物自身的抗旱能力，力争旱灾不减产或少减产。种植耐旱作物是旱区农业生产的固有措施。研究表明，在禾谷类作物中，抗旱性强的有高粱、玉米、小麦、大麦、燕麦、黑麦、马铃薯、谷糜等；在经济作物中，除棉花是较耐旱的作物外，向日葵、花生、油菜也有较强的抗旱性；在豆类作物中，大豆、绿豆、豇豆、蚕豆等都较耐旱。因此，根据不同地区的干旱程度，要种植适应当地气候条件的农作物，特别是具有抗旱、耐旱、耗水量少的优良品种。

针对旱区降水年内分布的季节性和年际间明显的波动性，作物种植业结构要力求与降水特征相适应。对于春季发生干旱的地区要减少春季播种作物的种植面积；增加夏季播种耐旱作物的种植面积，减小非耐旱作物的种植面积，如适宜发展杂粮、玉米、向日葵等作物。对于夏季易发生干旱的地区，要增加耐旱作物的种植面积，减小非耐旱作物的种植面积，尽量压缩夏粮的种植面积，扩大秋粮的面积。对于秋季已发生干旱的地区，要增加经济作物的种植面积，增加春季播种作物的种植面积，减小秋季为关键期作物的种植面积。并且根据降水调整作物熟制和播期，增加耐旱、水分利用效率高的作物，消减耗水量大的作物，扩大耗水量小的作物的种植面积。

改变种植结构，提高饲料作物比例。干旱区受自然条件限制，一些地区只能种植玉米、小麦、土豆等干旱作物，甚至一些地区连耐旱作物也不能种植。因此，对于这些地区的种植结构，要减少粮食作物的面积，适应气候条件和需求的增加牧草的种植，开展退耕还草，促进畜牧业发展和生态环境改善。

5.5.2 干旱与产业发展布局

调整产业布局是干旱、半干旱区经济发展的必需条件，因为产业布局的调整与经济发展息息相关，而产业布局又对推动经济的发展和生态环境的改善有着相当重要的意义。干旱对产业发展布局的影响主要表现在农业结构的分布、工业发展、第三产业的相互影响上。

干旱限制了农业的发展，为了取得区域经济的发展，区域产业调整就势在必行。产业布局调整就是要改变干旱区单靠农业的一元结构，转变观念，放眼于矿产开发、能源利用的资源优势，放眼于农副产品及矿产品加工，放眼于商品、运输、建筑的各类服务业，搞活经济，取得更大的经济效益，大力以工补农，以矿补农；重视第三产业的发展，以商补农，发展多元的产业结构布局。工矿业、商业、服务业等非农产业的迅速发展，使得大量劳动力得到转移，从而减轻区域经济发展需要对土地的压力、对土地的开垦，从而形成了一个合理的结构。在确保种植业面积的前提下，合理的产业布局结构产生大量的经济收入，使人们有能力对农业生产环境进行改造，不断的改善农业生产的生态环境，为农业发展获得良好的经济效益奠定基础。

对于农作物的布局要本着顺应自然、抗灾避灾和有利于规模种植、区域开发的原则，做到扩大主产区的种植规模，压缩零星种植区域。通过对作物生育状况的调查及不同气候条件下农作物经济效益分析，对现有的不适应变化的干旱气候条件的作物布局，应进行合理调整，充分利用旱地和山地资源，大力发展经济作物，因地制宜，优化品种配置，发展抗旱农业、避灾农业、高效农业。对于宜草、宜林的地区，要根据其气候条件，合理退耕、退林，增大林牧业的比重，大力发展畜牧业。

我国干旱区地域辽阔，但农业自然资源总体处于劣势，仅靠第一产业，即使是充分去发掘自然资源也很难摆脱经济的困境。因此，针对干旱区域，要充分利用其矿产资源丰富，调整产业布局，大力开办加工业，把干旱区的煤炭、石油、天然气等资源优势转化为经济优势，从搞活本地经济入手，增加农副产品和矿产品的深加工，逐步向高新技术产业转化，建立本地经济，加大流通、加快运输，积极开办各类服务业，参与市场竞争，促进地区产业的合理布局和分布。

在干旱区进行合理的产业布局，有利于当地经济的发展，同时有利于进行农业自然资源的利用和生态环境的改善，合理的对干旱区进行产业布局调整有着重要的意义。

5.5.3 利用干旱气候资源发展特色经济

干旱的气候条件给经济的发展造成了一定的阻碍，但是如果能利用好干旱气候的独特资源，发展出特色的经济模式，也是推动干旱区经济迅速发展的重要途径。目前，在我国干旱气候区已经出现一些独特的经济发展模式。

根据干旱区的气候特点，可以通过优化调整农业结构，突出发展特色农业，如积极扶持发展设施农业，建设蔬菜、药材、花卉、苗木、食用菌生产基地，建立一批科技含量高、产品质量优、经济效益好的高效农业长廊和经济带。这其中具有代表性的是我国西部的干旱区的省区。

（1）中药材产业

宁夏根据该区的气候特点和土壤性质，发展起了中药材种植产业。科研工作者根据宁夏半荒漠沙质土壤特点、经济效益显著、市场需求等因素，广泛开展了甘草、板蓝根、蒙古黄芪、麻黄、银柴胡、金银花、北沙参、防风等中药材的种植。在这一地区形成了中药材种植为主的特色经济，推动了区域经济的发展。

（2）马铃薯产业

马铃薯作为一种粮菜兼用型作物，由于适用性强、生育期短、产量高、营养丰富，在西部干旱、半干旱地区是主要的粮食、经济作物，在解决人民温饱和抗灾救灾中起着不可低估的作用。近年来，随着马铃薯加工业的发展以及种植结构的调整、农产品市场效益的增加，马铃薯产业迅速崛起成为一种新的产业，并且通过对其的深加工的不断深入带动了工业的发展，形成了新的产业群。

(3) 沙棘产业

内蒙古根据干旱、半干旱地区生态环境开展了旱生、耐盐碱沙生植物加工的特色经济。形成了沙棘饲料加工、水果加工、提取沙棘油、提取多种生命活性物质医学浓缩剂、提取黄色素、维生素 E、维生素 C 及有机酸、高功效的保健食品、药品及化妆品等沙棘深加工产业。这一经济的形成不但促进了当地的经济可持续发展，而且在保持水土、防风固沙、改良土壤、固氮、提高土壤有机质、提高土壤肥力和蓄水功能、减少土壤侵蚀和改善生态环境等方面也起到了明显的作用，可以说是在经济发展和环境保护上形成了双赢的局面。

(4) 山杏产业

山杏在我国北方是很有发展前途的一种经济树种。内蒙古分布的天然山杏林面积达 54 万 hm^2，人工山杏林 34 万 hm^2 并且每年营造人工山杏林 11 万 hm^2。通过在内蒙古干旱区对山杏的深加工，形成了制作果干、罐头、杏脯和提取杏仁油、润滑油、钟表油、高级涂料和化妆品原料及酿酒、制醋等产业，成为带动地方经济发展的重要产业。

(5) 肉苁蓉产业

肉苁蓉是内蒙古特有的，内蒙古自 20 世纪 80 年代初开始人工接种肉苁蓉工作，经过 20 多年的不断试验探索，人工接种技术逐步提高，推广面积不断扩大，取得了一定经济效益。随着西部大开发战略的实施，内蒙古生态建设速度加快、规模扩展及产业建设体系的逐渐完善，内蒙古积极寻找生态建设与经济发展的有机结合点，在充分保护科学利用的基础上，进行了较大面积的人工种植，基本形成了一项绿色产业。

(6) 畜牧业

根据干旱区的自然气候特点，通过退耕还林还草等措施，各地因地制宜的发展了畜牧业。如沿黄河灌溉条件较好的中卫县、磴口县等黄灌区的著名产粮区，饲料资源丰富，发展一些以精饲料为主的猪、禽业；而在宁夏、内蒙古等退耕还林和草原区域，根据自身的优势资源和气候条件，形成养羊、畜牧深加工等畜牧产业群。

(7) 旅游业

我国西部干旱省区根据自身气候、资源特点，形成了干旱景观旅游和生态旅游产业。独特的地理环境、多样的气候类型和完整的生物体系造就出了西北独特的干旱景观区，同时加之悠久丰厚和灿烂辉煌的文化以及独特的文化习俗和民族风情，为旅游业发展奠定了坚实的基础。近年来，依据这些资源，西部干旱区逐步形成了以古西域城邦的历史文化遗存和中国最大的沙漠、最大的自然保护区为重点的新疆南疆丝绸之路古迹旅游区、塔克拉玛干沙漠穿越生态旅游、阿尔金自然保护区特种生态旅游区、北疆山水风光风情旅游区等旅游产业；内蒙古沙漠旅游、成吉思汗陵、蒙古风情和草原旅游产业；宁夏的沙坡头、沙漠文化节、回族风情旅游产业；甘肃敦煌综合生态旅游区；陕西陕北黄土高原、黄河文化景观旅游产业等众多具有区域特色，特别是干旱引起的特色旅游产业。

利用干旱的气候资源形成的特色经济，一方面利用了区域的气候资源和自然资源，带动了区域的经济发展，另一方面，这样因地制宜的特色经济模式在环境保护和改善生态环境、加快区域产业合理分布上也起到了相当的作用，因此合理的利用干旱气候资源开展特色经济具有重要的意义。

第6章 干旱应急管理与防御

6.1 干旱灾害应急

6.1.1 抗旱应急预案

干旱是长期存在的一个世界性难题，世界上近一半国家都不同程度地受到干旱问题的影响。抗旱应急预案是在现有工程设施条件和抗旱能力下，针对不同等级、程度的干旱，而预先制定的对策和措施，是各级防汛抗旱指挥部门实施指挥决策的依据。

2005 年 5 月，国务院办公厅印发、实施了《国家防汛抗旱应急预案》。预案包括了防汛抗旱工作的体制、机制和预警、应急、保障、善后等各个主要环节，提供了分级操作的准则和规范。这标志着我国政府在应对洪涝干旱等突发自然灾害的工作进一步规范化，决策更加科学化，也是我国防汛抗旱减灾工作的一个新起点。对于做好新形势下的防汛抗旱减灾工作，有着重要的指导作用和意义。

在制定抗旱应急预案时，干旱信息必不可少，要想及时准确地收集到所需要的信息，建设一个可靠的信息数据库就显得尤为重要了。对干旱的描述，国内外已有较成熟的指标（如降水量距平百分率、帕默尔指数、土壤相对湿度等）。对干旱的研究，主要偏重于自然因子方面的定性描述和定量研究，而综合自然因素和社会经济因素的定量研究比较欠缺。在数据库建设方面，由于旱灾对社会、经济影响具有不确定性，防灾减灾信息系统要实现全方位表达、分析灾情信息，必须具有丰富的、海量的数据资源作为支撑。需要的数据主要包括：基础空间数据、灾害发生的位置及范围数据、灾害属性数据、社会经济数据、基础设施环境数据、救灾物资数据、历史案例等。对干旱的深入研究则要求综合分析干旱化的形成机理，定量描述人类活动的生态效应及其对干旱化的影响，建立数学模型并对干旱化趋势做出预测。这就要求建立的干旱数据库是集自然因素和人文因素为一体的长时间序列的大型数据库，包括自然因子数据、社会经济数据、遥感影响数据和案例数据等多源信息。因为不同的数据源有不同的统计单元和时间分辨率，因此在数据库的建立过程中，就会产生各种数据源之间空间分辨率和时间分辨率的相互不匹配以及同一数据源内长时间序列的指标统计标准和量纲变化问题，在这方面研究者还应做出更多的努力。

在应对特大洪水干旱这样的自然灾害以及其他突发公共事件时，必须要有一个良好的管理体制，建立集中统一、坚强有力的指挥机构。同时还需要有一个健全的运行机制，只有这样，才能实现集中领导、统一指挥，功能全面、责任明确，信息畅通、反应快捷，运转高效、成本合理。而要建立健全相应的体制和机制，就需要有一定的法律法规作为依据和支撑。

在多年抗御洪水干旱灾害中，我国已经基本形成了行之有效的管理体制和运行机制，国家为了有效地控制洪水灾害，在进行大量防洪工程建设的同时，先后制定了《中华人民共和国水法》、《中华人民共和国气象法》、《中华人民共和国防沙治沙法》、《中华人民共和国突发事件应对法》、《人工影响天气条例》、《国务院关于加快气象事业发展的若干意见》、《国务院办公厅关于进一步加强气象灾害防御工作的意见》、《国家综合减灾“十一五”规划》等一系列法律、法规，使干旱防御减灾工作纳入法制化的轨道之中。

抗旱应急预案规范了抗旱工作的程序。应急预案是政府组织管理、指挥协调相关应急资源和应急行动的整体计划和程序规范。应对和处置突发公共事件是一项系统工程，要明确突发公共事件事前、事发、事中、事后的各个进程中，谁来做，做什么，怎样做，何时做，以及用什么资源做。作为国家专项预案的国家抗旱应急预案，根据抗旱工作的实际需要，对旱灾的预防预警、应急响应、应急保障和善后的各个环节所应该采取的工作措施，进行了详尽的规范。在什么阶段、出现什么情况、应该采取什么措施、由谁来采取措施、需要如何保障等，有着明确的操作程序。凡是涉及旱灾应急工作的各个方面，如信息报送和处理、指挥调度、抢险救灾、安全防护和医疗救护、社会力量动员以及新闻发布等，也都有着明确的规定。当水旱灾害发生时，只要根据预案进行操作，既可以使应急工作高度规范，又可以有效避免一些盲目的操作。

6.1.2　干旱预警服务

干旱是代价昂贵的自然灾害，但经常被评估和预报产品的开发者忽略。

相比于其他灾害，干旱的发生和结束的起迄期相对模糊以及影响的复杂性，需要有一套新的方法来对它进行评估。干旱监测和预报技术的提高会使我们为应对干旱灾害做更好的准备工作，从而减少社会对干旱及其影响的脆弱性。

我国始终坚持不懈地努力预测预报防范自然灾害。气象部门从 1958 年起发布长期气候预报，并逐步开展了干旱监测、预报预测和卫星遥感监测等工作。2001 年“中国气候大会”，通过了《中国国家气候计划纲要（2001—2010）》和《中国气候系统观测计划（2001—2010）》，确定了 21 世纪头 10 年我国气候工作的目标。特别是国家短期气候预报业务系统一期工程的建设，极大地提升了我国短期气候预报、气候影响评价和气候资源应用水平。1995 年国家气候中心发布《中国气候旱涝公报》产品，2004 年，国家气候中心通过网站和电视媒体，分别发布全国逐日和旬干旱监测、预警信息。农牧业、水利部门和科研院校也开展了干旱监测、预报和影响评价等研究。

为加强干旱灾害监测的能力，气象部门采用地基、天基、空基观测相结合的手段，以提高气象要素的时空分辨率。目前，我国所有县以上城镇都建立了气象站，对温度、气压、湿度、降水、风速风向等气象要素进行观测。北京、上海、天津、广州等大城市已经建设或者正在建设密度更高的自动站监测网。全国除天津以外，所有省会城市都设立了高空探测站。已组网的天气雷达覆盖了绝大部分省会城市和部分中型城市。同时，在原有气象要素观测的基础上，开展对气候系统即大气、海洋、冰雪、陆面、生物五大圈层的观测，在更大范围对气候系统进行立体、动态和高分辨率的监测，以提高气象灾害发生、发展和演变监测水平。

干旱监测需要各监测网和相关部门的支持，需要更大密度的观测及资料，需要对气候观测标准升级，包括气候监测工作的进一步协调，大气、水文及自然资源资料的更好综合。目前，我们没有足够充分的监测信息、监测手段及所需的所有尺度上的资料。干旱监测将努力成为一个完善的干旱监测系统。将来，在线的干旱监测图在许多空间层面上将成为用户欢迎的产品。干旱监测产品应能够描述全国范围的干旱强度、空间范围及其潜在影响，它为面临潜在自然灾害的决策者提供了及时的帮助。干旱监测的最终目标是提供最有效、最及时的产品，用最简单的方式描述干旱及其影响的复杂特征，方便用户使用。干旱监测产品的日益引人注目及其使用的不断增多说明它正在努力达到这些目标。

2007 年 6 月中国气象局为了规范气象灾害预警信号发布与传播，防御和减轻气象灾害，保护国家和人民生命财产安全，制定了《气象灾害预警信号发布与传播办法》，其中规定干旱预警信号分二级，分别以橙色、红色表示。

干旱指标等级划分，以国家标准《气象干旱等级》（GB/T 20481－2006）中的综合气象干旱指数为标准。

6.1.2.1　干旱橙色预警信号

标准：预计未来一周综合气象干旱指数达到重旱（气象干旱为25～50年一遇），或者某一县（区）有40％以上的农作物受旱。

防御指南：

1. 有关部门和单位按照职责做好防御干旱的应急工作；

2. 有关部门启用应急备用水源，调度辖区内一切可用水源，优先保障城乡居民生活用水和牲畜饮水；

3. 压减城镇供水指标，优先经济作物灌溉用水，限制大量农业灌溉用水；

4. 限制非生产性高耗水及服务业用水，限制排放工业污水；

5. 气象部门适时进行人工增雨作业。

6.1.2.2　干旱红色预警信号

标准：预计未来一周综合气象干旱指数达到特旱（气象干旱为50年以上一遇），或者某一县（区）有60％以上的农作物受旱。

防御指南：

1. 有关部门和单位按照职责做好防御干旱的应急和救灾工作；

2. 各级政府和有关部门启动远距离调水等应急供水方案，采取提外水、打深井、车载送水等多种手段，确保城乡居民生活和牲畜饮水；

3. 限时或者限量供应城镇居民生活用水，缩小或者阶段性停止农业灌溉供水；

4. 严禁非生产性高耗水及服务业用水，暂停排放工业污水；

5. 气象部门适时加大人工增雨作业力度。

为使预警信号在有效时间内传递到有效用户，使之采取有效防御措施，畅通的预警信号发布渠道是非常重要的。中国各级气象部门加强了与影视、广播、电信、城市建设等部门的联系与合作，利用电视台和电台即时插播、手机短信、城区显著位置的电子广告牌等即时发布预警信号信息，努力使灾害性天气预警信息尽可能覆盖可能受影响的群体，使预警信号的发布真正达到防止和减少人民生命财产损失的目的。

中国的干旱预警系统还处于起步阶段，各个方面还不完善。应积极开展跨学科干旱预警系统研究，制定国家行业干旱划分指标、干旱预警和旱灾评估标准体系；以我国气象基本业务平台为基础，联合农牧业、水利、民政等部门，建立国家级干旱监测预警和研究中心；研究建立我国干旱预警模型、数值预报模式、灾害评估体系和决策管理系统。最终形成统一指挥、功能齐全、反应灵敏、运转高效的干旱预警系统，最大限度地减轻灾害损失，促进我国社会经济协调和可持续发展。

另外，加快干旱预警和科研中心的建设，加强国际合作与交流，加强区域干旱气候数值预报研究，建立无缝隙干旱预测预警系统，充分应用 CCOS 与 ACOS 监测系统获得的海量信息，以及农业、水文、卫星遥感信息等，利用高速计算机发展具有高精度、细网格的干旱预警模式，实现物理统计和动力模拟相结合、卫星遥感综合性干旱监测模型相配套，制作和发布各类干旱预测产品。实现反应迅速、预测准确、预警及时、信息传输迅捷的国际先进水平。不断提高我国干旱预测预警准确率，为国务院和各级政府部门部署防灾减灾工作、进行安全应急决策提供科学依据，为保证国家安全提供科技支撑。

6.1.3 保障抗旱物资

各级气象、水文、海洋部门遇旱情急剧发展时应加强对当地干旱性天气的监测和预报，并将结果及时报送水利、民政、农业、国家减灾委员会和防汛抗旱指挥机构。当地防汛抗旱指挥机构及有关部门应针对干旱灾害的成因、特点，因地制宜采取预警防范措施，如抗旱设施的检查维修、抗旱水源调度方案、节水限水方案的制订等相关措施，并掌握水雨情变化、当地蓄水情况、农田土壤墒情和城乡供水情况，通知有关区域做好相关准备。各级政府应建立健全旱情监测网络和干旱灾害统计队伍，随时掌握实时旱情灾情，气象、水文部门应该做好干旱的监测、预警，评估干旱发展趋势，及其可能影响，根据不同干旱等级和灾害预评估，提出相应对策，为抗旱指挥决策提供科学依据。各级政府还应当加强抗旱服务网络建设，鼓励和支持社会力量开展多种形式的社会化服务组织建设，以防范干旱灾害的发生和蔓延。

在抗旱工作中，物资保障工作也尤为重要，各级政府防汛抗旱指挥机构和民政部门，以及受旱的其他单位应按规范储备抗旱抢险物资，并做好生产流程和生产能力储备的有关工作。抗旱物资管理部门应及时掌握新材料、新设备的应用情况，及时调整储备物资品种，提高科技含量。干旱频繁发生地区县级以上地方人民政府应当贮备一定数量的抗旱物资，由本级防汛抗旱指挥机构负责调用。严重缺水城市应当建立应急供水机制，建设应急供水备用水源。另外，中央财政应该安排特大抗旱补助费，用于补助遭受特大干旱灾害的省、自治区、直辖市以及计划单列市等，自治区、直辖市人民政府应当在本级财政预算中安排资金，用于补助本行政区域内遭受严重干旱的地区和民众。

当旱情发生时，要发挥多方作用合力抗灾救灾。防汛抗旱指挥部应密切监视旱情的发展变化，做好重点工程调度，在当地电视台、广播电台等媒体上发布旱情通报，报道旱情及抗旱措施。财政部门为灾区及时提供资金帮助。国家防总办公室为灾区紧急调拨防汛抗旱物资。铁路、交通、民航部门为防汛抗旱物资运输提供运输保障。民政部门及时救助受灾群众。卫生部门根据需要，及时派出医疗卫生专业防治队伍赴灾区协助开展医疗救治和疾病预防控制工作。公安部门负责做好旱灾区的治安管理工作，依法严厉打击破坏抗旱救灾行动和工程设施安全的行为，保证抗灾救灾工作的顺利进行；负责组织搞好警卫工作，维护灾区的社会治安秩序。国家防总其他成员单位按照职责分工，做好有关工作。相关流域防汛指挥机构按照权限调度水利，为国家防总提供调度参谋意见，并派出工作组、专家组，支援地方抗旱。各级人民政府应加强对抗旱工作的统一领导，组织有关部门和单位，动员全社会的力量，做好抗旱工作，在抗旱的关键时刻，各级防汛抗旱行政首长应靠前指挥，组织广大干部群众奋力抗灾减灾。

发生旱灾的地方人民政府应组织有关部门做好灾区生活供给、卫生防疫、救灾物资供应、治安管理、恢复生产等善后工作。民政部门负责受灾群众生活救助。应及时调配救灾款物，组织安置受灾群众，做好受灾群众临时生活安排，保证灾民有粮吃、有衣穿、有房住，切实解决受灾群众的基本生活问题。卫生部门负责调配医务技术力量，抢救因灾伤病人员，对污染源进行消毒处理，对灾区重大疫情、病情实施紧急处理，防止疫病的传播、蔓延。当地政府应组织对可能造成环境污染的污染物进行清除。

6.2 干旱灾害防御

城市干旱是一个渐进的过程，了解城市需水和供水特点，提前采取对策，有助于延缓干旱和减轻灾害与损失。例如，开好2008年北京奥运是全国人民的共同心愿，也是促进北京城市现代化建设和经济发展的强大动力。然而要成功举办2008年北京奥运需要水资源和水环境的保障。首先，在京奥运水上项目顺利举行的水体更新所需清洁水源。其次，奥运期间来京外宾、运动员和观众新增生活用水。第三，奥运前后为确保北京城市清洁美丽所需环境用水。最后，举办奥运拉动相关产业发展而增加的用水。为确保奥运的顺利举办，必须制定城市应急供水计划，采取一切必要的措施防御干旱灾害。进行其他活动或规划，同样需要考虑供水保障。

城市的建设与发展以水资源为基础，城市能发展到一定程度也说明有支撑城市发展的水资源条件。但随着城市膨胀，供水短缺会经常性出现并影响到城市发展。在了解目前气候条件和水资源分布的基础上，总会找到与当地相适应的缓解城市干旱缺水的途径，如通过水库蓄水、城市集雨、跨流域调水、根据需要分类用水与节约用水、地下水合理开采等单项或综合措施，缓解城市干旱缺水的压力。

6.2.1 合理调节水库蓄水及供水安全保障

我国水资源的地区分布与土地资源、人力资源、经济资源、矿产资源的分布不尽一致，尤其是水资源与土地资源分布的不一致（总的来说，北方水少地多，南方水多地少）。虽然交通、信息传递、物流十分便利，资金、人才、能源等可以很方便地流动，但是由于土地资源的不可流动性和已形成的经济和产业布局，以及一些干旱地区水资源的时空分布不均的问题，适当的兴修一些水利工程已成必然。

跨流域调水是国家对水资源的宏观配置，是对缺水地区的水资源和水环境承载能力的补充。南水北调是解决华北地区缺水的必由之路。这不仅是一项供水工程，还是一项水资源优化配置工程，更是一项生态工程。我国调水工程除了南水北调，还有引黄入淀、引黄济潍、北水南调（引松花江水至辽河营口）、四川长征渠、引黄入晋工程等。作为21世纪我国水资源战略对策，应不断地提高当地水资源承载力，但远距离引水或跨流域调水应慎重考虑，只能在当地水资源承载能力已达到极限情况下不得已而为之。

南水北调是缓解首都水资源紧缺的根本措施。但中线工程要到2010年才能竣工，把长江水引到北京。在此前，北京地区的水资源形势很可能继续恶化。到2010年，按照50%、75%和95%保证率计算的北京地区水资源供需缺口分别为15.24亿m^3、21.47亿m^3和25.29亿m^3。最大限度采取节水措施，也仍然缺水10～20亿m^3。此期间如再干旱少雨，按照目前的年开采量，北京市范围内的地表水源和地下水都将濒临枯竭。不但将严重影响北京市的经济发展，而且人民的日常生活都难以维持。因此跨流域调水工程的建设必须做好总体规划和科学的论证，兼顾调入和调出流域合理的需水要求，最大限度地减免其对生态环境造成的不利影响。

另外，在地表水和地下水转化明显的城市地区，可建立统一的水资源人工调蓄工程，除了搞大型工程外，甚至可以发动农民搞家庭式蓄水窖等，将丰水期的大气降水和地表水注入和存储起来能够进行年际间调蓄，实行丰贮枯采，或者通过将坡耕地修成水平梯田，造林种草拦截地面径流，涵养水源等。这不仅补偿了地下水资源，恢复已形成的地下水降落漏斗，同时也兼收保护地质环境，特别是保护水环境之利。

总之，要广泛开源，兴修水利，千方百计增加天上水、地表水和地下水的可利用率，提高蓄水能力。如在西北地下水资源较为丰富的地区，通过挖掘地下潜流，实行打井灌溉，拦河打坝筑堤截流，扩大和新增有效水地面积，加快老灌区改造，广泛开展水土保持工作，改善生态环境，坚持山水田林沙路综合治理，使干旱的灾害程度降低。

6.2.2 人工增雨及雨水集蓄利用

在科学技术的指导下，有效开发和利用空中水资源进行人工增雨，也是一个补充地表水和地下水有效的途径。我国干旱少雨，人工影响天气的工作很重要。搞好这项工作关键在完善机制，提高效益。由于年降水量偏少，开展人工增雨显然对于干旱的西部地区有重要作用。

由于空中水汽数量巨大，进行增加空中水汽利用的研究可能是一个令人鼓舞的课题。一种途径是增加空中水汽的含量，进行人工造雨、造雪。另一种途径就是在云层条件较好的情况下，采用人工影响天气技术，增加降雨。在我国一些地方，将降雨催化剂通过高射炮发射、飞机和火箭播散、气球携带、高山基地施放等手段，进行人工降雨，取得了一定的效果。

我国从1958年开始，在抗旱减灾的强烈需求推动下，进行了大量的人工影响天气作业，取得了很大成绩，在技术上积累了很多经验，作业规模也处于国际前列，在科学技术上也有了显著进步。1995—2003年，全国有23个省（区、市）共组织实施飞机人工增雨作业4231架次，累计飞行9881小时，开展了高炮、火箭增雨作业，作业区总面积达300余万km^2，增加降水约2100多亿m^3，在减轻和缓解干旱对国民经济特别是农业生产带来的不利影响方面，发挥了显著作用（周俊菊等，2002）。

在城市自然降水的收集和利用也应引起重视。近20年来许多国家都开展了雨水利用的研究与实践。德国的城市雨水利用方式主要有屋面雨水集蓄系统、雨水截污与渗透系统和生态小区雨水利用系统等；美国的许多城市兴建了地下蓄水和地表回灌系统，以解决城市防洪和雨水利用问题；日本采用的雨水贮留渗透方法，可以有效地补充涵养地下水，改善环境生态条件。在东京已经有8.3%的人行道采用了透水性柏油路面。雨水通过透水性柏油路面渗入到地下，经过收集系统处理后加以利用。据统计，东京江东区每年作饮用和杂用的雨水占年用水量的47%，这些水大部分是利用屋顶收集到的雨水；澳大利亚在农村及城市郊区房屋旁，普遍建造了用波纹钢板制作的圆形水仓，收集来自屋顶的雨水。据当地的一项抽样问卷调查表明，使用雨水的居民比城镇集中供水系统的要多。由此可见“雨水集蓄”是解决城市水资源危机的又一有效途径。过去城市都将雨水直接排掉，未加利用。如果我国城市能够利用城市的有利条件将降水利用起来，灌溉树木花草，回灌地下水，或储存起来以备他用，可增加水源变害为利。

雨水集蓄工程较之大型水利工程具有许多优点。一是投资小、见效快，可节省政府投入，政府可将资金投入到区域性、骨干工程中。二是工程易于普及、有利于保护生态环境。在山区、丘陵、平原都可建，城市可以结合城市水土保持，人文景观和城市基础设施进行修建。三是维护成本低，节省投资，群众可以自己投入，自行管理，自己使用。以北京地区为例，可开发雨水量有 1.11 亿 m^3。市区实施北京西部沙石坑蓄洪回灌等工程，平原区利用田面、河道和渗井控制降雨就地入渗，山区新建、改建和扩建 10 座中小型水库和大量小型沟道截流工程，行之有效。北京部分缺水山区利用雨水由来已久，人们利用庭院、房顶等场地收集雨水，供人畜饮用及部分生产用水，但利用范围较小且停留在较低的水平上。北京开展山区水土保持工作和近年来实施水利富民工程以后，雨水利用的范围才逐步扩大，水平也提高。雨水是北京珍贵的水资源，如果能够充分利用，将在很大程度上缓解北京水资源短缺的状况。据初步测算，到 2010 年，全市雨水的深度开发可增加供水 1.47 亿 m^3，遇枯水年可增加供水 0.69 亿 m^3，到 2020 年遇平水年可增加供水 2.03 亿 m^3，遇枯水年可增加供水 0.71 亿 m^3。

在干旱半干旱地区，特别是西部黄土高原地区，雨水集蓄利用也已有悠久的历史，有许多种雨水利用技术，如修筑土窖、大口井和蓄水塘等设施，以及耕作管理、修建梯田、等高耕作、构筑土坝、粮草轮作等就地集雨措施。利用庭院水窖集雨可提供生活用水和园地灌溉，利用坡地、路面集雨作为当季或错季补充灌溉、播种补水可取得很好的增产效果。“七五”以来，中国农业大学气象系和内蒙古农牧业科学院合作，在阴山北麓采用等高田技术、带状间作技术、田间集雨等技术，可很好地防止农田水土流失，提高水分利用效率，促进作物增产和区域经济发展。

6.2.3 农艺节水

农业是用水大户，水利则是农业的命脉，因此农业节水大有潜力可挖。要使水利工程措施和农业技术相结合，在水利工程方面，要重点加强对现有工程的维修、改造，有计划地新建必要的工程，努力扩大耕地灌溉面积。农业灌溉要最大限度地利用水资源，提高水的利用效率，逐步取消大水漫灌的抗旱方式，有条件地发展喷灌和滴灌，同时又要纠正那种以为只有喷灌、滴灌才能称为节水灌溉的误解。节水农业措施包括节水的轮作制度、节水灌溉制度与管理制度、抗旱高产优质品种、耕作栽培、培肥施肥和化控技术等。

采取相应的措施可实现充分利用降水，提高土壤水分利用效率。改进耕作制度，适度调整作物播期，使作物需水关键期尽可能与降水期相适应。如合理轮作，北方冬小麦区的小麦、豌豆加谷子三年四熟轮作方式对自然降水的利用率最高，达 74.3%～76.7%，且产量最高，比小麦连作高出 18.5%～26.3%；间混套种，也有利于减少干旱造成的损失。根据土壤水分的不同运动方式，采取相应的保墒措施。主要通过耕作技术，如蓄水深耕（深耕、深松）和保护性耕作（少耕、免耕），早春土壤返浆，应抓紧耙耱，切断土壤毛细管，以免水分大量蒸发，返浆后，土壤水分以气态扩散运动，这时不宜耙松表土，而应镇压后再耱，使表土形成一个紧实的“间层”，不至于水分大量扩散；秋田苗期细中耕及灌水后及时中耕，可增强土壤蓄水保墒能力；秋去冬来，土壤自上而下冻结，下层水分向上移动，要在早秋时深耕和耕后耙耱等，提高土壤保水能力；另外还有地表覆盖，如秸秆覆盖、地膜覆盖等保护性农业技术均可提高土壤水分利用率，1986 年山西雁北地区遭受严重干旱，但 7 万 hm^2 地膜覆盖玉米却获得了大丰收，仅占播种总面积的 4%，产量却占总产的 15%。

选用耐旱、抗旱品种也是提高水资源利用率的一种重要措施。利用作物对干旱环境的不同适应性，有效合理的布局和管理来实现农业的节水和稳产高产。我国北方主要的抗旱品种有谷子、高粱、甘薯、马铃薯等。如豌豆具有抗旱、早熟的特性，宜于春旱环境下种植；而在山地、丘陵等高燥地区，甘薯则是一种理想的抗逆性强、高产稳产的适应性作物；除此以外，有“作物中的骆驼”之称的高粱及玉米也是地势高燥地带的不错选择。

因此，因地制宜抓农业结构的战略性调整和区域性调整，宜农则农，宜牧则牧，宜林则林，宜草则草，发展具有区域特色的农业，与自然环境协调发展，减少人为造成的旱灾损失。

6.2.4 植被营建与景观保护

植被包括森林、灌木、草地、荒漠植被、湿地植被等各种类型，是生态环境的重要组成部分。这些植被在不同的生境条件下起着不可替代的作用。它对水资源的有利作用表现在：可以涵蓄水分，调节地表径流，控制土壤侵蚀，保护水质，改善流域水环境。森林、灌丛、草地三种植被的水文功能大小取决于各种植被具体种类、结构及生长情况。三种植被中，以丘陵森林植被的水文调节功能最大，这是由于森林是结构最完善的陆地生态系统，具有最大的生物量和对环境最强的影响力。特别在干旱区，随着森林覆盖率的增加，流域产水量的减少比较明显。因此，在植被建设中，应当根据当地天然的生态环境条件，规划乔灌草，以及荒漠植被的合理布局。

大力开展植树造林，进行大规模植被建设，提高植被覆盖率，可以改变流域的下垫面状况和水文循环条件，有利于增加地面降水，并增强流域的蓄水能力，又可防止引起的水土流失和荒漠化。根据全国森林生态定位监测资料，各类森林涵养降水能力值在 40.9～165.8 mm 区间，中间值约为100 mm，即每公顷森林涵养 1000 m^3 水。在西北地区，森林涵养水源的作用对区域经济发展、改善人民生产、生活条件以及减灾防灾方面有着极其重要的作用。在甘肃，祁连山的森林是维系河西地区生态系统的命脉所在。祁连山森林的扩大和萎缩，对出山径流影响极大。据祁连山水源林研究所多年观测资料，青海云杉林、祁连圆柏林、灌木林每公顷涵养水量分别为 1642 m^3、1084 m^3 和 1217 m^3，12.41 万 hm^2 森林和 29.36 万 hm^2 灌木林共涵养水源 5.5 亿 m^3，相当于一个库容 5.5 亿 m^3 的水库。植被建设与水资源的保护和利用是个辩证关系，植被建设要受到水分环境的制约，同时良好植被发挥的水文效应也有利于改善水资源环境，因而植被建设中，对于水源涵养林要倍加关注，对于干旱区大量耗水的植被需要掌握适度规模。各地根据水资源状况，并将当前经济、技术水平下可以改善的条件考虑在内，制定一个科学的植被建设规划，这对于改善城市干旱状况是非常重要的。

城市绿地、园林和花坛等是现代化城市基础设施的重要组成部分。随着人们环保意识的增强，城市绿化建设和植被景观等不仅可为市民提供娱乐、休闲、游览和观赏的场所，而且还可改善和美化城市环境，更重要的是，由于城市绿地在空间上是成片分散分布的，有利于雨水的集蓄利用。但是在城市绿化中，以花草和灌木为主的绿地，由于用水量较大，管理费用高，不同程度地出现逐渐萎缩的趋势。伴随着城市绿化面积的不断扩大，用水量在不断加大，草坪的发展已经受到缺水的限制。因此，在城市绿地规划设计建设时，应根据周边降雨径流的特点，确定绿地的高低、坡度和集蓄水池的位置、大小与结构，以充分收集和蓄存雨水，为就地利用雨水作为城市生态用水创造条件。让这些植物不仅能形成一年四季色彩变化的景观，还能在雨季时通过根系将大量雨水吸入土壤，由此增加土壤水分，也利于地下水位的回升。但是城市绿化要注意并不是草坪面积越大越好或者所有城市都必须种树。修建大面积的草坪，对城市的美化立竿见影，但其生态功能十分有限；树木其实既是“蓄水池”（对于水源充足的地区），又是“抽水机”（对于缺水的地区）。在我国北方许多城市降雨量少，土壤干旱，没有大面积种树的条件，因此要谨慎种树并注意树种的选择，否则非但不能达到蓄水的目的，还会加剧城市干旱。一般应选用一些耐旱、耐贫瘠和抗寒冷的乡土树种，也可适当地种一些草坪植物。干旱问题影响到方方面面，必须采取综合对策，做好长远抗旱的思想准备，以科学的态度采取防旱措施，从人、经济、生态、环境的和谐发展来构建水资源的合理配置体系，从开源、节约、保护的齐抓共管来构建水资源的平衡体系，从工程措施和非工程措施相互配合来构建降低旱灾损失的防御保障体系，将干旱对国民经济和人民生活的危害降到最低。

6.3 干旱灾害救济

6.3.1 干旱灾情调查与信息沟通

干旱灾害是我国发生面积最广，损失最严重的气象灾害。为了最大限度地减轻旱灾的损失，在灾害发生过后尽快地恢复生活和生产是减轻灾害损失的一个重要环节。快速准确地开展干旱灾情调查，确保灾情数据可靠准确，对有效推进减灾救灾、灾害重建工作具有重要意义。因此，民政部、水利部、气象局均建立了干旱灾情管理制度，即灾情快速报告制度、重大灾情 24 小时零报告制度、中央各灾害管理部门的灾情会商制度。民政部还进一步完善了灾害应急救助制度，健全了灾害应急响应机制，规范了信息报送、灾情会商评估、应急资金下拨和物资紧急调运等工作程序，开展了救灾培训和演练，充实了救灾物资储备，进一步提高了应对灾害的能力。在各类灾害发生后，做到第一时间掌握灾情信息，及时与国土资源、水利、农业、统计、地震、气象等部门会商、核定灾情；根据灾害应急响应标准，立即启动应急预案。上述制度的建立和实行，有效保障了灾情数据的准确可靠，促进了救灾工作的开展。

在干旱灾害发生时，各有关部门应加强信息管理，及时向国务院和国家防总提供汛情旱情灾情等信息，沟通情况协调工作。各新闻单位积极组织采访，实时报道防汛抗旱动态，为防汛抗旱工作提供有力支持。不得随意发布灾情，给防汛抗旱工作带来负面影响。

国家应以目前的气象观测网络为基础，逐步调整优化旱情监测系统，提高站网服务功能。首先按照基本旱情站网和旱情调查相结合的原则，调整站网数量和布局，重点是调整易发生干旱地带的站网，增设各市县监测站，解决现有站网中的空白区和局部过稀以及部分监测站功能薄弱的问题。其次要加强基础设施建设，提高旱情测报能力。以土壤墒情固定监测站基础设施的更新改造为主，提高监测标准和精度，提高自动采集、在线监测的水平，逐步提升监测的自动化水平，适当引进先进的监测设备。实现旱情信息实时、可靠、准确的传输、存贮、处理和服务，完成网络系统建设和改造，完善监测站设施设备配置，使旱情信息以最快的速度传输至国家防汛抗旱总指挥部。最后，加强抗旱减灾数据处理系统建设，提高旱情信息资源的集成化程度。以各地区现有的旱情基本数据、旱情历史资料档案和各类水文专业数据库为基础，加强数字集成平台的基础设施建设，绘制干旱风险图，建立各级旱情数据中心，逐步实现旱情信息资源的集成化应用及管理。

旱灾一旦形成，各级政府要及时组织动员全社会的力量救灾。民政部门负责调查辖区旱灾情况，拟定辖区政府旱灾救济的工作方针、政策、法规，组织实施农村救灾工作，发放救灾物资和救灾款，开展农救灾合作保险工作；组织生产自救和劳务输出。水利行政部门组织向人畜饮水困难地区紧急输水，修建临时管线，在有可能的地区打井或建水窖，挖掘当地水源；组织抗旱服务队，抢修抗旱用到的机具或者向旱情严重地区应急提供提水机具。保险公司按照保险合同，根据投保险种和经核实的灾害损失，对受灾地区进行赔付。卫生部门和红十字会组织对灾区的卫生防疫工作，派出医疗队，对饮水水源进行消毒，宣传普及卫生防疫知识。农业部门组织对受灾地区运送种子、化肥、柴油等救灾物资，派出科技人员进行抗旱救灾的技术咨询服务，重点是根据灾情和旱情缓解后的热量条件选择适宜的救灾作物，对受灾作物采取适宜的补救措施，加强对未受灾农田的管理。

6.3.2 干旱损失评估与分析

6.3.2.1 干旱经济损失评估的意义和原则

干旱损失评估和准确评价是建立科学的防旱减灾机制、最大限度减少干旱影响和损失，实现抗旱工作规范化、正规化的一个重要内容。由于旱灾涉及多个方面，干旱灾害从旱情发生到最终造成的损失之间有一个过程，它受致灾程度、作物或生态环境承灾能力及人们的救灾活动等因素的影响，关系比较复杂。除干旱本身外，还常常引发一系列次生灾害和衍生灾害。科学的旱灾害损失评估方法是客观、准确、定量的评估干旱灾害损失的一个重要前提。应针对工农业生产及社会各领域、居民生活及生态环境旱灾特点及旱灾造成的损失，分别提出相应的干旱灾害损失评估方法。

6.3.2.2 农业干旱损失评估

（1）干旱减产率模型

以联合国粮农组织推荐的作物相对减产与作物蒸散差额之间的关系为依

据，可以计算旱灾减产率。其关系为：

$$\left(1-\frac{Y_a}{Y_m}\right)=K_r\left(1-\frac{ET_a}{ET_m}\right) \tag{6.1}$$

式中，Y_a，Y_m 为实际及最高收获产量；ET_a、ET_m 为实际蒸散和最大蒸散量；K_r 为产量反应系数，随作物种类和生育期而变化，几种主要作物的 K_r 如表 6.1所示。

表 6.1 主要干旱作物产量反应系数 K_r 表

作物	营养生长期	开花期	经济产量形成期	成熟期	全生育期
玉米	0.4	1.5	0.5	0.2	1.25
大豆	0.2	0.8	1.0		0.85
小麦	0.2	0.6	0.55		1.15

以 S 表示减产率，则由上式得：

$$S=K_r\left(1-\frac{ET_a}{ET_m}\right)\times 100\% \tag{6.2}$$

按照彭曼法可求得 ET_m。ET_a 指自然降雨情况下的作物实际蒸散量，包括有效降水量、地下水补给量和土壤水分利用量，可由此计算 S。

(2) 干旱减产量模型

按国家统计局的规定，区域农业产量或产值减少 10%以下不算灾，减产 10%～ 30%为轻旱灾，减产 30%～50%为重旱灾，减产 50%～80%为特大旱灾，以此为基础分析计算旱灾灾情。

农作物减产量计算公式为：

$$G=(\beta_1 A_1+\beta_2 A_2+\beta_3 A_3)\times V \tag{6.3}$$

式中，G 为某类农作物旱灾减产量（kg），A_1，A_2，A_3 分别为某类农作物轻旱、重旱和特大干旱面积 hm^2，β_1，β_2，β_3 为轻旱、重旱、极旱面积某类农作物减产率，可分别按 20%，40%，60%计，V 为某种农作物的正常产量（kg/hm^2）。

此外，单个站点的农业灾害损失评估模型可表示为如下概念模型：

$$D=f(K,C,H) \tag{6.4}$$

式中，D 为减产量，K 为受灾敏感度，表示不同农作物及不同时期对干旱的不同反应；C 为旱灾覆盖度，表示旱灾的影响在区域面积中所占的百分比；H 为旱灾强度，表示灾害的强烈程度，可由干旱指标表示。这三个因素是旱灾的主要成灾因素，对农业灾害损失的计算根据三个因素建立相应损失评估模型。

(3) 农业干旱经济损失模型

农作物旱灾经济损失计算如下式：

$$S=\sum_{i=1}^{n}b_iG_i \tag{6.5}$$

式中，S 为农作物因旱减产的经济损失，b_i 为第 i 类农作物的单价（元/kg）。

(4) 干旱损失的区域评估模型

农业旱灾损失评估首先是对单站进行，在单站损失评估的基础上，再进行区域损失评估。将单站的旱灾损失评估逐点相加，便可得到区域的旱灾损失评估。如站点太多，逐个做较麻烦，可根据气候、区域特点，将全区分成若干片，普查出每一片历年在作物同一生育阶段受到的旱灾强度和相应的覆盖度，以及不同生育阶段的受灾敏感度，分别计算各片旱灾损失并累加得出区域值。

与单站旱灾损失不同，区域旱灾损失评估要考虑每片的面积。因此，区域概念模型可表示为：

$$D=f(S, K, C, H) \tag{6.6}$$

其中 S 代表面积。

6.3.2.3 非农产业受旱经济损失的评估

除农业外，其他行业受旱灾损失评估，因不同行业产品类型繁多，可以统一按产值损失进行评估，具有 n 种产品的单个行业经济损失计算如下：

$$S=\sum_{i=1}^{n}b_iG_i \tag{6.7}$$

式中，S 为某行业因旱减产的经济损失，b_i 为第 i 类产品的单价（元/个），G_i 为第 i 类产品的减产数量。

不同行业因旱减产的经济损失可累加得出。设有 m 个行业，第 j 个行业的经济损失为 S_j，则不同行业总的经济损失为：

$$V=\sum_{j=1}^{m}S_j=\sum_{j=1}^{m}\sum_{j=1}^{n}b_iG_j \tag{6.8}$$

进一步的估算需建立每种产品在缺水时减产量受供水保证率及其他因素影响的数学模式。

$$G_i=f(W, ST, M) \tag{6.9}$$

式中，W 为供水保证率，ST 为与节水有关的科技水平，M 为节水管理水平。供水保证率越低，减产越多。但科技水平 ST 和管理水平 M 的提高可以弥补因供水保证率下降而造成的损失。但工业生产的供水保证存在一个下限，低于最低必要供水量，该项生产将不能维持。因此，上式为非线性函数。在资源性缺水地区的工业生产上，应找出单位用水的经济效益最大的结合点。

有的地方使用工业产品单位产量的需水定额来估计干旱缺水造成的经济损失，是不妥的。因为缺水与减产之间并非线性关系。在一定范围内的节水，不一定会造成明显的减产。如采用先进工艺和科学管理，不但可以不减产，而且可以降低成本和提高利润率。

有些行业和产品对水量亏缺十分敏感，如发电、冶炼等大量消耗冷却水的行业和以水为原料的食品、水泥、造纸、化工等行业；有些行业的耗水较少，仅用于环境、生活和公用，如机械制造、电子、通讯等。知识经济和大多数高新技术产业和服务行业的单位产值耗水量都较低，是资源性缺水地区产业结构调整的方向。通常单纯用作冷却的水量比较容易实现循环重复利用或改用风冷实现节水，在生产过程中被污染且难于净化的水量不易重复利用。

6.3.2.4 居民生活受旱损失的评估

居民生活旱灾损失评估主要考虑旱灾的影响在居民区域面积中所占的百分比，即旱灾覆盖度或受旱灾影响面积，以及旱灾的强烈程度与旱灾的持续时间等。考虑这些旱灾的主要成灾因素，对居民生活旱灾损失的计算根据上述因素建立相应损失评估模型。对于严重的旱灾，还可能会造成生命与物质财富的损失，包括直接经济损失和间接经济损失，这些也应是考虑的因素。

由于生活用水短缺导致的经济损失可分解为以下部分：

(1) 因缺水造成某些行业开工不足而导致收入下降（这部分损失有可能与工农业生产的损失发生重叠）。

(2) 因缺乏清洁饮用水导致疾病或健康水平下降造成的经济损失。

(3) 应急输水工程或运送清洁生活用水的成本和输水困难地区居民临时转移安置的成本。

6.3.2.5 生态环境受旱损失的评估

干旱的发生对生态环境会造成一定的危害。生态环境旱灾损失评估主要考虑受旱灾影响的面积、旱灾强度及持续时间。考虑这些旱灾的主要成灾因素，对生态环境旱灾损失的计算根据上述因素建立相应损失评估模型。或换算成经济损失进行旱灾损失评估。干旱造成的生态环境损失包括以下几方面：

(1) 干旱引起植被生长不良及部分枯死，包括森林、草地、湿地等生态系统受损后各项生态效益的损失。

(2) 干旱引起河流径流减少甚至断流，泥沙淤积，将增加洪涝的威胁和筑堤清淤防洪的成本，减少航运和渔业的收入，还会增加生物多样性的损失。

水量减少还会加重水体的污染。

(3) 干旱引起地下水位的下降，有可能导致部分地区的地面下沉，在沿海还可能引起海水倒灌和地下水咸化。

干旱对生态环境的影响，许多方面是难以直接衡量其价值的，有些影响至今人们还不清楚。但大体可从以下几个方面考虑：

(1) 计算恢复生态系统初始状态所需成本，如营建和恢复植被、河道清淤、防洪筑堤、恢复地下水位和使地下水淡化所需耗费的成本；

(2) 计算其失去的生态服务功能的价值，主要生态系统在固定 CO_2、释放 O_2 和负氧离子、调节气候、保持生物多样性、保持自然景观等方面服务功能的损失；

(3) 计算生态破坏带来的有害影响和间接经济损失，如水位下降后水体污染、河道断航、渔业生产萎缩、地下水咸化、地面下沉对社会经济的种种不利影响。

6.3.2.6 不同领域干旱损失评估方法的比较

干旱对农业生产有直接的危害，因而目前农业干旱损失评估方法相对成熟。其他领域的干旱损失评估，因不同行业的产品类型繁多，可统一按产值损失进行评估。但居民生活和生态环境的旱灾损失因影响因素复杂，某些影响具有隐蔽性和滞后性，需采取多种方法，转换为间接经济损失和未来经济损失来估算，但目前尚无成熟的估算方法。1997 年《自然》杂志刊登了 Costanza 等 13 人的论文“全球生态系统服务与自然资本的价值估算”，引起学术界和社会的强烈反响，使人类对全球生态系统认识发生重要转变。论文将生态系统服务功能分为 17 大类，但不包括不可再生的燃料、矿物及大气。估算结果，全球生态系统服务总价值至少 33 万亿美元，为 GNP18 万亿美元的 1.8 倍。其中的主要部分并未进入市场，如气体调节、干扰调节、废弃物处理、养分循环等。Lubchenco1998 年在《科学》杂志发表“进入环境的新世纪”，进一步精辟阐述了生态服务及其价值。生态服务功能指生态系统与生态过程所形成与维持的人类赖以生存的自然环境条件与效用，是人类生存与现代文明的基础。科学技术能够影响，但不能代替自然生态系统的服务功能。在我国，欧阳志云等对我国陆地生态系统服务功能及生态价值初步估算，有机质生产、固定 CO_2、释放 O_2、养分循环储存、减少土壤侵蚀、涵养水源及植物净化大气潜在经济价值等合计 3×10^{13} 元/a，为 2000 年全国 GDP 的 3.6 倍以上。上述文献中使用的方法可供我国在估算干旱造成的生态环境损失时参考。

6.3.3 减灾与救灾策略

6.3.3.1 我国干旱灾害的发生特点

干旱是我国和世界农业生产上最严重和常见的农业气象灾害。我国干旱灾害呈现以下特点：(1) 干旱灾害出现频繁，有时持续时间较长。在全国境内，局地性或区域性的干旱灾害几乎每年都会出现。(2) 干旱灾害呈现灾害面积广，但分布不均匀的特点。据统计，我国每年农田受旱涝灾害的面积约占总播种面积的27%左右，而其中60%左右是旱灾。全国各大区都会有旱灾出现，但分布不均匀，其中黄淮海地区占了全国受旱灾面积的50%左右，长江中下游也是多旱灾的地区，这两个地区就占了全国受旱灾总面积的60%以上。

我国每年都会发生旱灾、洪涝、风雹、台风、地震、沙尘暴、雪灾和低温冷冻等自然灾害。气象灾害是最主要的自然灾害，其造成的经济损失约占各种自然灾害总损失的70%以上，干旱灾害的损失又占气象灾害损失的50%以上。如1991年我国遭受了严重的洪水灾害，江淮流域的洪涝灾害是百年罕见的；旱灾也重于常年，灾害造成直接经济损失1251亿元。2001年，全国农作物受灾面积5221万 hm^2，其中成灾面积3179万 hm^2，绝收面积822万 hm^2，全年各类灾害造成的直接经济损失1942.2亿元；2002年，全国农作物受灾面积4711.9万 hm^2，其中成灾面积2731.9万 hm^2，绝收面积655.9万 hm^2，全年各类灾害造成的直接经济损失1717.4亿元；2003年各类灾害造成直接经济损失1884.2亿元（以上数据来源于国家民政部）。2004年，全国农作物受灾面积3765.0万 hm^2，其中绝收面积433.3万 hm^2，因灾造成的直接经济损失1565.9亿元；2006年是1998年以来灾情最严重的一年，台风、洪涝、干旱等自然灾害频繁发生，农作物受灾面积4111.0万 hm^2，绝收面积494.2万 hm^2，造成直接经济损失2516.9亿元（以上数据来源于中国气象局《中国气象灾害年鉴》）。2006年全国农作物因旱受灾面积2073万 hm^2，其中成灾面积1340万 hm^2，绝收面积230万 hm^2，因旱造成粮食损失416.5亿 kg，经济作物损失316.2亿元（贾汀，2007）。

从以上最近几年国家民政部发布的灾害统计公报中的数据发现，随着经济的发展和人口的持续增长，各种自然灾害所造成的损失呈现明显增大的趋势。干旱灾害是中国出现频率最高、影响范围最广、对农业造成损失最大的自然灾害。在干旱灾害初期，人们并不能感到它的到来，但持续时间愈长，受旱面积愈大，严重程度与日俱增。旱灾是一种渐进性的灾害，特别严重的旱灾影响范围极广，损失也特别严重。干旱灾害问题，直接关系到局地乃至国家范围的区域可持续发展能力建设。抗旱减灾工作在保障国家社会经济的可持续发展方面，任重道远。

6.3.3.2 干旱灾害的减灾和救灾策略

(1) 推进抗旱基础工作，努力实现新时期抗旱工作新目标

坚持以人为本、预防为主、防治结合的方针，依靠科技、依靠法制、依靠群众，统筹规划、分类指导，制定和实施各级干旱灾害防御规划，加快国家与地方各级抗旱服务体系建设，推进抗旱法规制度建设，强化抗旱基础，切实增强对各类干旱灾害监测预警、综合防御、应急处置和救助能力，提高全社会抗旱水平，努力实现新时期抗旱工作的目标：促进抗旱工程的标准化、推动抗旱管理的规范化、实现洪水资源化、加速抗旱技术的现代化和推进旱灾保障的社会化。千方百计减少旱灾损失和最大限度地满足人民生活、生产和生态用水的需要。

(2) 转变抗旱工作思路

农业对干旱最为敏感，也最为脆弱，受干旱影响最大，传统的抗旱工作主要以农业抗旱为主。随着我国社会经济的不断发展，人口持续增长与经济总量的增加，水资源日益短缺，干旱的影响已从传统的农业领域发展到工业、城市生活与生态等各个方面，干旱缺水造成的直接经济损失和社会、生态领域的间接损失越来越大，成为我国全面建设小康社会和经济、社会可持续发展的严重制约因素，有些地区甚至由于严重的干旱缺水而丧失了基本生存条件。因此，抗旱应从农业抗旱为主向城乡生活、生产和生态全面抗旱转变，从主要为农业和农村经济服务向整个国民经济服务转变，从主要注重农业效益向注重社会、经济和生态效益的统一转变，由被动抗旱向主动抗旱转变(程启竞，2003)。2006年国家防办修订并印发了《抗旱预案编制大纲》。全国有17个省（区、市）、49%的地级市（州）和35%的县完成了抗旱预案的编制，有效地保证了抗旱工作的有序进行。

(3) 改善生态环境

我国的干旱问题，可以分为两种情况：西北干旱区的长期干旱问题和东部地区的季节性干旱问题。抗旱减灾与救灾策略也应该针对不同地区的特点而有所不同，应针对不同干旱区域特征及生态环境问题，制定不同的改善生态环境方案。

西北干旱地区是中国生态环境脆弱、气候条件复杂的地区。由于干旱缺水，恶化的生态环境极大地制约着当地乃至全国的经济发展和社会进步。当地减轻干旱的危害，目前首要的任务是遏制住恶化的生态环境，然后统筹考虑生态环境的治理、保护和改善，谋求生态环境和经济社会的协调发展，使

干旱的生态步入良性循环轨道。干旱地区在坚持生态环境保护优先的原则下，实施预防为主、源头控制的战略，从根本上预防新的生态环境破坏的产生。

因地制宜地开展退耕还林还草工作是建设干旱地区生态环境的一种必然选择。2000年1月，中央2号文件和国务院西部地区开发会议将退耕还林还草列为西部大开发的重要内容。同年3月，经国务院批准，国家林业局、国家计委、财政部联合发出了《关于开展2000年长江上游、黄河上中游地区退耕还林还草试点示范工作的通知》，标志着退耕还林还草试点工程正式启动。退耕还林是中共中央、国务院站在中华民族生存和发展的全局高度作出的重大战略决策，是迄今为止中国政策性最强、投资最大、涉及面最广、群众参与程度最高的一项生态建设工程。1999年在陕西、甘肃、四川3省试点开展退耕还林，2002年在全国全面实施，涉及全国25个省（区、市）和新疆生产建设兵团的2279个县，3200多万农户、1.24亿农民。

要制定好退耕还林还草的总体方案，应充分考虑植被分布的自然地带生态规律，按实际情况决定乔、灌、草的种植，使退耕还林还草达到预期目的。处理好退耕与还林还草的关系，依据风蚀沙化和水土流失的特点，进行统一规划，集中连片种植，因地制宜确定种树种草的形式和内容，抓住有理时机，大力发展畜牧业，做到种、管、用结合，生态措施和工程措施结合，生态效益、经济效益和社会效益的统一。政府部门需不断完善退耕还林还草政策和法规，对退耕还林的原则，规划和计划编制，造林、管护与检查验收，资金和粮食补助，保障措施，法律责任等作出明确的规定。

（4）对干旱地区的水土资源和生态环境重新认识，因地制宜地优化农业结构

我国是世界上干旱半干旱地区面积较大的国家，旱地面积占全国总土地面积的52.5%，主要分布在我国北方的东北、华北和西北的15个省区。半干旱地区是一个特定的生态类型和重要的农业区域，其生态环境极为脆弱，土地利用特征表现为天然植被、人工草地和旱作农业并存，林业受到地域降水的限制，只能局部发展。由于降水量尚处在允许从事农业生产的范围之内以及土地利用的多方向性等因素，往往在人口压力较大的情况下盲目开垦土地，造成土地利用不合理，引发人为的水土流失和土地贫瘠化，使得本来就很脆弱的农业生态环境持续恶化（孙鸿烈，1995）。

尽管半干旱地区农业的生产仍然存在着许多限制因素，在耕地不断减少和人口持续膨胀的形势下，由于该地区土地广阔，开发潜力大，是进一步解决世界性农业问题的关键地区。在对半干旱地区进行开发利用的过程中，需要对其水土资源和环境重新进行定位，立足自身优势资源，加速传统农业经

济向现代工业城市经济的转型，同时深化改体制革，实现城乡统筹，山川统筹，工农统筹，按照整体规划，分片分步实施的原则，加快推进新型工业化、农业产业化和特色产业的发展进程，以工业化带动城镇化，通过减少农民来富裕农民，通过调整农业来发展农业，因地制宜，合理发展，以实现人口、土地和水利三大资源的优化配置和高效利用。

（5）加强水利设施建设，建立完善抗旱防灾减灾工程保障体系

多年来国家和各级政府投入了大量的财力和物力，我国的水利建设工作不断加强，在防洪抗旱，合理调度水资源中发挥了积极的作用。在2006年的特大干旱发生时，各级防汛抗旱指挥部门强化水量管理调度，合理配置生活生产用水，发动群众积极开展抗旱水源工程建设，有效地减少了干旱造成的损失。与目前的社会经济状况相比，我国抵御旱灾的能力还较低。因此，为解决干旱问题，各地应结合自身的发展状况和水情，制定科学合理的规划方案，加强水利基础设施建设力度，努力提高整体抗旱能力。

（6）合理利用各种水资源，全力建设节水型社会

节水是缓解水资源供需矛盾，防御干旱灾害的根本措施。在农业用水方面，塑造利用农业节水的制度，大力发展节水农业。为此，首先要培育灌溉水市场。其次是推动作物节水技术创新、培育节水技术市场；再次是应重构包括工程节水、生物节水、农艺节水和管理节水四个子系统在内的节水农业技术系统；最后，由于我国版图较大，农用水资源丰缺并存，故可以在灌溉农业区推广输水工程＋常规节灌＋水价控制的模式和旱作农业区推行集水工程＋现代喷微灌＋农艺措施的不同的节水模式。在工业用水方面，塑造利于工业节水的制度，建造节水工业。为此，应做好以下两方面的工作。首先要实行节水考核制度，对于定额以内的用水，采用较低的费率；高于配额的用水，则按分级提价的原则，收取较高的水资源税费。为了鼓励节约用水，可允许企业对节水部分进行有偿转让，以促进节水成本低的企业率先节水，从而带动整个工业向节水方向迈进。其次是严格实行用水许可制度。目前无证开采，超量开采比比皆是，为此应加大投入，搞好执法检查。在城市用水方面，塑造利于城市生活节约用水的制度，加强生活用水的节约管理。首先应使生活用水的价格合理，起到激励节水的作用。生活用水水价的确定应更多由市场、消费者和政府共同参与制定，其价格不仅要包含制水、供水成本和合理的利润，还要包括污水处理费用。其次应推广使用节水器具。最后，利用公共传媒在全社会广泛进行节约、合理利用和保护水资源的宣传教育，使节约用水成为居民的自觉行动。

第7章 历史重大干旱事件

7.1 1470—1948年重大干旱灾例

7.1.1 历史干旱概述

干旱灾害与其他自然灾害相比，发生范围广、历时长、影响重。历史时期由于生产力水平低，对灾害的承受能力弱，因此，历史上发生的每一次大旱都给中华民族带来了深重的灾难。持续数年的干旱往往造成大规模的饥馑，甚者灾民流离失所，民不聊生，导致社会动荡不安，甚至导致加速封建王朝的灭亡。

根据史料统计，1470—1948年间全国重大干旱年有51年。以北方干旱为严重的偏北型干旱发生频次多，受灾面积大，且多发生连续多年的干旱，灾情比较严重；而以南方干旱为重的偏南型干旱相对少；全国南北方发生严重干旱，往往影响范围大，灾情严重。中国历史上的干旱灾害在时间上具有明显的群发性，如1483—1485年、1528—1529年、1637—1642年、1875—1878年、1899—1900年、1928—1929年和1941—1943年等为连续干旱年段。重大干旱灾例见附表。

7.1.2 历史重大干旱灾害事件

(1) 1527—1529年北方大范围连续干旱

1527—1529年北方大范围连续3年干旱。河北、河南、山东、山西、陕西旱情最为严重。井泉多有干涸，禾稼枯死，旱、蝗肆虐，颗粒未收，饿尸遍野，甚至人相食。其中1528年旱区扩大至南方的湖南、湖北、广东、四川等地。

1527年，河南全省大旱，导致禾稼枯死，引发饥荒，个别地方人相食。

1528年，山西大旱，并发蝗虫灾害，旱、蝗致使庄稼无收，饿殍遍野，民不聊生；陕西大旱，人相食，饿死无数。河南大旱引发蝗虫灾害，禾稼尽为所食，引发饥荒，民饥死者大半，多地发生人相食，有的地方甚至活者相食。湖北大旱，河水枯竭，蝗虫蔽天，民多乏食，好多地方人相食。1529年，河北大旱，蝗蝻食尽禾稼，人采草木皮叶而食之，后人自相食，父食子、夫食妻者不可胜计。

（2）1585—1590年中国连续6年干旱

1585—1590年，中国出现了持续6年的大范围干旱，并由北向南扩展。前段受旱最重的是河北、山西；后段干旱区扩大并南移至长江流域，受旱最重的是江苏、安徽和湖南，旱灾持续最久的则是河南。1589年达到极旱，安徽“淮河竭、井泉涸、野无青草”；浙江“运河龟坼赤地千里，河中无勺水”等。这次干旱事件还伴有大范围饥荒和瘟疫。

1586年，全国大部分地区干旱，旱区遍及北京、天津、河北、山西、陕西、甘肃、山东、河南、湖北等地，其中河北、山西、山东、陕西等地最为严重。山西大旱，赤地千里，井涸河干，民食草根、树皮、白土，饿殍盈野；陕西大旱，民多流移、饿死。1587年，北起北京、河北，南到云南大理，全国大部分地方发生严重干旱。山西大旱赤地，民食树皮尽，饿殍载道。甘肃文县、庄浪等地大旱，人相食，流亡过半。河南大旱，田禾干死，秋无禾，原阳、汝阳人相食。1588年，全国大部分地区干旱。江苏大旱，太湖为陆地。浙江大旱，五谷皆槁，民食草根树皮，东湖水尽涸；杭州、义乌、余姚等地夏旱，河流几绝。江西大旱，禾尽槁，谷贵，邑民至有鬻妻子者。河南大旱，赤地四野，人相食。1589年，旱区遍及河北、山东、上海、江苏、浙江、安徽、江西、福建、河南、湖北、湖南、四川等地，旱情为最重。江苏大旱，河流俱涸，二麦枯槁。浙江大旱，赤地千里，河中无勺水，震泽为平陆，运河龟坼，野无青草，五谷不登，食糟糠，茹树皮，卖妻鬻子，饿殍载道。安徽淮河竭，井泉枯，湖干裂成焦土，禾无粒收，民多殍死，流徙载道。湖北大旱，人民死伤大半。湖南大旱，禾不登，死亡载道，村落人食树皮木根，殍死者无数。

（3）1637—1643年中国大范围连续干旱

1637—1643年连年干旱，这是近500年间持续时间最长、受灾范围最广的干旱事件，几乎大半个中国皆陷于苦旱，遍及20个省（市、区），不同地区干旱先后持续4～6年。旱灾中心是陕西、山西、河南，但最盛时遍及山东、河北、内蒙古、安徽、江苏、浙江、湖北、湖南、贵州、四川、甘肃。干旱初期（1637年），仅少数地区庄稼受害和人畜饥馑；1638年，旱区向南扩大，大部分地区庄稼受害和人畜饥馑，个别地区有人相食现象；至1640年、1641年，干旱已持续4、5年，旱情加重，禾苗尽枯，庄稼绝收，经年不雨、累岁奇荒，山西汾水、漳河均枯竭，河南洛水深不盈尺，河北九河俱干、白洋淀涸，川竭井枯现象遍及各地，严重干旱还伴随出现蝗虫灾害和严重的鼠疫流行，村舍十室九空，以致赤地千里，树皮蒿叶，可食者皆尽，饿殍枕藉，人相食频频发生。至1642年、1643年各地旱情才有所缓和。连年旱灾造成粮食严重歉收和失收，灾区米价昂贵，加上沉重的服役，民不聊生，农民起义不断，李自成所领导的农民大起义爆发，最终导致明朝的灭亡。干旱灾害是导致明王朝衰败和社会不稳定的一个重要因素。

1638年，全国大旱，山西、山东、江苏、河南等地尤为严重。山西大旱，野无青草，斗米千文，草根树皮采食殆尽，甚至人相食。山东淄博、潍坊、烟台、泰安、曲阜、菏泽等地大旱，蝗飞蔽天，食谷殆尽，有的地方井泉干竭，人相食，土寇蜂起。江苏大旱，并发蝗灾；南通等地自春不雨至冬，水竭民饥。河南大旱，飞蝗蔽日，禾枯粮尽，民穷盗起；洛阳等地4月不雨至于8月，赤地千里。海南琼海、儋县大旱，塘水尽涸，河溪断流。1639年，全国大部分地区干旱，包括河北、山西、陕西、山东、江苏、安徽、河南、海南等地，山东、河南等地尤甚。山东潍水断流，临朐大旱持续近10个月；河南沁阳17个月不雨。1640年，全国旱情进入最为严重的时期，受旱面积广、旱情严重，包括北京、河北、山西、陕西、甘肃、山东、江苏、浙江、安徽、江西、河南、湖北、湖南等地。河北大旱，禾稼皆枯，民间鬻妻卖子，饿死道路者甚众；清河断流，白洋淀干竭。山西大旱，汾水竭，赤地如焚，苗不能穗，穗亦不实，秋无禾稼，飞蝗蔽野；多处发生人相食惨状。陕西大旱，草木俱尽，粟价腾涌，木皮石面皆食尽，父子夫妇相割啖，十死八九。山东大旱，野无青草，土地荒芜，村落丘墟，斗米银一两余，蝗遍野盈尺，百树无叶，赤地千里，湖尽涸；人相食，甚至骨肉相食。河南大旱，井皆涸，树木尽为枯槁，米价腾涌，树皮皆尽。有的地方民煮蝗而食，或人相食。1641年，旱情仍然严重，河北、山西、陕西、山东、上海、江苏、浙江、安徽、江西、河南、湖北、湖南等地大旱，秧田尽见枯黄，溪河竭，河底凿井不得泉，乡人无食米者，民采草根树皮充饥，许多地区出现人相食。1642年，旱情有所缓解，但河北、山西、江苏、浙江、安徽、河南、湖北、湖南等地仍大旱。河北大旱，河水竭，水淀数百里尽涸。河南11月内，黄河水干，人可徒步。1643年，持续多年的大旱相对缓解，干旱范围缩小。

(4) 1689—1692年中国大部连续干旱

1689—1692年，全国大部分地区连续四年干旱，包括辽宁、河北、河南、山西、山东、陕西、甘肃、江苏、上海、浙江、福建、江西、湖南、湖北、云南等地。河川枯竭，麦尽枯，飞蝗遍野，干旱导致饥民流徙，又相继发生大疫。

1689年，北起北京、河北，南到云南，全国大部分地区大旱，其中河北、河南、湖北等地尤为严重，河流、井泉干涸。河南大旱，麦枯，野无青草，民食树皮草根。湖北武汉、孝感等地赤地大旱，禾稻颗粒无收，草木俱枯，河水涸。1690年，河北、陕西、江苏、河南、湖北等地旱灾，其中河北、河南、湖北等地最为严重，河南济水、沁水竭。1691年，全国大范围干旱，旱区遍及北京、河北、山西、陕西、福建、河南、广东、广西、四川，旱情扩展到南方的广东、广西、四川、云南等地。陕西旱蝗灾并发，禾苗枯槁，民取草根木皮屑食；渭水仅尺许，水泉大涸，城中汲水于数里之外。河南大旱，泌水竭，野无青草，夏飞蝗蔽天，食苗殆尽。1692年，旱区范围有所缩小，灾情亦有缓解，旱区主要集中在山西、陕西、河南、湖北等地。

（5）1876—1878年北方连续干旱

这次大旱始于1874年，结束于1879年，严重干旱发生在1876—1878年。这是近代中国社会发生的一场惨绝人寰的大灾荒，天灾伴着人祸，灾害极其严重，对当时整个社会生活产生的强烈冲击是前所未有的。据史料记载，这次旱灾是造成历史上死亡人数最多的一次大旱，死于饥荒和疫病者多达1300万人，是清朝“二百三十余年未见之凄惨、未闻之悲痛”的大灾难，后人称之为“丁戊奇荒”。受灾地区主要包括山西、河南、陕西、直隶（今河北）、山东北方5省，并波及江苏、安徽、甘肃、四川等部分地区。与旱灾相交错的是很多地方又接连发生水、蝗、雹、疫等灾害，使得严重的灾情雪上加霜。三年大旱，有的地方四、五季未收，赤地千里，民大饥，以致人相食；北方5省发生灾荒的州县总数分别为222、402和331个；受天灾袭击的饥民达两亿人，占当时全国总人口的半数；从重灾区逃荒外地的人数达到2000万以上；山西省是重灾区，全省1600万人中死亡500万人。1876年，山西大旱，人食树皮、草根、干泥等物。山东大旱，赤地千里，草叶皆枯，无麦禾，米价昂贵，汶河竭，弥水涸。河南久旱无雨，赤地千里，池塘沟港连年无水，谷价腾贵，人民饥寒交迫，死亡载道。1877年，山西省降水量偏少最为显著，右玉、朔县不足常年的一成，大多数地区在四成以下。随着旱情的发展，可食之物的罄尽，到处都有人食人现象。河北大旱如焚，禾多枯死，赤地千里，十室九空；人相食。山西荒旱异常，天干地燥，烈日如焚，滦水涸，浍水竭，汾水断流，禾苗槁，寸草皆枯，树皮、草根、干泥、雁粪俱搜括充饥，道路饿殍盈途；人相食。陕西天气亢旱，赤地数千里，金河竭，白崖湖竭，井水多涸，民啮草根，继食树皮叶，俱尽，又济之以班白土，死者甚众。河南大旱，麦秋全无，赤地千里，流民载道络绎不绝，饿殍遍野；人相食。1878 年，山西大旱，赤地千里，大地无禾，户口减去大半，近古无比奇荒，致人相食。湖北老河口、京山旱，河水涸，汉水可徒步而过。

（6）1900 年全国特大干旱

1900 年发生全国范围的特大旱灾。北方遍及内蒙古、北京、天津、河北、河南、山东、山西、陕西、宁夏、甘肃、青海等省（市、区），南方有湖北、湖南、江西、贵州、云南、广东、广西、福建和台湾等。

内蒙古 1899 年大旱，1900 年旱情更加严重，全区春夏无雨，夏秋禾稼皆未登场。集宁沿河人民多饥毙；包头特大旱，春夏秋旱，颗粒不收，人相食；巴盟全年少雨，河套受灾，黄河水几乎干涸，冬天无雪，河套人吃牛皮、草。陕西春雨愆期，入夏亢旱，入秋仍鲜雨泽，饥民至数十万人之多；陕北、关中庄稼收获甚少；饥民乏食，有挖草根、剥树皮以延残喘者；华县渭水几涸；凤翔夏秋旱，是年冬至翌年夏连续大旱，遂遭大饥，人民流离死亡，全县死 2.2 万人之多。山西大旱，榆次、临汾等地春夏无雨，五谷歉收，饿死甚多；绛州旱灾最严重，民饥，人相食，死者众多，全县人口原有六万余，灾后只剩三万余人。河南大部春、夏、秋旱甚重，麦子枯死，秋禾无种，有饿死者；人相食。安徽芜湖 2—10 月少雨，而 8 月降水仅 6 mm，为旱严重。广西环江 6—10 月，骄阳烈日，不见云雨，禾苗枯死十之八九。

（7）1928—1929 年全国性特大旱灾

1928—1929 年，连续两年发生全国性特大干旱，使得各地收成大歉，百姓大饥。据不完全统计，这次灾害造成灾民 1.2 亿，占当时全国总人口的 30%。1928 年干旱造成灾民达 3339 万余人，饥饿、瘟疫致死亡人数达 200 万以上，其中内蒙古、山西、陕西、宁夏、甘肃、河南及湖北、湖南等省（区）灾情最重；1929 年，再次发生全国性特大干旱，北方以黄河流域为中心，长江下游的安徽、江苏、浙江形成新的旱灾中心。

1928 年，宁夏全区大旱，夏麦秋谷干枯，作物不能下种，颗粒无收，草亦无，灾民困苦，民不聊生，十堡九空，饿死人畜甚多。甘肃全省 50 余县空前大旱，灾情奇重，自春至夏未降透雨，泉干水涸，赤地千里，夏秋无收，冬麦失种，颗粒未收，灾情之重数十年所未有；又时值狄河战乱，天灾人祸，粮价昂贵，哀鸿遍野，积尸梗道，人相食；全省灾民达 250 万余人。陕西自春至秋，滴雨未沾，井泉枯渴，泾、渭、汉、褒诸水断流，树木大半枯萎，夏秋均无收成，灾情重，树皮草根采掘已尽，赤野千里，遍野苍凉。河南春夏大旱，秋继旱，旱魃为虐，赤地千里，麦歉收，民饥；翌年春，人大饥，以草根、树皮、石头面，甚至雁屎充饥。山东全省大旱，灾民 500 万人。湖北全省大旱，襄阳旱灾奇重，自夏徂秋，天气亢旱，数月不雨，地赤土焦，颗粒无收。湖南 49 县苦旱。长沙大旱，7 月雨量仅 1 毫米；井涸塘干，泉源枯竭。广西秋冬亢旱，灾区占全区三分之二。四川绵阳、广元、绵竹等连年皆大荒旱，8 月至次年 6 月不雨，野有饿殍；大田禾稻火可焚烧，有的地方到二十几里*之外去寻吃水，5 月青黄不接之时，饿死无数。

1929 年，宁夏仍干旱严重，庄稼旱死，发生大荒；海原、固原、隆德 3 县灾民达 20 余万人。海原全年未雨，秋夏田禾颗粒无收，四乡民众多有乏食，及至冬间，饥寒交迫，饿殍盈野；隆德夏秋两禾颗粒无收，大饥，天灾人祸，十室十空，哀鸿遍野，人民相食，其秋大疫，死亡满路，树皮草根剥食殆尽。甘肃继上一年空前大旱，是年又有 58 县大旱，复继以冰雹、洪水、虫害、瘟疫流行、霜冻，春耕失种，颗粒未收，全省灾民达 450 万余人，死亡 230 万人。陕西灾区遍及全省各县，春夏之交，雨泽愆期，8、9 月间天仍亢旱不雨，夏秋颗粒无收，赤野千里，青草毫无，树皮草根食尽，饿死 250 万人。河北春夏未落透雨，旱地赤荒，二麦籽粒未收，秋收亦无望。山西省 1928 年旱情延续至 1929 年 5 月，农业无收，群众疾苦，遍地饥民载道，死亡日增，甚至人相屠食；全省有 54 县成灾，为 20 世纪最为严重的干旱年之一，社会一片荒凉，民无粮，畜无草，赤地遍野，卖儿卖女、外出逃荒，民室十有九空，饿殍遍野。河南春、夏、秋旱，数月不雨，麦禾未收，饥毙者无算，河断流，塘枯竭，赤地千里，草根树皮皆吃光。江苏旱情遍及全省，沂沭泗水系均枯，旱情尤以里下河地区为重，连续 2 年干旱，雨水稀少，运河水涸，交通中断；河港湖荡大部分见底，蝗蝻害稼，卤潮倒灌。安徽大部分地区重旱，灾民达千万以上；芜湖 2—5 月、9—11 月仅降水量分别仅 154 mm 和 120 mm，宿州 5 月仅 6 mm；合肥河水断流。山东全省大旱，94 县受灾，灾民 728 万人；田禾枯死，晚禾未种，连年荒旱，民不聊生。广东东江 3 月下旬河水异常干涸，深仅 1 尺**，为向所未见，船因水涸停驶。

（8）1936 年全国性特大旱灾

1936 年发生全国性特大旱灾，灾区分布在黑龙江、辽宁、内蒙古、山西、陕西、北京、天津、河北、河南、山东、江苏、安徽、浙江、江西、台湾、湖北、广东、海南、广西、四川、重庆、贵州、云南、台湾等 24 省（市、区）。其中北方及江淮流域 1934—1936 年连续三年发生严重旱灾。河北、河

* 1 里＝500 m

** 1 尺＝0.33 m

南、安徽、四川和贵州灾情最为严重。

河北发生春夏大旱，井水多数枯竭，田地干，无法播种，农作物枯槁，秋收无望。山西全省持续大旱，太原、广灵、灵丘持续3年干旱，许多村庄颗粒不收，饿死人不计其数。河南自入夏至晚秋雨量特少，临汝、新安、洛宁该年实测年降水量分别为202 mm、247 mm和287 mm；全省受灾县达76个，各地夏麦歉收，三伏无雨，棉禾尽枯，秋谷不登。上海秋旱，作物播种难；长江水量日趋干涸，航行困难。广东梅县、阳江入秋后亢旱，井池枯涸，田土龟裂，禾苗大半枯萎，冬收绝望。四川达县、宣汉、南江等县春旱，灾情奇重；宜宾大旱，7月至次年4月无雨，田干裂数寸，农作物无收，民以芭蕉头、白泥为食者14万人以上，死2000余人。重庆遭遇春旱、春夏连旱或伏秋旱，2月街头饿死灾民2870人；连续数年干旱，无法下种，灾民吃草根、树皮、白泥度日，不少饥民因吃白泥致腹胀而死。

（9）1942年严重干旱灾害

1942年，继1941年大范围干旱之后，黑龙江、吉林、辽宁、内蒙古、山西、陕西、北京、天津、河北、河南、山东、江苏、上海、安徽、福建、湖北、海南、广西、甘肃、四川、重庆、贵州、云南等20省（市、区）部分地区再次遭受旱灾。其中山西、河北、河南、安徽受灾最为严重。

甘肃全省大旱，夏秋均大歉收，民饥。民勤自春至夏，点雨未落，麦苗多青死，秋禾枯萎；景泰春季狂风致田地成沙漠，禾苗均被害，牛羊尸横遍野。河北遭春夏旱、蝗虫之灾，为害数十县，灾情甚重，气候之酷热异于往年，夏经灾害，秋收无望；冀西39县遭旱灾，灾民18万。河南全省大旱，春不雨，夏、秋久旱，井涸塘竭，禾稼焦枯，饿殍盈野，全省饿死、病死数百万人。山东鲁北发生特大旱灾，连续150天无雨，土地龟裂，河道干涸，树叶树皮被灾民吃光，饿死人无数。海南文昌、万宁春夏大旱，土干地裂，河水干涸，人畜饮水苦之，农作物失收，年荒。

7.2 1949—2006年重大干旱灾例

7.2.1 1949—2006年干旱概述

新中国成立后，随着生产力水平和农业生产技术的提高，防御干旱灾害的能力不断增强。但受自然和人为因素的共同影响，我国干旱灾害的发生频率仍然很高。1949—2006年，我国年均干旱受旱面积达到2109万hm^2。进入20世纪90年代，伴随着全球气候变暖趋势的加剧，我国特别是北方地区干旱频繁发生，全国年均受旱面积上升至 2569 万 hm²，严重干旱的 2000 年和 2001 年分别高达 4054 和 3847 万 hm²。因此，从全国干旱受灾面积来看（图 7.1），干旱严重的年份为 1959、1960、1961、1972、1978、1986、1988、1992、1994、1997、1999、2000 和 2001 年，以上各年干旱受灾面积均在 3000 万 hm² 以上。成灾面积最大的 3 年为 2000 年、2001 年和 1997 年，均超过了 2000 万 hm²。2000 年是新中国成立以来受灾和成灾面积均最大的一年，干旱造成粮食严重减产达 600 亿 kg，经济作物损失 510 亿元，其影响超过了 1959—1961 年 3 年自然灾害。重大干旱灾例见附表。

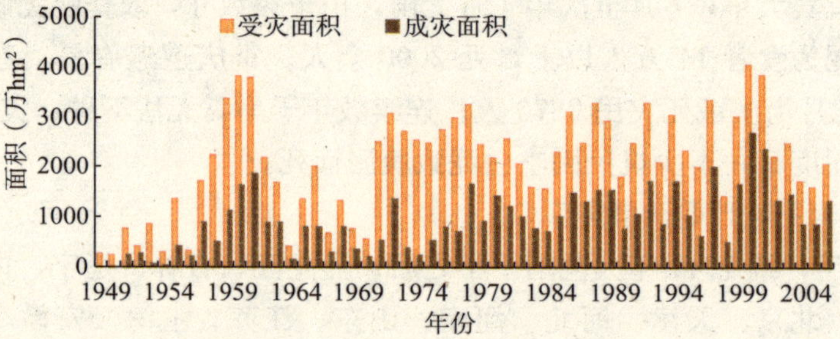

图 7.1 1949—2006 年全国干旱受灾和成灾面积

7.2.2 1951 年以来重大干旱灾害事件

(1) 1959—1961 年中国连续干旱

1959—1961 年中国出现了连续 3 年的严重干旱。从 1959 年 7 月和 1960 年 6 月北半球 500 hPa 合成高度场可见，江淮流域夏季大范围干旱时期，北半球盛行纬向环流，中纬度有四个浅槽，分别位于巴尔喀什湖、东亚大陆东部沿海、太平洋阿留申群岛东南和北美大陆东岸；亚洲地区强西风平均位置出现在 40°N 以北；西太平洋副高位置较常年同期偏北且伸向大陆，但其西伸脊点在 108°E 以东；极涡偏向西半球，因而在亚洲北部冷空气不活跃。在高度距平图上，亚洲地区 40°N 以北为一东西向负距平带，而在 40°N 以南为一正距平区。这表明，在 40°～50°N 之间的地转西风较常年强，经向环流弱。副高强且偏北，冷空气活动不易影响 40°N 以南地区，以致江淮地区发生持续性干旱。

1959 年 7—9 月，华中地区发生大旱灾。渭河、黄河中下游以南，南岭、武夷山以北地区普遍少雨，总雨量 100～300 mm，比常年同期偏少 3～6 成，湖北、河南、陕西关中和陕南、湖南北部、四川东部等地仅有 70～170 mm，较常年同期偏少 5～8 成，旱情严重；湖北宜昌、陕西西安 7—9 月总雨量只有 131 mm 和 106 mm，为有气象记录以来同期雨量的最小值；湖北汉口 7 月中旬至9月中旬70多天降雨仅16 mm，为70余年来所未有。福建、广东等地60天无雨，华南出现严重秋旱。由于少雨阶段正处在盛夏高温期，旱情加速发展，部分地区直至10月份旱象仍未解除。干旱使晚稻、玉米、大豆、红薯、棉花等普遍受害。9月上、中旬，华中大部降雨仍然仅有10 mm左右，湖南、湖北、江西、安徽及四川东部等地的旱情达到最严重阶段，对晚稻抽穗、扬花影响极大。据统计，仅湖北省就有71个县、市受灾，成灾面积173.4万hm^2，其中105万hm^2基本无收。

1960年，受旱范围继续扩大。1959年12月到1960年6月，河北、河南北部、山西、山东西部、陕西大部、辽宁西部等冬小麦主产区雨雪奇缺，总降水量只有50～100 mm，比常年同期偏少3～6成，干旱一直持续到初夏。干旱期间，大部地区连续150～180 d无透雨。长期缺雨，山东省境内汶河、潍河等8条主要河流出现断流，黄河下游范县至济南等河段40多天断流，许多地方塘库干涸，水井枯竭；冬小麦整个生长期处于受旱之中，产量受到较大影响；夏播作物的播种、出苗十分困难。山东、河南、河北、山西、陕西等省受灾面积近2000万hm^2，其中成灾面积约1000万hm^2。另外，甘肃省有47个县受旱，全省旱灾面积74.5万hm^2，成灾面积62.8万hm^2，有100万人严重缺乏口粮。广东、海南旱情持续了7个月，云南、四川、贵州冬春连旱。

1961年干旱持续。北方干旱仍主要发生在冬小麦产区，自1960年12月至1961年2月大部分地方降水量不足15 mm，比常年同期偏少5～9成；3—5月降水量20～80 mm，偏少2～7成。少雨中心的邯郸、德州、济南、菏泽地区6、7月出现持续少雨天气，旱情加剧。华北地区农田受旱面积1666万多公顷，其中麦田受旱面积约800万hm^2。山东、河南、河北及山西等省受旱最重，仅山东省越冬作物受旱面积就高达300万hm^2；这些地区的干旱一般持续150～200 d以上。高温少雨还诱发大面积病虫害，河北、河南、山东及江苏四省有56.4万hm^2作物受到夏蝗虫危害。河南省小麦产量为近14年最低，豫北和豫西地区减产达5成，全省夏收粮食有46.6万多公顷基本绝收。此外，辽宁省西部干旱也非常严重，1960年冬至1961年6月连续200 d未降透雨；朝阳从1960年11月至1961年4月降水量仅7 mm。入夏后天气炎热，加之长期缺雨，土壤干土层深达30 cm，有的超过1 m；作物无法播种，已播作物大部分枯死；干旱严重地区方圆百里满是黄土飞沙，几乎见不到青苗、野草，多年的老松树被旱死；不少河溪断流，水井干涸。

(2) 1972年全国特大干旱

1972年我国出现大范围干旱，全国全年受旱面积3069.9万hm^2，其中北方的旱灾为新中国成立以来所罕见。北方大部地区春夏秋各月降水量显著偏少。北京、天津、山西、河北、山东、河南、陕西、宁夏、内蒙古、辽宁、吉林、黑龙江等省（市、区）发生春夏连旱，旱情严重。河北邢台、石家庄干旱持续时间长达10～11个月，为近几十年少见。京津地区、山西大部、河北西部及河套地区3—8月降水量不足250 mm，较常年偏少5成以上；干旱严重的晋中盆地的原平、忻县一带不及100 mm，比常年偏少7成以上。太原、忻县、石家庄、邢台等地全年降水量分别只有216 mm、167 mm、226 mm、263 mm，为近30年的最少值。6—8月华北地区无降水日数一般达到70～80 d。

1972年春季3—5月，欧亚500 hPa月平均图上，乌拉尔山低槽对应负距平，贝加尔湖西侧高压脊对应正距平，中纬度距平呈东西向正、负相间分布，经向气流较强，使华北上空受较常年同期偏强的西北气流控制，因而大风多，降水少，春旱加剧。夏季500 hPa环流具有以下特点：欧洲地区从5月下旬开始到9月中旬一直维持一个强高压脊，在乌拉尔山东南侧长期存在一个深厚的切断低压。这种长期稳定的环流形势改变了亚洲槽脊位置的正常分布，使华北处于槽后的偏北气流之下，出现少雨干旱。另外，7月上旬副高与常年情况相近，但7月中、下旬副高明显偏弱，8月上旬整个太平洋区域没有588 dagpm等高线的闭合环流。由于副高弱小，不利于西风槽的稳定和西南季风的加强和北上，导致华北地区降水偏少。

1972年北方旱情较重的13个省（市、区）全年受旱面积2133万 hm^2，其中成灾1066万多公顷；北京、天津、山西、河北、陕西、宁夏、内蒙古、辽宁、吉林、黑龙江等10省（市、区）共减产粮食1035万 t，其中黑龙江、辽宁、吉林、山西减产幅度达到20%左右。北京6月中下旬，严重干旱的地块干土层厚达60～70 cm；山西33.3万 hm^2 春播作物不能播种；陕西榆林春夏连旱，有1/3春播作物无法下种。河北、山西、山东、北京、陕西、辽宁六省（市）春播粮食作物因旱比1971年少种48.6万多公顷。河北省干旱面积从3月底106万 hm^2，扩大到6月下旬的373万多公顷，占全省耕地面积的64%；河南伏旱范围很广，波及95个县市，全省受旱面积233万多公顷。

长期干旱造成北方水资源更加紧缺，江河水位下降，库塘蓄水减少甚至干涸。据10月1日统计，北京、河北、山西、辽宁、吉林、山东、河南、甘肃8省（市）91座大型水库蓄水量较1971年同期减少100.43亿 m^3。北京中小河溪提前断流；河北省大中型水库蓄水均在死水位以下，河道普遍断流，海、滦河山区年径流量是1951—1972年间最少。山西省境内桑干河流量减少69%，滹沱河流量减少72%，肖河流量减少74%，汾河中游出现断流。河南伊、洛、汝三大河流5月份流量只相当于常年流量的1/5。山东省北部地区河道基本断流，黄河济南以下河段断流20 d。

1972年中国南方夏旱也比较重。6月，湖北、湖南、广西、贵州等省（区）开始出现旱象；7月旱区扩及四川、福建、广东、江西、安徽、浙江、云南等省，农田受旱面积466万多公顷。湖北、湖南、贵州、四川等省至9月初旱情才告解除。南方旱区鄂南、湘北，湘西，黔东等地6—8月降雨总量仅有100～200 mm，偏少7～9成，干旱持续2～3个月。干旱少雨造成长江汉口站8月份流量比常年偏少近50%，湖南湘、资、沅、澧四水和洞庭湖水位比常年同期低1～3 m；宜昌、汉口8月长江最低水位分别是1890年和1865年有观测资料以来同期最低水位。湖南省6月中旬至9月中旬夏秋连旱，全省农作物受旱面积117.3万hm^2，因灾减产粮食100万t，河、溪大都断流，山塘、小水库干涸，部分地区吃水发生困难。四川省伏旱遍及整个盆地，受旱面积之广为1951年以来所未有，7月下旬至8月底40余天无透雨，遂宁7月15日至8月31日48天内仅降雨19 mm，南充市7月14日至9月1日50 d内降雨28 mm，巴中7月13日至8月29日48天内降雨22 mm。

(3) 1978年全国特大干旱

1978年，我国大部地区降水偏少，全年旱情不断，全国全年受旱面积高达4016.9万hm^2，重旱区主要在长江、淮河流域及河北、河南和山西、陕西、山东等省的部分地区。

1978年江淮大旱是春旱、夏旱和秋旱并发形成的。从夏季环流形势来看，由于西风带锋区异常偏北，纬向环流盛行，造成弱梅雨天气形势。伏旱期间，副高比常年强盛，位置自6月起显著偏北，7月脊线在30 °N附近摆动，并维持到10月上旬，江淮流域受副高控制，盛行下沉气流，持续少雨，因而出现严重干旱；中高纬长期维持两槽一脊形势，使暖高压脊活动较为频繁，亚欧上空来自北极的冷空气活动较少，这种环流形势对江淮地区干旱的形成有一定影响，加之该年6—8月台风强度偏弱，登陆位置偏南，对缓解江淮地区干旱作用很小。1978年，旱区大部年降水量一般为500～1200 mm，较常年偏少2～4成。其中，河北南部、河南北部只有300～400 mm，偏少3～4成；江淮之间大部地区一般有450～700 mm，偏少3～5成。1978年的干旱发生在我国一些主要粮棉产区和经济作物产地，对农业生产造成很大危害。

1977年9月以后，长江以南大部地区降水一直偏少。广东、广西、四川、湖南、江西、福建、浙江、湖北、河南、山东等省（区）先后出现不同程度的冬旱；3月份，北方大部地区降水量在15 mm以下，旱情发展。干旱对越冬作物生长和春播带来很大困难；4月份，西南大部地区降水量不足25 mm，部分地区在 10 mm 以下；黄淮海流域大部基本无雨。降水少、气温偏高、大风天气多，土壤失墒快，使受旱区迅速扩大，河南、山东、河北、山西、陕西、安徽、江苏、黑龙江、吉林、四川、贵州、云南、湖北、湖南、广东、广西 16 个省区受旱面积达 1933 万多公顷，其中冬小麦受旱面积 800 万公顷。4 月底，全国受旱面积增加到 2660 多万公顷，仅河南、山东、河北、山西、陕西、安徽、江苏 7 个省受旱面积达 2000 万 hm^2，占全国受旱面积近 80%，其中冬小麦受旱面积 1000 万 hm^2；不少麦田干土层厚达 30 cm 左右。长期少雨干旱，使不少地区江河断流，水库、塘坝干涸，地下水位下降。河北省邯郸 1977 年 11 月下旬至 1978 年 7 月中旬降水量仅有 64 mm，地下水位普遍下降 2～4 米、甚至达十多米；154 个大队需要到外地担水供人、畜饮用，有的要往返 20 km 之远。

江淮一带遭遇春旱之后，又发生大范围夏秋连旱，部分地区连旱 3～5 个月。6—8 月长江中下游大部地区总雨量一般只有 100～300 mm，较常年同期偏少 3～5 成；湖北东北部、安徽大部、江苏西部、上海、浙江北部一带不足 200 mm，偏少 6～7 成；杭州 130 mm、东台 185 mm、孝感 148 mm，分别是 1904 年、1924 年、1930 年以来同期降水量的最小值；芜湖 135 mm，为 1880 年以来的次小值。与此同时，长时间持续酷热天气。浙江、湖北、湖南、江西、福建及苏皖两省沿淮地区 6 月下旬受旱面积 486.6 万 hm^2，至 7 月中旬，湖北、安徽、江苏、湖南、江西、浙江、福建、河南、山西、河北、天津、内蒙古、黑龙江、四川、贵州、广西 16 个省（市、区）受旱面积高达 1260 多万公顷。持续少雨干旱，造成地下水位下降，塘、堰、库、河干涸，抗旱用水缺乏，人畜饮水也发生困难，仅湖北、湖南、江西 3 省有近 200 万人饮水发生困难。

（4）1992 年北方冬春初夏干旱及南方伏秋干旱

1991 年秋季至 1992 年 2 月我国北方地区雨雪稀少，河南、河北、山西、陕西、甘肃等省发生秋冬连旱，据 2 月底统计，越冬作物受旱面积 730 万多公顷，白地缺墒面积 1200 万 hm^2，甘肃、宁夏、青海等省区约有 1000 万 hm^2 草场受旱，有 900 多万人及 1600 多万头牲畜饮水困难。4 月份北方冬麦区降水量偏少，干旱发展，山东、河北、河南、山西、陕西、甘肃等省农田受旱面积达 1000 万 hm^2。5 月中旬到 7 月上旬，山东、河南、河北、山西、苏北、皖北等地持续少雨，总降水量一般只有 20～50 mm，比常年偏少 5～8 成，发生了较为严重的夏旱，农业生产受到较大影响。黄河、淮河、海河干流流量明显偏小，黄河和淮河下游河段一度断流。山东 6 月份全省平均降雨量 23.4 mm，较常年同期偏少 72%，至 6 月底全省受旱面积发展到 394 万多公顷，其中重旱面积220万hm^2；7月上旬，全省平均降水量仅10.1 mm，旱情进一步发展，大部地区农田干土层厚度为10～20 cm，受旱面积达497万多公顷，重旱面积326万多公顷。全省年棉花总产比1991年减少51.1万t，为近10年来最低产量；秋粮绝产面积占10%左右，减产3～4成的有200万hm^2，干旱造成的直接经济损失约90亿元。河北省继春旱之后，又发生严重夏旱，7月上中旬，全省平均降雨量仅21 mm，同时中南部出现了20多天高温天气，加剧了旱情的发展；旱情严重地区，粮食作物萎蔫，棉花大量落花，造成不同程度减产。河南省6月下旬至7月上旬全省滴雨未降，旱情发展，造成413万人、103万头大牲畜饮水发生困难。陕西省从1991年10月至1992年2月，全省有83个县（市）出现干旱，其中陕北干旱持续到4月份，有150万人、70万头大牲畜发生水荒；至7月底，全省有占秋田总面积60%的农田受旱，成灾面积73.3万hm^2。

1992年7月中旬至8月上旬，南方大部持续高温少雨，总降水量一般只有30～100 mm，比常年偏少5～9成，伏旱严重。旱区波及湖北、湖南、江西、安徽、江苏、浙江、广西、川东、贵州等地，受旱面积1133万hm^2。湖北全省农作物受旱面积233万多公顷，干旱使422万人、222万头牲畜饮水困难。贵州农作物受旱面积占播种面积的70%，河溪断流，水井、山塘和水库干涸；全省因旱直接经济损失12.5亿元。湖南省7月上旬以后持续出现30多天晴热少雨天气，长沙持续一个月无雨，旱情迅猛发展；全省有3144个乡镇、2740万人受到干旱威胁，384万人饮水困难；因旱损失粮食约180万吨，损失棉花约16.5万t；湘、资、沅、澧四大干流水位比历年同期最低水位还低1～3 m；全省水力发电量由丰水期的最高180万kW猛降至平均10万kW，株洲、湘潭等火电厂发电量减少一半。广西8月至12月中旬持续少雨，形成伏秋冬连旱，干旱影响最重的桂西、桂西南山区，人们四处寻找饮用水，大化瑶族自治县每天有三四千人到红水河挑水，还有部分村民携老带幼，赶着牲口到红水河畔“安营扎寨”度水荒。

(5) 1994年江淮伏秋干旱

1994年夏季，江淮梅雨期短、梅雨量少，有的地方出现“空梅”，导致高温伏旱提前，旱区扩大至四川、陕西及甘肃河东地区。江淮地区6月下旬开始少雨，至8月中旬仍未下透雨，总降水量一般为100～200 mm，比常年偏少5成左右；其中安徽、江苏两省部分地区降雨量在100 mm以下，偏少8成以上。少雨的同时，天气酷热，出现了15～40 d高温天气。旱区波及安徽、江苏、浙江、湖北、四川、河南、陕西等省及湖南、江西、山西、甘肃等省部分地区。

由于伏旱时间长，工农业生产及人民群众生活受到严重影响。安徽、江苏的伏旱是新中国成立以来最重的，陕西、四川、河南等省伏旱也很严重。据统计，安徽、江苏两省农作物受旱面积 592.3 万多公顷，成灾面积 374 万 hm^2，绝收面积 70.6 万 hm^2。安徽各类直接经济损失达 117 亿元；江苏直接经济损失总计 81 亿元，航运业亦受到很大影响。安徽、江苏伏旱期共有 800 多万人饮水困难。江淮地区河、湖、库、塘水位急剧下降，洪泽湖、骆马湖、微山湖水位接近死水位。江苏省大中型水库蓄水量比常年少 4～5 成，70%的小型水库及塘坝干涸，沿江部分涵闸引水困难。陕西省因伏秋干旱，洛、渭、汉等江河相继出现历史最小流量，大部分支流枯断，水库无水放，河道无水引，安康最大的八一水库 20 多年来第一次枯竭；水资源紧缺给人民生活带来很大影响。甘肃省陇东、陇中 11 个干旱县由于水窖干涸、水源紧张，导致学校停课、医院停业，全省有 120 万人、125 万头牲畜缺水、断水，其中 60%以上依靠远距离拉水吃。

(6) 1997 年北方夏季干旱

1997 年入夏后，北方大部地区持续高温少雨，发生了新中国成立以来少见的严重夏旱。天津、河北、山东、河南、山西、陕西、甘肃及新疆的部分地区 6—8 月降水量较常年同期偏少 5～7 成。旱区一度覆盖华北、黄淮、西北东部及东北部分地区，至 7 月 15 日，北方地区受旱面积达 2066 万 hm^2，其中重旱面积 933 万 hm^2。由于北方汛期降水少，造成江河流量减少或断流，水库蓄水明显减少，地下水位下降。黄河自 2 月 7 日起，多次出现断流，至 11 月 21 日累计断流达 222 d，断流河段长度达到 700 多千米，为历史上断流最严重的一年；江苏境内淮河干流也发生断流，到 11 月 10 日累计断流122 d。1997 年北方地区河川径流量减少近 20%；平原地区地下水位一般下降 0.5～2.5 m，大中型水库蓄水量比常年同期偏少 30%以上。

陕西陕北、渭北、关中西部及商洛等地干土层厚达 40～60 cm，全省农作物受旱面积 217.3 万 hm^2，其中干枯绝收面积 52 万 hm^2；经济作物苹果、烤烟等减产幅度 10%～30%；全省有 310 万人、120 万头大牲畜饮水困难，30 多个县城供水严重不足，一些企业被迫停产。山西发生全省性大范围严重干旱，绝收面积近 40 万 hm^2；全省因旱减产粮食 283.9 万 t，直接经济损失 33 亿元；同时因旱造成 300 万人、56 万头大牲畜饮水困难。山西运城地区 3 月中旬至 9 月中旬，180 d 无有效降水，全区平均年降水量仅 280 mm，为有气象记录以来最少，出现百年罕见的特大干旱。辽宁一些乡村水井干枯，河水断流，人畜饮水困难；沈阳市除辽河外，几乎所有河水断流，许多水库蓄水量只是正常时的 2%，沈阳市日缺水 40 万 m^3。甘肃出现全省性的春旱和夏秋旱，尤其是陇东、陇南旱情严重，秋粮减产幅度较大，全省减产粮食 50 多万吨。

(7) 1999 年北方严重干旱

1998 年 12 月至 1999 年 3 月，北方冬麦区大部降水量比常年同期偏少 5～9 成，出现冬春连旱，至 1999 年 4 月才逐步缓解。北方冬麦区的冬春旱对冬小麦的越冬、生长十分不利。河北石家庄从 1998 年 6 月开始少雨，至 1999 年 5 月的总降水量仅 268 mm，为 1961 年以来同期的最少值，旱情十分严重，3 月下旬河北省受旱小麦 133 万 hm^2。山西省自 1998 年 11 月至 1999 年 3 月中旬，许多地方连续 100 多天无降水。陕西省 1998 年 9 月下旬至 1999 年 3 月中旬，全省 104 个农业县（市、区）中有 91 个县降水较常年同期偏少 9 成以上；其中 1998 年 11 月至 1999 年 2 月全省平均降水量仅 5 mm，陕北、渭北有 24 县（市）滴雨未下，陕北及渭北一带干土层最深达 1 m 左右。陕西全省因旱夏粮减产 120 万 t，经济作物损失 7 亿元；有 170 多万人、70 万头大牲畜饮水困难。甘肃省自 1998 年 10 月中旬至 1999 年 4 月上旬的 170 多天，大部地区基本上没出现有效降水过程，降水量为近 50 年间最少，干旱持续时间之长、旱情之重为近 50 年罕见。河南省继 1998 年秋季大旱之后，大部地区冬季降水量不足 10 mm，比常年偏少 6 成以上，旱情较重；大多数河道流量比常年同期减少 50％以上，地下水位普遍下降 2～4 m，900 多座小型水库干涸，给冬小麦抗旱保苗带来很大困难。青海省自 1998 年 9 月至 1999 年 5 月持续少雨，东部农业区降水量为历年同期最少值，发生了有气象记录以来最为严重的旱灾，干土层最厚达 25 cm 左右，严重影响春播生产。

1999 年北方大部地区入夏后降水持续显著偏少，汛期无汛，干旱发展迅速，直至 10 月才得到缓解，发生了新中国成立以来少见的夏秋大旱。夏季，北方大部地区降水量普遍比常年同期偏少 2～5 成，其中淮河流域大部及京、冀中、冀东南、晋西北、陕北、陕南、鲁西南、山东半岛、鄂北等地部分地区偏少 5～8 成；北京夏季降水量是自 1724 年有降水量记录以来的最少值。河北、河南、山东、陕西、皖北、鄂西等地农田受旱面积 866 万多公顷。9 月，北方大部地区降水持续偏少，华北大部、西北东部及东北部分地区出现夏秋连旱。河北省旱情严重的承德市减产粮食 75 万 t、干鲜果品 30 万 t，直接经济损失 20 亿元。天津秋粮减产幅度为近年来最大。内蒙古出现大面积严重伏旱，其中中西部地区旱情尤为严重，伊盟粮食减产 30 万 t。山西全省大秋作物受旱面积 206.6 万多公顷，占大秋作物总面积的 78％，绝收面积 55 万多公顷，直接经济损失 136.9 亿元。陕西秋粮作物干枯死苗 29.3 万 hm^2，有 138 万人、52.6 万头大家畜饮水困难；榆林地区旱期长、旱情重，全地区 64

万 hm^2 秋播作物播种困难，出苗率、成活率不到50%。

北方大部分地区的夏秋大旱造成水资源严重短缺。河南省旱情最重的信阳地区8月份大型水蓄水库普遍不足，866座小型水库有90%无水可放；淮河长台关以上及其他主要河流全部断流，地下水位普遍下降10～20 m，局部超过30 m。陕西安康地区90%的河流断流，100余座水库干涸。安徽淮河干流500 km长的河段自入夏以来流量不足10 m^3/s；8月中旬后期，淮河中上游交界的王家坝水文站流量一直为零，淮河中游也出现了断流。江苏淮北地区夏季降水持续偏少，淮河中上游来水少，洪泽湖、骆马湖、微山湖和石梁河水库水位均降至死水位以下，蓄水严重不足，农业和渔业生产损失严重。

（8）2000年北方春夏干旱

2000年，全国干旱受灾面积高达4054万 hm^2，为历史之最，其中北方春夏干旱范围广、持续时间长、旱情严重。3—5月，长江以北大部分地区降水明显偏少，发生了大范围春旱。夏季，华北、西北东部、东北降水仍然偏少，发生春夏连旱，部分地区旱情严重。西北东部、华北中部、东北平原中南部以及江淮西部、江汉平原等地，因1999年发生了少见的夏秋大旱，水利工程蓄水严重不足，农田底墒极差，旱情尤为严重。河北保定、承德，山西介休、运城，内蒙古东胜、鲁北、林东、多伦，山东潍坊，辽宁阜新，吉林四平，黑龙江安达，甘肃天水、平凉，安徽六安，湖北孝感、武汉、英山等地2－7月总降水量为近40年同期最小值。

2000年长江以北地区的春夏旱持续时间长、受旱面积大，对农业生产的危害严重。河北省有59.8万 hm^2 农作物干枯死亡。内蒙古自治区农作物绝收面积超过80万 hm^2，占全自治区农作物总播种面积的14%以上，有2466.7万 hm^2 草场严重受旱。山西省春末时，中南部地区土壤相对湿度一般仅为2%～10%，旱情严重，73.3万 hm^2 因旱不能播种；全省有260万人、28万头大牲畜饮水困难。北京夏季降水量比常年偏少近5成，持续高温近一个月，有18万人、22万头大牲畜出现饮水困难；全市粮食减产18万 t，果品减产8万 t，直接经济损失7.6亿元；9月末，全市平原地区地下水平均埋深比1999年同期下降1.54 m，地下水储量比20世纪80年代初期减少50.79亿 m^3。河南省出现了新中国成立以来罕见的严重春旱，5月上旬，全省受旱农田面积达357.1万 hm^2，重旱区主要分布在豫北、豫西和豫中。陕西全省普遍受旱，陕北、渭北、陕南东部旱情严重，全省减产粮食164万 t，有56座县城缺水、430万人生活用水困难。湖北省大部分地区出现了历史上罕见的严重春旱，鄂北地区旱情最重，夏收作物大幅减产，春耕春播严重受阻，各类农业经济损失达66亿多元。辽宁省出现历史上罕见的干旱，全省农作物受旱面积占耕地面积的76%，其中绝收面积119.4万 hm^2，因灾减产粮食500万t，全省有14个市的59个县（市、区）受灾，受灾人口1761.25万人，其中重灾民403万人，有207.5万人、91.7万头大牲畜饮水困难，直接经济损失超过100亿元。黑龙江省春夏连旱是新中国成立以来最为严重的，重旱区主要位于松嫩平原西南部和三江平原西部，全省受旱面积532.8万 hm^2。

北方的春夏连旱造成华北、西北东部、东北及汉水流域等地不少中小河流断流，塘库、机井干涸，地下水位下降，水资源更显短缺，城乡居民用水和工业用水更加紧张。据有关部门7月份不完全统计，天津、河北、山西、内蒙古、辽宁、吉林、黑龙江、山东、陕西、甘肃、青海、宁夏12个省（市、区）的县级以上城市日缺水量超过635万 m^3，影响人口超过1500万人，有100多个县级以上城市被迫采取定时限量供水等各种强制性节水措施。由于海河、滦河流域降水持续偏少，天津城市生活用水极度短缺，全市日供水量从常年的220万 m^3 降到158万 m^3。山西较大河流中有一半以上断流，全省有27座大中型水库、500多座小型水库干涸，县级以上城市缺水人口达160多万，日缺水60多万吨。山东48座城市中有33座缺水。辽河干流出现断流，断流时间之长超过1997年，大凌河上游段及大部分支流断流达两个多月。松花江出现了历史上最严重的枯水位。内蒙古黄河包头段河床大面积裸露干裂，赤峰市有34座水库干涸。湖北东部90%的小型水库水位在死水位以下，80%的塘堰干涸，山丘岗地的河流普遍断流。江河湖库水位下降对航运影响很大。松花江出现特低水位，航深只有1.3 m左右，造成松花江佳木斯至哈尔滨区域河段全线停航；淮河水位降至50年来同期最低点，蚌埠闸等区域出现船只严重阻塞；长江主汛期阶段出现近50年罕见的枯水期，8月1日长江中游沙市水位比往年同期低4米多，沿江涵闸、泵站不能正常运行。干旱缺水使林牧业受到重大损失。辽宁西部造林成活率不到30%；吉林西部造林成活率为30%～40%；哈尔滨5万多平方米绿地干枯发黄，甚至枯死。河北、内蒙古、吉林、甘肃、青海、宁夏6省区统计，牧区草场受旱面积6666.7万 hm^2，60多万头（只）牲畜因缺水、缺草、缺料而死。

（9）2001年北方及长江流域春夏干旱

2001年，全国干旱受灾面积3847万 hm^2，为历史第三，仅次于2000年和1978年。2—6月，北方大部降水量一般有50～200 mm，西北中部不足50 mm，普遍较常年同期偏少3～5成，西北东部、华北大部、黄淮大部及东北中南部等地区发生了严重的春夏连旱。

干旱对夏粮产量有较大影响，造成东北地区春小麦较大幅度减产，同时还影响了东北、华北大部地区春播作物播种、出苗，作物长势差、发育期偏晚，对产量有一定影响。黑龙江全省受旱面积为 375 万 hm^2，其中重旱 212 万 hm^2。吉林全省受旱面积 270 余万公顷，占作物总面积的 72%，严重受旱面积近 204 万 hm^2。辽宁省 6 月底重度干旱面积已超过作物种植面积的 70%。内蒙古农作物受旱面积 297 万 hm^2，受旱草场面积 5733 万 hm^2。陕西春夏连旱，旱地春播玉米严重遭遇“卡脖旱”，有 18 万 hm^2 秋作物枯死。河南省 6 月中旬，受旱面积达 367 万 hm^2，成灾 200 多万公顷。山西省有 48%的县（市）旱情严重，春播作物苗期生长及夏播作物播种受到严重影响。山东大部分地区发生了严重旱情，干土层最厚达 15 cm 左右，重旱农田 102 万 hm^2。

北方春夏大旱造成不少中小河流断流，塘库、机井干涸，地下水位下降，成年树旱死、草场退化，对生态环境造成不利影响。干旱使水资源更加短缺，造成城乡居民用水和工业生产用水更加紧张。2001 年旱灾一度造成山东等 17 个省（区、市）535 座县以上城镇缺水，影响人口 3295 万人；旱情严重时期还造成全国农村一度有 3300 多万人和 2300 多万头大牲畜饮水困难。黄河流域汛期来水量为有水文记录以来的最枯年份。长江沙市水文站 7 月 29 日出现了自 1903 年有水文记录以来的最低水位。辽河干流福德店水文站发生 5 次断流，断流 130 d，为历史上断流时间最长的年份。松花江哈尔滨 7 月 6 日水位为有水文记录以来的最低值。天津市持续几年遭受干旱影响，水资源异常短缺，水库蓄水明显减少，沟渠干涸，6 月初，潘家口水库、大黑汀水库、于桥水库合计蓄水比 2000 年减少 2.2 亿 m^3。山西省各主要河道汛期径流处于偏枯状态，汾河、御河、牧马河和洪安涧河在汛期均出现了断流现象。黑龙江乌裕尔河流域由于连续 3 年严重干旱，下游河流干枯，主河道断流，湿地严重缺水，导致区域水位持续下降，湿地水面急剧减少，苇塘植株矮小退化，湿地生态环境严重恶化。黄河源头地区有半数以上的湖泊完全干涸，导致当地草原加快退化沙化。干旱造成内蒙古等北方 9 省（区）牧区草场受旱面积达到 6266 万 hm^2，其中有近一半未返青，返青后又有 446 万 hm^2 干枯，影响牲畜 5000 多万（只），因缺水、缺草死亡牲畜 98 万头（只）；内蒙古受连续三年的严重干旱影响，使丰饶的锡林郭勒草原失去了秀美的容颜，全盟死亡牲畜超过 60 万头（只），并有成群野生黄羊因饥渴而死亡。

江淮、江汉地区入春以后降水明显持续偏少，加之春末夏初多次出现高温酷热天气，土壤墒情迅速下降，对冬小麦、早稻造成高温逼熟，使千粒重下降；中稻因缺水生长缓慢，部分水稻田出现断水干裂、水稻发黄干枯现象，给幼穗形成和后期发育造成较大影响；同时，干旱还造成部分晚稻田块因缺水无法插秧、棉花落花落蕾、大秋旱作作物生长不良，部分缺水严重的高岗旱地作物干枯死亡。湖北全省因旱直接经济损失 94 亿元，其中农业直接经济损失82亿元。至9月底湖南省有71个县发生干旱，因灾粮食减产25亿kg，旱灾造成直接经济损失94亿元。安徽省出现了历史罕见的严重春旱和初夏旱，至7月中旬全省受旱面积200万hm^2，其中重旱91万hm^2。6月底重庆全市大部分地区溪河断流、塘库干涸，全市水利工程蓄水量仅为常年同期蓄水量的53.7%，创历史同期工程蓄水量的最低水平。江苏省洪泽湖、骆马湖、微山湖、石梁河水库因无上中游来水，蓄水量比特大干旱的1978年同期还少近10亿m^3；洪泽湖区水位持续偏低，西线航道基本断航，湖区捕捞业、养殖业完全停止，河蟹产量比2000年减少30%以上。淮河自5月起长期断航，淮河干流蚌埠闸累计断流天数达114 d；长江出现了近20年来的低水位，部分浅显水道影响长江航运。

（10）2003年江南、华南伏秋干旱

2003年，南方大部入夏以后持续高温少雨天气。7月至8月上旬，长江以南大部降水量50～200 mm，其中福建北部、江西中南部、湖南南部及浙江西南部仅10～50 mm，普遍偏少3～8成，部分地区偏少8成以上；10—12月，长江以南降水量不足100 mm，广东、广西大部不足50 mm，普遍偏少5～8成。由于长时间降水持续偏少，蒸发量大，江南大部和华南、西南部分地区发生了伏秋连旱，其中湖南、江西、浙江、福建、广东等省部分地区旱情严重，形成了伏秋冬连旱。

由于高温少雨，各地旱情发展蔓延迅猛，从7月中旬到8月初的20余天时间内，受旱地区迅速由福建、江西、浙江、湖南四省，扩展到广东、广西、重庆、云南、贵州、湖北、安徽、陕西等12个省（区、市），受旱面积也由30多万hm^2发展到960多万hm^2，其中重旱面积260万hm^2，干枯面积75万hm^2，因旱有1438万城乡人口，727万头大牲畜发生饮水困难。由于夏伏旱发生在农作物生长的关键时期，粮食生产受到很大影响，柑橘、甘蔗、茶叶、蔬菜等经济作物也因旱大幅度减产。旱灾共造成湖南、江西两省粮食损失504万t，经济作物损失58亿元。由于高温缺水，一些地区水产养殖和畜牧业遭受严重损失，福建省因旱死亡牲畜6.4万头、家禽69万只，水产养殖受灾面积近5万hm^2，直接经济损失7.9亿元。7—8月份，江西抚河、福建闽江等大中河流的一些河段出现历史最低水位和最小流量，浙、闽、湘、赣4省共有近2000座小型水库、数十万处山塘干涸，上万条溪河断流。南方许多地区水力发电受到严重影响，电力供应紧张，一些企业因限电或缺水而限产停产，工业生产受到严重影响。湖南、福建、浙江、江苏四省6月1日至8月15日拉闸限电超过11万条次，因江河来水不足发电量损失超过20亿千瓦时。

（11）2006年四川重庆特大伏旱

2006年夏季，重庆、四川持续少雨，并遭遇罕见高温热浪，发生百年一遇严重高温伏旱，给当地农业、工业、林业、旅游、人畜饮水、水力发电以及群众生活等方面造成了严重的危害和损失，社会影响极大；高温干旱造成直接经济损失216.4亿元。两省（市）农作物受灾面积339万 hm^2，有1800多万人、1600多万头大牲畜发生临时饮水困难。

重庆市大部、四川东部和西部6—8月降水量一般只有200～300 mm，其中重庆涪陵仅138.4 mm，四川巴塘148.4 mm、遂宁129.6 mm、南充120.7 mm；降水量普遍较常年同期偏少30%～50%，重庆中部、四川盆地东部偏少50%～70%。6—8月两省（市）平均降水量为345.9 mm，只有常年同期的67%，为1951年以来历史同期最少值。最长连续无降水（日降水量≤0.1 mm）日数，重庆沙坪坝18天，四川威远、武胜25天，自贡、纳溪、邻水、遂宁27天，渠县28天，蓬溪30天；四川省有28个县（市）连续无雨日数超过了当地历史同期最长记录。

在少雨同时，重庆、四川气温较常年同期明显偏高。重庆、四川盆地东部普遍出现38℃以上高温天气，重庆市大部极端最高气温超过40℃。盛夏（7～8月），重庆市、四川省平均气温均创1951年以来历史同期新高；特别是7月中旬以后，重庆、川东等地遭受罕见的持续高温热浪袭击部分地区高温日数持续之长、强度之大，均创下了当地有气象记录以来历史同期极值。其中7月11日至8月31日，重庆市平均酷热日数（最高气温≥38℃）为21 d，远多于常年同期（3.2 d），达历史极大值。7月1日至9月3日，重庆市有30个区（县）日最高气温突破40℃，万盛、北碚、江津、綦江突破44℃；有22个区（县）日最气温≥40℃的酷暑天气达到10 d以上，綦江、北碚、万盛、江津等地达20～24 d，巴南达25 d，创历史同期最高纪录。綦江8月15日和9月1日两次最高气温达到44.5℃；全市34个气象测点中有24站日最高气温突破历史最高值。四川省有50站突破历史同期最长连续高温日数记录，有77个测站日最高气温创有气象记录以来历史最高值，华蓥山市9月1日的最高气温达到43.6℃，为全省之最。

2006年入夏后，尤其是进入8月上旬，乌拉尔山地区为负位势高度距平，高压脊发展较弱，北方冷空气南下不明显，致使全国大部分地区尤其是长江以北地区气温高于常年同期，川东和重庆等地气温高于常年同期4℃以上。另一方面，由于北方南下冷空气较弱，还导致南北气流交汇不明显，造成四川、重庆降水偏少。另外，西太平洋暖池海温偏高，对流活动明显，导致7月中下旬副高脊线偏北，尤其是进入8月后，副高脊线每日均维持在27°N以北，而8月多年平均副高脊线位置为26°N。同时西太平洋副高位置也比常年略偏西。副高的这种形态，不利于将南方的暖湿气流带到西南地区东部。另一方面，受大陆高压稳定控制，川东、重庆上空盛行下沉气流，对流活动受到抑制，致使该地区降水偏少，气温偏高，致使旱情严重。

重庆市因旱受灾人口2100万人，农作物受灾面积132.7万hm^2，绝收面积37.5万hm^2；干旱直接经济损失90.7亿元，其中农业经济损失66.4亿元。干旱造成大春粮食损失300余万吨，渝东北地区粮食平均损失量25%～30%；蔬菜产量降低，经济作物收益减少，水果死苗、死树严重，对来年产量将产生较大影响。受长期少雨干旱影响，重庆市主要江河水位降至历史罕见低水位，40%的山平塘干枯，2/3的溪河断流，全市9778眼机电井出水不足。四川省有4547万人受灾，农作物受旱面积206.7万hm^2，成灾面积116.6万hm^2，绝收面积31.1万hm^2，损失粮食481.4万t；伏旱造成直接经济损失125.7亿元，其中农业经济损失108亿元。四川省江河来水严重偏少，岷江、沱江、涪江、嘉陵江等主要江河出现100年一遇的最枯水位。水利工程蓄水严重不足，水库水位大幅度下降；旱情最重的南充、遂宁两市小型水利工程干涸达到66%。高温干旱导致水源不足、水质差，造成人畜饮水困难。重庆市有820万人、748.6万头大牲畜临时饮水困难；四川省有1/8人口饮水一度困难，1000万人出现临时饮水困难，486万人、596.6万头牲畜出现严重饮水困难。

附表　重大历史干旱灾例列表

序号	时间	事件	地区	灾情简述
1	1527—1529年	北方连续3年干旱	河北、北京、山西、陕西、甘肃、河南、山东、安徽、湖北、湖南、江苏、四川等	井泉多有干涸，禾稼枯死，颗粒未收，饿尸遍野，甚至人相食。
2	1585—1590年	中国连续6年干旱	河北、北京、山西、陕西、甘肃、河南、山东、安徽、湖北、湖南、江苏、四川、广东、广西、福建等	干旱伴有大范围饥荒和瘟疫。
3	1637—1643年	中国大范围连续干旱	陕西、山西、河南、山东、河北、内蒙古、安徽、江苏、浙江、湖北、湖南、贵州、四川、甘肃等	黄河竭、沁水竭、洛水深不盈尺，川竭井枯；经年不雨、累岁奇荒，蝗蝻相继，瘟疫流行，村舍十室九空，饿殍枕藉，人相食。
4	1689—1692年	中国大部连续干旱	辽宁、河北、河南、山西、山东、陕西、甘肃、江苏、上海、浙江、福建、江西、湖南、湖北、云南等	河川涸竭，麦尽枯，飞蝗遍野，食苗至根，田地如扫，干旱导致饥民流徙并发生大疫。
5	1876—1878年	黄河流域连续干旱	河南、山西、陕西、甘肃、山东、河北、安徽等	秋全无收，有的地方四、五季未收；赤地千里，池塘沟港连年无水，民大饥，以致人相食。
6	1900年	中国特大干旱	内蒙古、北京、天津、河北、河南、山东、山西、陕西、宁夏、甘肃、青海、湖北、湖南、江西、贵州、云南、广东、广西、福建、台湾等	黄河、渭水几涸，春夏秋不雨，颗粒不收，饥民乏食，挖草根、剥树皮，饿死甚多，人相食。
7	1928—1929年	全国性特大干旱	黑龙江、吉林、辽宁、内蒙古、山西、陕西、北京、河北、河南、山东、江苏、上海、安徽、浙江、江西、福建、湖北、湖南、广东、海南、广西、甘肃、宁夏、新疆、青海、四川、贵州、云南等	灾民达3339万余人，饥饿、瘟疫致死亡人数达200万以上。连续两年的大旱，各地收成大歉，百姓大饥。造成灾民1.2亿，占当时全国总人口的30%。

续表

序号	时间	事件	地区	灾情简述
8	1936年	全国性特大干旱	黑龙江、辽宁、内蒙古、山西、陕西、北京、天津、河北、河南、山东、江苏、安徽、浙江、江西、台湾、湖北、广东、海南、广西、四川、重庆、贵州、云南、台湾等	北方及江淮流域1934—1936年连续3年发生严重旱灾。井水多数涸竭，田地干，无法播种，农作物枯槁，颗粒不收，饿死人不计其数。长江水量日趋干涸，航行困难。
9	1942年	全国性严重干旱	黑龙江、吉林、辽宁、内蒙古、山西、陕西、北京、天津、河北、河南、山东、江苏、上海、安徽、福建、湖北、海南、广西、甘肃、四川、重庆、贵州、云南等	春、夏、秋久旱，井涸塘竭，河道干涸，禾稼焦枯，饿殍盈野，饿死、病死无数。
10	1959年	华中夏秋干旱	湖北、河南、陕西、湖南、四川、江西、安徽等	渭河、黄河中下游以南，南岭、武夷山以北地区少雨，晚稻、玉米、大豆、红薯、棉花普遍受灾；湖北省成灾面积173.4万hm^2。
11	1960年	华北干旱	北京、河北、河南、山西、山东、陕西、甘肃等	干旱一直持续到初夏。山东省境内汶河、潍河等8条主要河流出现断流，黄河下游范县至济南等河段有40多天断流或接近断流；冬小麦整个生长期受旱，产量受到较大影响；夏播作物播种、出苗困难。受灾面积2000万hm^2。
12	1961年	华北春季干旱	山东、河南、河北、山西等	华北农田受旱面积1666万hm^2，其中麦田受旱800万hm^2。河南省小麦产量为近14年最低，豫北和豫西地区减产达5成。
13	1972年	全国特大干旱	北京、天津、山西、河北、山东、河南、陕西、宁夏、内蒙古、辽宁、吉林、黑龙江、湖北、湖南、广西、贵州、四川、福建、广东、江西、安徽、浙江、云南等	全国全年受旱面积3069.9万hm^2，北方旱灾为新中国成立以来罕见。黑龙江、辽宁、吉林、山西减产幅度达到20%；干旱造成水资源紧缺，江河水位下降，库塘蓄水减少甚至干涸，黄河济南以下河段断流20 d。
14	1978年	全国特大干旱	河南、陕西、山西、河北、山东、黑龙江、吉林、四川、贵州、云南、广东、广西、湖南、江西、福建、浙江、湖北等	干旱发生在一些主要粮棉产区和经济作物产地，对农业生产造成很大危害；全国全年受旱面积高达4016.9万hm^2。

续表

序号	时间	事件	地区	灾情简述
15	1992年	北方冬春初夏干旱及南方伏秋干旱	河南、河北、山西、陕西、甘肃、山东、宁夏、湖北、湖南、江西、安徽、江苏、浙江、广西、四川、贵州等	1991年秋季至1992年7月，北方地区降水量持续偏少，干旱使农业生产受到较大影响；黄河和淮河下游河段一度断流。山东省全年棉花总产比1991年减少51.1万t，秋粮绝产面积占10%左右，干旱造成直接经济损失约90亿元。南方夏秋旱受灾面积1133万hm^2。
16	1994年	江淮伏秋干旱	安徽、江苏、浙江、湖北、四川、河南、陕西、湖南、江西、山西、甘肃等	安徽、江苏伏旱严重，农作物受旱成灾面积374万hm^2，绝收面积70.6万hm^2；直接经济损失达198亿元。
17	1997年	北方夏季干旱	北京、天津、河北、山东、河南、山西、陕西、甘肃、新疆等	入夏后，北方大部地区持续高温少雨，发生了新中国成立以来少见的严重夏旱，受旱面积达2066万hm^2，其中重旱933万hm^2。黄河累计断流达222 d，断流河段长度700多千米，为历史上断流最严重的一年；江苏境内淮河干流累计断流122 d。
18	1999年	北方严重干旱	河北、河南、山西、陕西、甘肃、青海、山东、辽宁、内蒙古、湖北等	北方大部发生冬春连旱和夏秋大旱，对农业生产的危害严重，部分地区夏粮或秋粮减产。山西省大秋作物受旱面积占其总面积的78%，绝收面积55万hm^2，直接经济损失136.9亿元。淮河中游出现断流；江苏洪泽湖、骆马湖、微山湖和石梁河水库水位均降至死水位，农业、渔业损失严重。
19	2000年	北方春夏干旱	北京、天津、河北、河南、山西、山东、辽宁、吉林、黑龙江、陕西、甘肃、青海、宁夏、内蒙古、安徽等	全国干旱受灾面积高达4054万hm^2。北方春夏干旱范围广、持续时间长、旱情严重。河北省有59.8万hm^2农作物干枯死亡；内蒙古80万hm^2农作物绝收；河南省春旱面积达357.1万hm^2；辽宁省因旱减产粮食500万t，直接经济损失超过100亿元。
20	2001年	北方及长江流域春夏干旱	辽宁、吉林、黑龙江、内蒙古、陕西、甘肃、北京、天津、河北、河南、山西、山东、湖北、安徽、江苏、湖南、重庆、四川等	全国干旱受灾面积3847万hm^2，严重干旱主要发生在北方，造成东北地区春小麦较大幅度减产，影响东北和华北大部的春播作物播种、出苗。全国17个省（区、市）的535座县级以上城镇缺水，影响人口3295万人。

续表

序号	时间	事件	地区	灾情简述
21	2003年	江南、华南伏秋干旱	福建、江西、浙江、湖南、广东、广西、重庆、云南、贵州、湖北、安徽等	夏伏旱发生在农作物生长的关键时期，粮食生产受到很大影响，经济作物大幅度减产。旱灾共造成湖南、江西两省粮食损失504万t，经济作物损失58亿元。
22	2006年	川渝特大伏旱	四川、重庆	高温伏旱为百年一遇，给当地农业、工业、林业、旅游、人畜饮水、水利电力以及群众生活等方面造成了严重的危害和损失，社会影响极大；高温干旱造成直接经济损失216.4亿元。两省（市）农作物受灾面积339万hm^2，有1800多万人、1600多万头大牲畜发生临时饮水困难。

参考文献

Bhalme H N and D A Mooley. 1980. Large-scale drought/floods and monsoon circulation. *Mon. Wea. Rev.*, 108, 1197-1211.

Dai A G K E Trenberth and T T Qian. 2004. A Global data set of Palmer Drought Severity Index for 1870—2002: Relationship with soil moisture and effects of surface warming. *J. Hydrometeorology*, 5, 1117-1130.

Dracup J A, K S Lee and E G Paulson Jr. 1980. On the definition of droughts. *Water Resour. Res.*, 16, 297-302.

Garen D C. 1992. Revised Surface-Water Supply Index for the western United States. *J. Water Resources Plan. Manage.*, 119, 437-454.

Hayes M J. 2000. Drought Indices. National Drought Mitigation Center, University of Nebraska-Lincoln, http://enso. unl. edu/ndmc/enigma/indices. htm.

Hayes M. 1996. Drought Indices. National Drought Mitigation Center, University of Nebraska-Lincoln, http://enso. unl. edu/ndmc, pp. 7.

Huang J, H Van den Dool and K P Georgakakos. 1996. Analysis of model-calculated soil moisture over the United States (1931-93) and application to long range temperature forecasts. *J. Climate*, 9, 1350 1362.

Keetch J J, and G A Byram. 1968. Drought index for forest fire control [R]. USDA Research Paper SE-38. Southeastern Forest Experiment Station.

Keyantash J and J A Dracup. 2002. The quantification of drought: An evaluation of drought indices. *Bull. Amer. Meteorol. Soc.*, 83, 1167-1180.

Kogan F N. 1995. Droughts of the late 1980s in the United States as derived from NOAA polar-orbiting satellite data. *Bull. Amer. Meteor. Soc.*, 76, 655-668.

Namias J R. 1959. Seasonal interactions between North Pacific waters and the overlying atmospheric circulation. *J. Geophys. Res.*, 64. 631-646.

Palmer W C. 1965. Meteorological drought. Office of Climatology Research Paper 45, U. S. Weather Bureau, 58.

Palmer, W. C. 1968. Keeping track of crop moisture conditions, nationwide: The new crop moisture index. *Weatherwise*, 21, 156-161.

Shafer B A and L E Dezman. 1982. Development of a Surface Water Supply Index (SWSI) to assess the severity of drought conditions in snowpack runoff areas. Proc, Western Snow Conf., Reno, NV, 164-175.

Willeke G J R M Hosking, J R Wallis and N B Guttman. 1994. The National Drought Atlas. Institute for Water Resources Rep. 94-NDS-4, U. S. Army Corps of Engineers, CD-ROM.

WMO. 2006. Drought monitoring and early warning: concepts, progress and future challenges.

WMO. 1986. Report on Drought and Countries affected by drought during 1974—1985. WMO, Geneva.

Wu H, M J Hayes, A Weiss and Q Hu. 2001. An evaluation of the standardized precipitation index, the China-Z-index and the statistical Z-score. *Int. J. Climatol.* ,21, 745-758, doi: 10.1002/joc. 658.

Zhai P M X B Zhang and X H Pan. 2005. Trends in Total Precipitation and Frequency of Daily Precipitation Extremes over China. *J. Clim.* , 18 (7), 1096-1108.

Zou X K, Zhai P M, Zhang Q. 2005. Variations in droughts over China: 1951-2003 [J] . *Geophys. Res. Lett.* , 32: L04707, doi: 10.1029/2004GL021853.

包雪英 . 2004. 辣椒“三落”及预防措施 . 承德民族职业技术学院学报,(1): 85.

陈斌. 2005. 福建省干旱指标体系研究,人民珠江,(6): 13-17.

陈隆勋,邵永宁,张清芬等. 1991. 近四十年我国气候变化的初步分析,应用气象学报,2 (2): 164-173.

丁一汇. 2008. 中国气象灾害大典(综合卷). 北京:气象出版社 .

符淙斌,曾昭美 . 2005. 最近 530 年冬季北大西洋涛动指数与中国东部夏季旱涝指数之联系 . 科学通报,50 (14): 1512-1522.

付明胜,钱卫东,牛萍等 . 2002. 连续干旱对土壤干层深度及植物生存的影响,干旱区研究,(2): 71-74.

龚道溢,王绍武 . 1999,近百年 ENSO 对全球陆地及中国降水的影响,科学通报,44 (3), 315-320.

龚绍先 . 1988. 粮食作物与气象 . 北京:北京农业大学出版社,102-188.

郭其蕴,蔡静宁,邵雪梅,沙万英 . 2003,东亚夏季风的年代际变率对中国气候的影响,地理学报,58 (4), 569-576.

贺申魁,王红梅 . 2005. 西瓜果实生长异常的原因及预防 . 广西热带农业,(5): 32-33.

李宏,李友莲 . 2004. 辣椒病毒病的发生和防治 . 北方园艺 . (6): 36-37.

李敏,马悦荣 . 2006. 高温干旱对果树生长发育的影响及防护措施 . 栽培技术,(9): 16.

李新周,马柱国,刘晓东 . 2006,中国北方干旱化年代际特征与大气环流的关系 . 大气科学,30 (2): 277-284.

梁立延 . 2007. 干旱对贵港甘蔗的影响及对策 . 中国糖料,(2): 36-38.

刘灵娣,李存东,孙红春等 . 2007. 干旱对棉花叶片碳水化合物代谢的影响 . 棉花学报,19 (2): 129-33.

刘庆华,王奎玲 . 2001. 花卉栽培学 . 北京:中央广播电视大学出版社,26-27.

刘颖秋 . 2005,干旱灾害对我国社会经济影响研究 [M] . 中国水利水电出版社 . 141,

9，125.
罗俊.1999. 油菜对水分的要求. 专业户，(11)：16.
马春友，骆志山.1992. 北方玉米制种结实不良的原因. 农村科技开发，(2)：17.
马柱国，符淙斌. 2006. 1951—2004年我国北方干旱化的基本事实，科学通报，51 (20)：2429-2439.
马柱国，符淙斌. 2007. 20世纪下半叶全球干旱化的事实及其与大尺度背景的联系，中国科学 D辑，37 (2)：222-233.
马柱国，华丽娟，任小波.2003. 中国近代北方极端干湿事件的演变规律. 地理学报，58 (增刊)，069-074.
慕山，吴国权，李向光，2001.2000年干旱对大庆市地下水影响分析. 黑龙江水利科技，(1)：59-60.
气候变化与作物产量课题组.1992. 气候变化与作物产量. 北京：中国农业科技出版社，50-255.
盛承禹等. 1986. 中国气候总论［M］. 北京：科学出版社331.
宋新山，王朝生，汪永辉. 2004. 我国城市化进程中的水资源环境问题. 科技导报. (2)：30.
孙荣强. 1994，干旱定义及其指标评定［J］. 灾害学，9 (1)：17-21.
田永辉，梁远发，令狐昌弟等.2006. 自然干旱条件下茶树生理生化日变化研究. 贵州茶叶，(1)：16-20.
屠梁，李永昌.1992. 牧业气象学. 北京：气象出版社，80-87.
汪圣洪，吴丹.2004. 花溪区辣椒栽培的农业气候条件分析. 贵州气象，28 (4)：8-10.
王劲峰. 中国自然灾害影响评价方法研究［M］. 北京：中国科学技术出版社，1993. 58-86.
王明珠，1997. 我国南方季节性干旱研究，农村生态环境，13 (2)：6-10.
王绍武，2001. 现代气候学研究进展，北京：气象出版社，80-450.
武玉叶，李德全.2001. 土壤水分胁迫对冬小麦叶片渗透调节及叶绿体超微结构的影响. 华北农学报，16 (2)：87～93.
许何也，李小雁，孙永亮. 2007. 近47a来青海湖流域气候变化分析，干旱气象，(2)
杨柏松.1991. 水产气象. 北京：气象出版社，99-101.
杨修群，谢倩，朱益民等. 2005，华北降水年代际变化特征及相关的海气异常型. 地球物理学报，48 (4)：789-797.
叶笃正，黄荣辉. 1996. 长江黄河流域旱涝规律和成因研究. 济南：山东科学技术出版社，387pp.
袁文平，周广胜. 2004. 干旱指标的理论分析与研究展望［J］. 地球科学进展，19 (6)：982-991.
张楚珍.1999. 油菜中后期田管技术要点. 福建农业，(3)：8.
张强，邹旭恺，肖风劲等. 2006. GB/T20481—2006，气象干旱等级. 中华人民共和国国家标准．北京：中国标准出版社，pp17.

张庆云，卫捷，陶诗言．2003. 近50年华北干旱的年代际和年际变化及大气环流特征．气候与环境研究，8（3）：307-318.

郑若良，宋志容．2003. 干旱胁迫对辣椒生理机制的影响研究．河北农业学报，7（1）：11-15.

中国水利部．2002. 我国北方平原区地下水通报．（1）.

周俊菊，赖彦斌，徐霞，郝璐，赵金涛．2002. 中国北方干旱化数据库的建立及问题探讨. 海南师范学院学报．15（3/4）：101-105.

朱益民，杨修群．2003，太平洋年代际振荡与中国气候变率的联系．气象学报，61（6）：641-665.